ÉQUATIONS DIFFÉRENTIELLES

DU MÊME AUTEUR

Aux Presses de l'Université de Montréal

Exercices corrigés d'équations différentielles, 2012.

Aux Presses internationales Polytechnique, Montréal

Cours et exercices de probabilités appliquées, 2015.

Cours et exercices de statistique mathématique appliquée, 2004.

Probabilités, statistiques et applications, 2011.

Processus stochastiques appliqués, 2014.

Chez Springer, New York

Applied Probability and Statistics, 2006.

Applied Stochastic Processes, 2007.

Basic Probability Theory with Applications, 2009.

Mario Lefebvre

ÉQUATIONS DIFFÉRENTIELLES

Deuxième édition revue et augmentée

Les Presses de l'Université de Montréal

Catalogage avant publication de Bibliothèque et Archives nationales du Québec et Bibliothèque et Archives Canada

Lefebvre, Mario, 1957-

Équations différentielles
Deuxième édition.
(Paramètres)
Comprend des références bibliographiques.

ISBN 978-2-7606-3618-7

1. Équations différentielles. 2. Équations différentielles - Problèmes et exercices.
I. Titre. II. Collection : Paramètres.

QA371.L43 2016 515'.35 C2015-942086-5

Dépôt légal : 1er trimestre 2016
Bibliothèque et Archives nationales du Québec

ISBN (papier) 978-2-7606-3618-7
ISBN (PDF) 978-2-7606-3619-4

Les Presses de l'Université de Montréal remercient de leur soutien financier le Conseil des arts du Canada et la Société de développement des entreprises culturelles du Québec (SODEC).

Nous reconnaissons l'appui financier du gouvernement du Canada.
We acknowledge the financial support of the Government of Canada.

Canada

IMPRIMÉ AU CANADA

AVANT-PROPOS DE LA DEUXIÈME ÉDITION

Dans cette deuxième édition du manuel, plusieurs sections ont été ajoutées afin de compléter la théorie présentée dans la première édition. Par exemple, dans le dernier chapitre, il y a maintenant une section dans laquelle l'utilisation de transformées intégrales pour résoudre des équations aux dérivées partielles est présentée. De plus, il y a de nouveaux exercices à la fin de chacun des chapitres. Ces exercices sont tous tirés d'examens donnés à l'École Polytechnique de Montréal dans le cadre des cours de premier cycle sur les équations différentielles. Le nombre total d'exercices dans cette nouvelle édition du manuel s'élève à 461.

Le lecteur qui aimerait avoir les solutions des exercices proposés à la fin des sections théoriques pourra consulter le manuel complémentaire *Exercices corrigés d'équations différentielles*, du même auteur, publié par les Presses de l'Université de Montréal en 2012. Cet ouvrage comporte en effet les solutions détaillées d'exercices semblables à la plupart de ceux qui apparaissent dans les sections correspondantes du manuel principal *Équations différentielles*.

Je désire remercier mon collègue Donatien N'Dri du département de mathématiques et de génie industriel de l'École Polytechnique. Celui-ci m'a fourni plusieurs exercices intéressants qui font partie de cette deuxième édition du manuel.

Enfin, j'exprime de nouveau ma gratitude au directeur général des Presses de l'Université de Montréal, M. Antoine Del Busso, et à son équipe pour leur aide dans la réalisation de cet ouvrage.

Mario Lefebvre
Montréal, août 2015

AVANT-PROPOS

Ce livre est basé sur les notes de cours que j'ai écrites pour le cours intitulé *Équations différentielles* à l'École Polytechnique de Montréal. Ce cours est surtout pris par des étudiants de fin de première année ou début de deuxième année. On tient pour acquis que ces étudiants possèdent les notions élémentaires de calcul différentiel et d'algèbre linéaire.

Le cours enseigné à l'École Polytechnique vise à faire comprendre le rôle et la pertinence des équations différentielles en génie, maîtriser les méthodes de base permettant de résoudre les équations différentielles, et connaître quelques équations aux dérivées partielles parmi les plus importantes en génie. Dans le cas des équations aux dérivées partielles, on insiste surtout sur la méthode de séparation des variables, de concert avec les séries de Fourier, pour les résoudre.

Ce manuel comporte sept chapitres. Le premier chapitre fournit une courte introduction au domaine des équations différentielles. Ensuite, les équations différentielles ordinaires d'ordre un et d'ordre deux sont l'objet des chapitres deux et trois, respectivement. Le chapitre trois est le plus long du manuel. Cette matière constitue le noyau dur de tout cours d'introduction aux équations différentielles.

Au chapitre quatre, nous traitons des systèmes d'équations différentielles d'ordre un. Ce chapitre est suivi par celui sur les transformées de Laplace. Ces transformées sont particulièrement utiles pour résoudre des équations différentielles qui font intervenir des fonctions discontinues. Dans ce chapitre cinq, nous introduisons la fonction delta de Dirac.

Le chapitre six est consacré aux séries de Fourier, dont nous nous servirons pour résoudre des équations aux dérivées partielles. Enfin, nous présentons au chapitre sept les principales équations aux dérivées partielles: l'équation de la chaleur, celle de Laplace, et l'équation d'onde. Nous présentons aussi brièvement la dérivation des ces équations.

Puisque ce livre s'adresse avant tout aux étudiants en sciences appliquées, même si nous donnons la preuve de la plupart des résultats mathématiques présentés, les exercices sont presque tous des applications de la théorie. Les étudiants doivent généralement trouver la solution explicite d'une équation différentielle donnée, sous certaines conditions.

Nous illustrons le plus souvent les concepts théoriques à l'aide d'exemples typiques. De plus, le manuel contient près de 250 exercices, dont plusieurs sont des problèmes déjà proposés en examen. Les réponses à tous les numéros pairs sont données en appendice.

Je tiens à remercier mes collègues de Polytechnique qui ont construit le cours *Équations différentielles* et en ont été les responsables: Antoine Saucier, Marc Laforest et Guy Jomphe. Leur travail m'a grandement aidé dans la rédaction de mes notes de cours, puis ensuite de ce livre.

Finalement, j'exprime ma gratitude à M. Antoine Del Busso, directeur général des Presses de l'Université de Montréal, et à son équipe pour leur intérêt envers mon travail et leur aide dans la réalisation de ce livre.

Mario Lefebvre
Montréal, novembre 2008

1
INTRODUCTION

1.1 Concept d'équation différentielle et champs de directions

Soit $y = f(x_1, x_2, \dots, x_n)$ une fonction de n variables réelles. On dit que y est une variable dépendante et que $x_1, x_2, \dots, x_n$ sont des variables indépendantes.

Définition 1.1.1. *Une équation dans laquelle apparaît (uniquement) une variable dépendante et ses dérivées par rapport à une ou plusieurs variables indépendantes est appelée* **équation différentielle**.

Rappel. La *dérivée dy/dx* est le *taux de variation instantané* de y par rapport à x.

Exemple 1.1.1. Une équation différentielle élémentaire est l'équation

$$y'(x) = x.$$

Des équations différentielles plus intéressantes sont

$$y'(x) = y(x) \quad \text{et} \quad y'(x) = y(x) + x.$$

L'équation

$$y'(x) = y(x) + \int y(x)\,dx$$

est un exemple d'équation intégro-différentielle, car elle fait intervenir à la fois la dérivée de la fonction y et son intégrale. En dérivant les deux membres de l'équation, on obtient l'équation différentielle

$$y''(x) = y'(x) + y(x).$$

◇

Exemple 1.1.2. Selon la deuxième loi de Newton, l'accélération a d'un objet de masse m soumis à une force F est donnée par

$$a = \frac{1}{m} F.$$

C'est-à-dire que l'accélération est proportionnelle à la force, et la constante de proportionnalité est $1/m$. Si l'on suppose que l'objet en question est en chute libre, et si l'on ne considère d'abord que la gravité, alors

$$F = mg,$$

où la constante g (près de la surface de la terre) est environ égale à 9,8 m/s^2. De plus,

$$a = \frac{d^2y}{dt^2},$$

où y $[= y(t)]$ est la distance parcourue par l'objet par rapport à une hauteur fixée. Ainsi, on obtient l'équation différentielle

$$\frac{d^2y}{dt^2} = g.$$

Si l'on tient compte de la résistance de l'air, l'équation ci-dessus devient

$$\frac{d^2y}{dt^2} = g - \frac{k_0}{m}\frac{dy}{dt} := g - kv, \tag{1.1}$$

où l'on a supposé que la résistance de l'air est proportionnelle à la vitesse $v = dy/dt$ de l'objet. La constante k_0 doit bien sûr être positive. ◇

Remarques. i) On peut réécrire l'équation (1.1) comme suit:

$$\frac{dv}{dt} = g - kv. \tag{1.2}$$

La solution $v(t) \equiv g/k$ de cette équation différentielle est appelée *solution d'équilibre*, car elle correspond au cas où la vitesse v ne change pas avec le temps t. Notons que l'on a bien $d(g/k)/dt = 0$, puisque g/k est une constante.

ii) En réalité, la résistance de l'air est (approximativement) proportionnelle à la vitesse v de l'objet dans le cas de petits objets, et pour des vitesses faibles. Pour des objets de grande taille et pour des vitesses élevées, la résistance de l'air est plutôt proportionnelle au carré v^2 de la vitesse.

iii) Nous allons souvent utiliser la notation $v'(t)$ pour la dérivée dv/dt. Lorsque la variable indépendante t représente le temps dans le problème considéré, on trouve aussi la notation $\dot{v}(t)$ pour cette dérivée, particulièrement en physique. De même, on écrit $v''(t)$ ou $\ddot{v}(t)$ pour d^2v/dt^2, etc.

Maintenant, considérons l'équation différentielle

$$\frac{dy(t)}{dt} = f(t, y(t)). \tag{1.3}$$

Sans résoudre explicitement cette équation, on peut avoir une bonne idée du comportement de ses solutions en traçant (à l'aide d'un logiciel mathématique) un *champ de directions*: on évalue d'abord la fonction f en chacun des centaines de points d'une grille rectangulaire; ensuite, pour chacun des points, on trace un petit segment de droite ayant pour pente la valeur de la fonction f calculée en ce point.

Exemple 1.1.3. Supposons que $k = 2$ dans l'équation (1.2). Alors, avec $g = 9{,}8$, on doit résoudre

$$\frac{dv}{dt} = 9{,}8 - 2v.$$

En fait, il est facile d'obtenir la *solution générale* de cette équation différentielle, comme nous le verrons plus loin. Cependant, on peut d'abord faire tracer un champ de directions. En se servant du logiciel *Maple*, on obtient la figure 1.1. Notons que la solution d'équilibre est celle pour laquelle $v(t) \equiv 4{,}9$ et que la pente des segments de droite tend effectivement vers zéro près de cette valeur de v. ◇

Remarque. Les champs de directions sont surtout utiles lorsque nous ne pouvons pas résoudre explicitement l'équation différentielle correspondante.

Exercices

1-1. Trouver toutes les solutions de l'équation différentielle

$$y'(x) = x.$$

1-2. Trouver une solution de la forme $y(x) = -x + c$, où c est une constante à déterminer, de l'équation différentielle

$$y'(x) = y(x) + x.$$

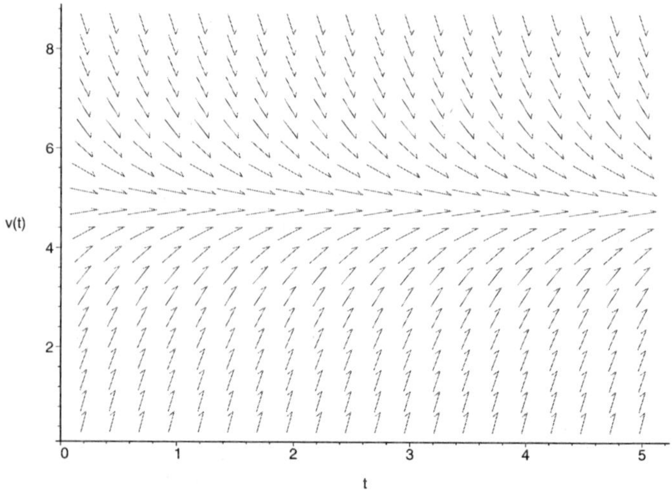

Fig. 1.1. Champ de directions pour l'exemple 1.1.2.

1-3. Transformer l'équation intégro-différentielle

$$[y'(x)]^2 = y(x) + \int y(x)\,dx$$

en une équation différentielle.

1-4. Trouver une solution de la forme $y(x) = e^{cx}$, où c est une constante à déterminer, de l'équation différentielle

$$y''(x) = y'(x) + y(x).$$

1-5. Déterminer la ou les solutions d'équilibre de l'équation différentielle

$$\frac{dy(t)}{dt} = y(t)\,[y(t) - 1]\,.$$

1-6. Faire tracer, par un logiciel mathématique, un champ de directions pour l'équation différentielle de l'exercice précédent.

1.2 Solutions générales et solutions particulières des équations différentielles

Supposons que l'objet en chute libre dans l'exemple 1.1.2 est immobile à l'instant initial $t = 0$. C'est-à-dire que

$$v(0) = 0. \tag{1.4}$$

Cette condition est appelée *condition initiale.* Un exemple de *problème de valeur initiale* est celui pour lequel on doit trouver la solution d'une équation différentielle comme (1.2) qui satisfait à la condition initiale (1.4).

En réécrivant l'équation (1.2) comme suit:

$$\frac{dv}{v - (g/k)} = -k\,dt, \tag{1.5}$$

où l'on doit supposer que $v \neq g/k$, et en intégrant les deux membres de l'équation, on obtient que

$$\ln |v - (g/k)| = -kt + c_0, \tag{1.6}$$

où c_0 est une constante d'intégration. Il s'ensuit que

$$|v - (g/k)| = \exp\{-kt + c_0\} \quad \Longrightarrow \quad v - (g/k) = \pm \exp\{-kt + c_0\}. \tag{1.7}$$

Puisque c_0 est une constante arbitraire, on peut écrire que

$$v(t) = (g/k) + ce^{-kt}, \tag{1.8}$$

où c est une constante qui est déterminée de façon unique en utilisant la condition initiale (1.4). En effet, en posant $t = 0$ ci-dessus, on trouve que

$$0 = v(0) = (g/k) + c; \tag{1.9}$$

c'est-à-dire que

$$c = -g/k. \tag{1.10}$$

Donc, la solution du problème de valeur initiale est

$$v(t) = (g/k)\left(1 - e^{-kt}\right). \tag{1.11}$$

Remarques. i) Notons que la vitesse $v(t)$ n'est jamais égale à g/k dans la solution (1.8) si $c \neq 0$, de sorte que l'on pouvait effectivement avoir $v - (g/k)$ au dénominateur dans (1.5). Le cas où $c = 0$ est la solution d'équilibre que nous avons déjà obtenue et pour laquelle $dv/dt \equiv 0$.

ii) La fonction $v(t)$ donnée en (1.8) est la *solution générale* de l'équation différentielle (1.2). Plusieurs *solutions particulières* obtenues pour diverses valeurs de la constante c (avec $g = 9{,}8$ et $k = 2$) sont présentées dans la figure 1.2. La solution qui correspond à $c = -g/k = -4{,}9$ est la courbe continue dans le graphique.

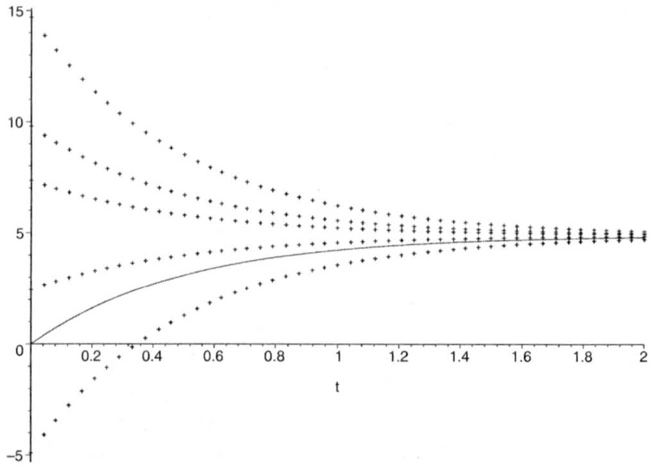

Fig. 1.2. Diverses solutions particulières de l'équation différentielle (1.2).

Exercices

1-7. Obtenir la solution particulière de l'équation différentielle

$$\frac{dv(t)}{dt} = 9{,}8 - 2v(t) \quad \text{pour } t > 0$$

qui satisfait à la condition initiale $v(0) = 1$.

1-8. Si $-v(t) = dy(t)/dt$ dans l'exercice précédent, et si $y(0) = 10$, pour quelle valeur t_0 de t aura-t-on $y(t_0) = 0$?

Remarques. i) Ici, $y(t)$ représente la hauteur d'un objet par rapport au sol.

ii) On peut résoudre l'équation obtenue à l'aide d'un logiciel mathématique.

1.3 Classification des équations différentielles

Définition 1.3.1. *Lorsque la variable dépendante y est une fonction d'au moins deux variables indépendantes et que l'équation différentielle implique des dérivées par rapport à au moins deux de ces variables indépendantes, l'équation en question est dite équation* **aux dérivées partielles**. *Si l'équation différentielle ne fait intervenir qu'une ou plusieurs dérivées par rapport à une seule variable indépendante, il s'agit d'une équation différentielle* **ordinaire**.

Exemple 1.3.1. L'équation (1.1) est un exemple d'équation différentielle ordinaire, car elle ne contient que des dérivées *ordinaires*, soit d^2y/dt^2 et dy/dt. Un exemple important d'équation aux dérivées partielles est l'*équation de Laplace* (en trois dimensions):

$$\nabla^2 f(x,y,z) := \frac{\partial^2 f}{\partial x^2} + \frac{\partial^2 f}{\partial y^2} + \frac{\partial^2 f}{\partial z^2} = 0. \tag{1.12}$$

◊

Remarque. Dans le cas des dérivées partielles, nous allons parfois remplacer $\partial f/\partial x$ par f_x, et $\partial^2 f/\partial y^2$ par f_{yy}, etc.

Supposons maintenant que les variables x et y dépendent de la variable t, et que $x(t)$ et $y(t)$ satisfont aux équations différentielles

$$\frac{dx}{dt} = f_1(t)x + f_2(t)y, \tag{1.13}$$

$$\frac{dy}{dt} = g_1(t)x + g_2(t)y. \tag{1.14}$$

En général, pour déterminer explicitement $x(t)$ et $y(t)$, il faut résoudre les deux équations différentielles en même temps. Nous avons alors un *système d'équations différentielles.*

Définition 1.3.2. *On appelle* **ordre** *d'une équation différentielle (ordinaire ou aux dérivées partielles) l'ordre de la dérivée la plus élevée qu'elle contient.*

Exemple 1.3.2. L'équation (1.1) est une équation différentielle d'ordre deux, tandis que (1.2) est une équation d'ordre un. L'équation de Laplace est une équation aux dérivées partielles d'ordre deux. ◊

Remarque. Dans le cas d'une équation différentielle ordinaire d'ordre n, on peut écrire que

$$g\left(t, y, y', y'', \ldots, y^{(n)}\right) = 0, \tag{1.15}$$

et on suppose qu'il est possible d'isoler $y^{(n)}$ dans l'équation, de sorte que

$$y^{(n)} = f\left(t, y, y', y'', \ldots, y^{(n-1)}\right). \tag{1.16}$$

Notons que nous utilisons la notation $y^{(n)}(t)$ pour la dérivée d'ordre n $d^n y/dt^n$, et ce, à partir de $n = 4$.

Définition 1.3.3. *Une* **solution** *de l'équation différentielle (1.16) dans un intervalle* (a, b) *est une fonction (connue)* y *dont les dérivées d'ordre 1, 2, ..., n existent dans cet intervalle et sont telles que cette équation est satisfaite.*

Définition 1.3.4. *Une équation différentielle est dite* **linéaire** *si elle n'implique que des fonctions linéaires de la variable dépendante et de toutes les dérivées qu'elle contient.*

Exemple 1.3.3. L'équation (1.15) est linéaire si et seulement si on peut écrire que

$$a_n(t)y^{(n)} + a_{n-1}(t)y^{(n-1)} + \ldots + a_0(t)y = h(t).$$

Un exemple d'équation différentielle non linéaire est le suivant:

$$\left(\frac{\partial^2 f}{\partial x^2}\right)^2 + y\frac{\partial^2 f}{\partial y^2} = 0. \tag{1.17}$$

◇

Remarque. Parfois, en utilisant des approximations, il est possible de *linéariser* une équation différentielle non linéaire.

Exercices

1-9. Trouver toutes les solutions de la forme

$$f(x, y, z) = ax^2 + by + cz^2$$

de l'équation de Laplace:

$$\frac{\partial^2 f}{\partial x^2} + \frac{\partial^2 f}{\partial y^2} + \frac{\partial^2 f}{\partial z^2} = 0,$$

où a, b et c sont des constantes à déterminer.

1-10. Déterminer l'ordre des équations différentielles suivantes:

(a) $[y'(x)]^2 = y(x) + y^3(x)$;

(b) $y''(x) = \dfrac{1}{y(x)} + x^4$;

(c) $y(x)y'(x) = e^{y(x)} + y^3(x)$;

(d) $e^{y'(x)} = \dfrac{1}{y'''(x)} + y^4(x)$.

1-11. Isoler $y''(x)$ dans les équations différentielles suivantes:

(a) $y'(x)e^{y''(x)} = y'(x) + y^2(x)$;

(b) $[y''(x) + y'(x)]^2 = e^{y(x)} + x^2$.

1-12. Dire si les équations différentielles suivantes sont linéaires ou non linéaires:

(a) $\dfrac{\partial^2 f}{\partial x^2} + y^2 \dfrac{\partial^2 f}{\partial y^2} = 0$;

(b) $\exp\left\{\dfrac{\partial f}{\partial x}\right\} + y\dfrac{\partial f}{\partial y} = 0$;

(c) $\dfrac{\partial f}{\partial x}\dfrac{\partial f}{\partial y} + x = 0$;

(d) $y\dfrac{\partial^2 f}{\partial x^2} + e^y \dfrac{\partial f}{\partial y} = 0$.

1-13. Trouver toutes les solutions de l'équation de Laplace en deux dimensions:

$$\frac{\partial^2 f}{\partial x^2} + \frac{\partial^2 f}{\partial y^2} = 0$$

qui sont de la forme $f(x, y) = ax + bx^2 + cy^2$, où a, b et c sont des constantes à déterminer.

1.4 Exercices supplémentaires

1-14. Trouver une solution de la forme

$$y(x) = ce^{x^2/2} + c_0$$

de l'équation différentielle ordinaire

$$y'(x) = x[y(x) + 1].$$

1-15. On considère l'équation intégro-différentielle

$$y(x)y'(x) = y(x)\int y(x)dx + 1.$$

(a) Transformer cette équation en une équation différentielle pour $y(x)$.

(b) Dire si l'équation différentielle obtenue est linéaire ou non.

1-16. Quel est l'ordre des équations différentielles suivantes? Sont-elles linéaires ou non linéaires?

(a) $y'(t) + t^3 y^2(t) = 0$;

(b) $\dfrac{\partial^2 f(x,y)}{\partial x^2} + y^2 \dfrac{\partial f(x,y)}{\partial x} + x^3 \dfrac{\partial f(x,y)}{\partial y} = e^{xy}$.

1-17. Dire si les équations différentielles suivantes sont linéaires ou non linéaires:

(a) $y''(t) + t^2 y'(t) + y(t) = e^t$;

(b) $y^{(4)}(t) + y'(t) = \cos t$;

(c) $y'(t) + y^{-1}(t) = t$;

(d) $y'''(t) + y'(t)y(t) = 0$.

1-18. (a) Déterminer la ou les solutions d'équilibre de l'équation différentielle

$$\frac{dy(t)}{dt} = y^{1/2}(t)\left[y^{1/2}(t) - 1\right].$$

(b) Trouver une solution de la forme $y(t) = \left(e^{ct} + 1\right)^2$, où c est une constante à déterminer, de l'équation différentielle en (a).

1-19. Trouver toutes les solutions de l'équation de la chaleur

$$\frac{\partial u(x,t)}{\partial t} = 2\frac{\partial^2 u(x,t)}{\partial x^2}$$

qui sont de la forme $u(x,t) = e^{ct}[\cos(ax) + \sin(bx)]$, où a, b et c sont des constantes à déterminer.

1-20. Le champ de directions dans la figure 1.3 a été tracé par le logiciel *Maple* à partir d'une équation différentielle d'ordre un pour la fonction $y(x)$.

(a) Donner la forme des solutions de l'équation différentielle en question.

(b) Quelle est l'équation différentielle à laquelle la fonction $y(x)$ satisfait?

1-21. Trouver toutes les solutions de l'équation de Laplace

$$\frac{\partial^2 f(x,y)}{\partial x^2} + \frac{\partial^2 f(x,y)}{\partial y^2} = 0$$

qui peuvent être écrites sous la forme $f(x,y) = g(z)$, où $z := x + y$.

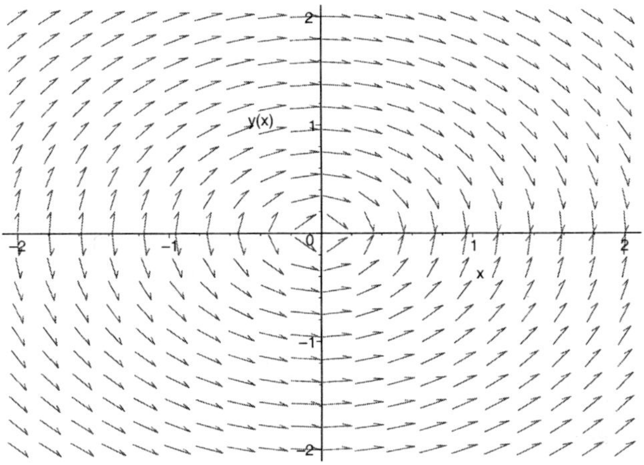

Fig. 1.3. Champ de directions pour l'exercice 1-20.

2
ÉQUATIONS DIFFÉRENTIELLES ORDINAIRES D'ORDRE UN

2.1 Équations à variables séparables

Considérons l'équation différentielle ordinaire du premier ordre (ou d'ordre un)

$$\frac{dy}{dx} = f(x, y). \tag{2.1}$$

On peut toujours la réécrire sous la forme

$$N(x, y)\frac{dy}{dx} + M(x, y) = 0 \iff N(x, y)dy + M(x, y)dx = 0. \tag{2.2}$$

Définition 2.1.1. *Si on peut écrire que $M(x, y) = M(x)$ et $N(x, y) = N(y)$ dans l'équation (2.2), de sorte que*

$$M(x)dx + N(y)dy = 0, \tag{2.3}$$

alors on dit qu'il s'agit d'une équation différentielle **à variables séparables**.

Pour résoudre l'équation différentielle (2.3), on la réécrit d'abord sous la forme

$$M(x) + N(y)\frac{dy}{dx} = 0 \iff \frac{d}{dx}\left[\int M(x)dx + \int N(y)dy\right] = 0, \tag{2.4}$$

où on a utilisé le fait que

$$\frac{dg(y)}{dx} = \frac{dg(y)}{dy}\frac{dy}{dx}. \tag{2.5}$$

Ensuite, il suffit d'intégrer les deux membres de l'équation par rapport à x:

$$\int M(x)\,dx + \int N(y)\,dy = c, \tag{2.6}$$

où c est une constante arbitraire. On peut aussi écrire que

$$\int^x M(u)\,du + \int^y N(u)\,du = c. \tag{2.7}$$

Remarque. L'équation ci-dessus donne une *solution implicite* de l'équation différentielle (2.3). Pour obtenir une *solution explicite*, il faut isoler y dans l'équation, ce qui est généralement difficile ou même impossible.

Si on impose la condition $y(x_0) = y_0$, alors on trouve que la solution qui satisfait à cette condition est telle que

$$\int^{x_0} M(u)\,du + \int^{y_0} N(u)\,du = c. \tag{2.8}$$

Il s'ensuit [en soustrayant l'équation (2.8) de l'équation (2.7)] que

$$\int_{x_0}^{x} M(u)\,du + \int_{y_0}^{y} N(u)\,du = 0. \tag{2.9}$$

Exemple 2.1.1. Considérons l'équation différentielle non linéaire

$$y'(x) = -\frac{x^2(y-2)}{(x+2)y^2}.$$

On peut la réécrire comme suit:

$$\frac{y^2}{y-2}\,dy + \frac{x^2}{x+2}\,dx = 0 \quad (\text{si } y \neq 2)$$

$\Longleftrightarrow$

$$\left(y + 2 + \frac{4}{y-2}\right) dy + \left(x - 2 + \frac{4}{x+2}\right) dx = 0.$$

Il s'ensuit que

$$\frac{1}{2}y^2 + 2y + 4\ln|y-2| + \frac{1}{2}x^2 - 2x + 4\ln|x+2| = c.$$

On ne peut malheureusement pas isoler y dans cette équation pour obtenir une solution explicite. Par contre, dans le cas de l'équation différentielle

$$y'(x) = -\frac{x^2}{y^2},$$

on trouve que

$$y^2\,dy + x^2\,dx = 0 \quad \Longrightarrow \quad \frac{1}{3}y^3 + \frac{1}{3}x^3 = c.$$

Puisque c est arbitraire, on déduit que

$$y^3 + x^3 = c_0 \quad \Longrightarrow \quad y = \left(c_0 - x^3\right)^{1/3}.$$

Supposons que $y(0) = 1$. Alors on obtient que $c_0 = 1$, de sorte que

$$y(x) = \left(1 - x^3\right)^{1/3}.$$

$\diamond$

Remarque. La solution ci-dessus est valable pour toute valeur réelle de x. Par contre, dans le cas de la première équation différentielle considérée dans cet exemple, on voit qu'il faut (au moins) que la variable indépendante x soit supérieure à -2 ou inférieure à -2. C'est-à-dire que l'*intervalle de validité* (a, b) de la solution est (au plus) l'intervalle $(-2, \infty)$ ou l'intervalle $(-\infty, -2)$.

2.1.1 Équations homogènes

Certaines équations qui ne sont pas à variables séparables peuvent être transformées en équations à variables séparables à l'aide d'un changement de variable approprié.

Définition 2.1.2. *La fonction $f(x, y)$ est dite* **homogène de degré** n *si*

$$f(tx, ty) = t^n f(x, y) \tag{2.10}$$

pour un $n \in \{0, 1, \ldots\}$.

Remarque. Il peut y avoir des contraintes sur les variables x, y et t.

Définition 2.1.3. *L'équation différentielle*

$$M(x, y)\,dx + N(x, y)\,dy = 0 \tag{2.11}$$

est dite **homogène** *si les fonctions M et N sont homogènes de même degré.*

Remarques. i) De façon équivalente, on peut affirmer que l'équation

$$\frac{dy}{dx} = f(x,y) \tag{2.12}$$

est homogène si et seulement si la fonction $f(x,y)$ est homogène de degré 0.

ii) Le terme *homogène* est aussi utilisé pour décrire une équation différentielle dans laquelle n'apparaît que des fonctions de la variable dépendante y et de ses dérivées. Par exemple,

$$y'(x) + y(x) = 0 \tag{2.13}$$

est homogène, mais pas

$$y'(x) + y(x) = x. \tag{2.14}$$

Le contexte d'utilisation devrait permettre d'éviter la confusion entre les deux sens du terme homogène.

Pour résoudre une équation différentielle homogène, on pose

$$f(x,y) = -\frac{M(x,y)}{N(x,y)}, \tag{2.15}$$

et on définit $u = y/x$. On a:

$$f(tx,ty) = -\frac{M(tx,ty)}{N(tx,ty)} = -\frac{t^n M(x,y)}{t^n N(x,y)} = f(x,y). \tag{2.16}$$

En choisissant $t = 1/x$, on obtient que

$$f(1,u) = f(x,y). \tag{2.17}$$

Maintenant, puisque $y = xu$, on peut écrire que

$$\frac{dy}{dx} = f(x,y) \quad \Longrightarrow \quad u + x\frac{du}{dx} = f(1,u). \tag{2.18}$$

Si $f(1,u) = u$, alors $u \equiv c$ et $y(x) = cx$. Dans le cas où $f(1,u) \neq u$, on peut séparer les variables:

$$\frac{dx}{x} = \frac{du}{f(1,u) - u}. \tag{2.19}$$

Exemple 2.1.2. L'équation différentielle

$$\frac{dy}{dx} = \frac{x-y}{x+y}$$

n'est pas directement à variables séparables. Cependant, on peut écrire que

$$\frac{dy}{dx} = \frac{1-(y/x)}{1+(y/x)} \quad \overset{u=y/x}{\Longrightarrow} \quad u + x\frac{du}{dx} = \frac{1-u}{1+u},$$

d'où l'on déduit que

$$\frac{dx}{x} = \frac{du}{\frac{1-u}{1+u} - u} \quad \Longrightarrow \quad \frac{1}{x}dx = \frac{1+u}{1-2u-u^2}du.$$

En intégrant de chaque côté, on trouve que

$$-\frac{1}{2}\ln|1-2u-u^2| = \ln|x|+c \implies -\frac{1}{2}\ln|1-2(y/x)-(y/x)^2| = \ln|x|+c$$

(que l'on peut simplifier). ◇

Remarque. L'équation différentielle dans l'exemple précédent est homogène, car $M(x,y) = -(x-y)$ et $N(x,y) = x+y$ sont homogènes de degré 1, ou bien $f(x,y) = \frac{x-y}{x+y}$ est homogène de degré 0.

Exercices

2-1. Résoudre (explicitement, si possible) les équations différentielles ordinaires suivantes:

(a) $x^2\,dx + \dfrac{y}{y+1}\,dy = 0$;

(b) $\dfrac{x}{x+1}\,dx + y^2\,dy = 0$ pour $x > -1$;

(c) $\sin(x)\cos(x)\,dx + y\,e^y\,dy = 0$;

(d) $\dfrac{\ln x}{x}\,dx + \dfrac{y^2}{y+1}\,dy = 0$ pour $x > 0$.

2-2. Séparer, si possible, les variables dans les équations suivantes:

(a) $y'(x) = \dfrac{x+e^x}{x^2y^2}$;

(b) $y'(x) = \dfrac{x\,e^x}{x^2+y^2}$;

(c) $y'(x) = \dfrac{y + e^y}{x^2 y^2}$;

(d) $y'(x) = \dfrac{y e^y}{x^2 + y^2}$.

2-3. Déterminer si les équations différentielles suivantes sont homogènes:

(a) $(x + y)\,dx + (x + 2y)\,dy = 0$;

(b) $(x^2 + y^2)\,dx + xy\,dy = 0$;

(c) $(x + y)\,dx + \cos(y)\,dy = 0$;

(d) $x^2\,dx + y\,dy = 0$;

(e) $dx + \dfrac{x + y}{x - y}\,dy = 0$.

2-4. Résoudre les équations différentielles ordinaires homogènes suivantes:

(a) $y'(x) = \dfrac{xy}{x^2 + y^2}$;

(b) $y'(x) = \dfrac{y^3}{x(x^2 + y^2)}$;

(c) $y'(x) = \dfrac{x}{x + 2y}$.

2.2 Équations exactes

Dans la section précédente, nous avons considéré le cas où les fonctions $M(x, y)$ et $N(x, y)$ dans l'équation différentielle

$$M(x, y)\,dx + N(x, y)\,dy = 0 \tag{2.20}$$

sont telles que $M(x, y) = M(x)$ et $N(x, y) = N(y)$, de sorte que l'équation en question est *à variables séparables*. Supposons maintenant qu'il existe une fonction $f(x, y)$ pour laquelle

$$\frac{\partial f}{\partial x} = M(x, y) \quad \text{et} \quad \frac{\partial f}{\partial y} = N(x, y). \tag{2.21}$$

Alors l'équation (2.20) peut être réécrite comme suit:

$$\frac{\partial f}{\partial x}\,dx + \frac{\partial f}{\partial y}\,dy = 0 \quad \Longleftrightarrow \quad df(x, y) = 0. \tag{2.22}$$

C'est-à-dire que le membre gauche de l'équation différentielle (2.20) est la *différentielle totale* ou *exacte* de la fonction $f(x, y)$. Il s'ensuit que la solution générale de l'équation est donnée implicitement par

$$f(x, y) = c, \tag{2.23}$$

où c est une constante arbitraire.

Définition 2.2.1. *Si (et seulement si) il existe une fonction $f(x, y)$ telle que les équations (2.21) sont vérifiées, on dit que l'équation (2.20) est une* **équation différentielle exacte**.

Si l'équation (2.20) est exacte, alors la fonction f existe. On peut écrire que

$$\frac{\partial^2 f}{\partial y \partial x} = \frac{\partial^2 f}{\partial x \partial y}, \tag{2.24}$$

sous l'hypothèse que les dérivées partielles mixtes existent et sont continues. Cette équation est équivalente à

$$\frac{\partial M(x, y)}{\partial y} = \frac{\partial N(x, y)}{\partial x}. \tag{2.25}$$

Donc, on peut affirmer que l'équation différentielle (2.20) est exacte *seulement si* l'équation (2.25) est vérifiée. C'est-à-dire que (2.25) est une *condition nécessaire* pour que l'équation différentielle considérée soit exacte.

Remarque. Lorsqu'on calcule les dérivées partielles $\partial M(x, y)/\partial y$ et $\partial N(x, y)/\partial x$, on considère x et y comme des variables indépendantes. De même, ci-dessous, la variable y est considérée comme une constante lorsqu'on intègre par rapport à x.

Ensuite, on a:

$$\frac{\partial f(x, y)}{\partial x} = M(x, y) \quad \Longrightarrow \quad f(x, y) = \int M(x, y)\, dx + h(y), \tag{2.26}$$

où $h(y)$ est une fonction arbitraire qui ne dépend que de y. Cette fonction doit être telle que

$$\frac{\partial f(x, y)}{\partial y} = N(x, y) \quad \Longleftrightarrow \quad \frac{\partial}{\partial y}\left(\int M(x, y)\, dx\right) + h'(y) = N(x, y). \tag{2.27}$$

De là, on déduit que

$$h(y) = \int \left[N(x,y) - \frac{\partial}{\partial y} \left(\int M(x,y)\, dx \right) \right] dy. \tag{2.28}$$

Puisque l'intégrale ci-dessus doit être une fonction de y seulement, la fonction que l'on intègre ne doit pas dépendre de x. Il s'ensuit que

$$\frac{\partial}{\partial x} \left[N(x,y) - \frac{\partial}{\partial y} \left(\int M(x,y)\, dx \right) \right] = 0. \tag{2.29}$$

C'est-à-dire que

$$\begin{aligned} & \frac{\partial N(x,y)}{\partial x} = \frac{\partial^2}{\partial x \partial y} \left(\int M(x,y)\, dx \right) \\ \iff \quad & \frac{\partial N(x,y)}{\partial x} = \frac{\partial^2}{\partial y \partial x} \left(\int M(x,y)\, dx \right) \\ \iff \quad & \frac{\partial N(x,y)}{\partial x} = \frac{\partial M(x,y)}{\partial y}. \end{aligned} \tag{2.30}$$

Or, cette dernière équation est la condition (2.25). Ainsi, si cette condition est vérifiée, on peut construire une fonction f telle que les équations dans (2.21) sont aussi satisfaites. On peut donc énoncer la proposition suivante.

Proposition 2.2.1. *L'équation différentielle (2.20) est exacte* **si et seulement si** *(ssi) l'équation (2.25) est vérifiée. Ainsi, l'équation (2.25) est une* **condition nécessaire et suffisante** *pour que (2.20) soit une équation différentielle exacte.*

Exemple 2.2.1. Soit $M(x,y) = x^2 + y$ et $N(x,y) = x - y^2$. On a:

$$\frac{\partial M(x,y)}{\partial y} = 1 \quad \text{et} \quad \frac{\partial N(x,y)}{\partial x} = 1.$$

Alors l'équation

$$(x^2 + y)\, dx + (x - y^2)\, dy = 0$$

est exacte. Il existe donc une fonction $f(x,y)$ telle que

$$\frac{\partial f}{\partial x} = x^2 + y.$$

De là, on obtient l'expression suivante pour la fonction $f(x,y)$ que l'on cherche:

$$f(x,y) = \frac{1}{3}x^3 + xy + h(y).$$

Il s'ensuit que

$$\frac{\partial f}{\partial y} = x + h'(y) \quad \text{et} \quad \frac{\partial f}{\partial y} = N(x,y) = x - y^2,$$

d'où l'on déduit que $h'(y) = -y^2$, ce qui implique que

$$h(y) = -\frac{1}{3}y^3 \quad (+\text{ constante}).$$

Donc, la solution générale de l'équation différentielle considérée est

$$xy + \frac{1}{3}x^3 - \frac{1}{3}y^3 = c,$$

où c est une constante arbitraire. ♢

Remarque. Dans l'exemple précédent, on a aussi:

$$\frac{\partial f}{\partial y} = x - y^2 \quad \Longrightarrow \quad f(x,y) = xy - \frac{1}{3}y^3 + g(x).$$

En comparant cette deuxième expression pour la fonction $f(x,y)$ à celle contenant la fonction $h(y)$, on déduit que

$$f(x,y) = xy + \frac{1}{3}x^3 - \frac{1}{3}y^3 \quad (+\text{ constante}).$$

2.2.1 Facteurs intégrants

La plupart des équations différentielles *ne sont pas* exactes. Cependant, lorsqu'une équation différentielle possède une solution générale $f(x,y) = c$, on peut montrer (voir Simmons, p. 42) qu'il est possible de trouver un *facteur intégrant* pour la transformer en équation exacte. C'est-à-dire qu'il existe une fonction $\mu(x,y)$ telle que

$$\mu(x,y)\,[M(x,y)\,dx + N(x,y)\,dy] = df(x,y). \tag{2.31}$$

En particulier, si on peut écrire l'équation (2.20) sous la forme

$$g_1(x)\,h_1(y)\,dx + g_2(x)\,h_2(y)\,dy = 0, \tag{2.32}$$

alors un facteur intégrant est donné par

$$\mu(x,y) = \frac{1}{g_2(x)h_1(y)}. \tag{2.33}$$

En fait, ce facteur intégrant transforme l'équation (2.32) en une équation à variables séparées. Or, toute équation différentielle à variables séparées est exacte.

Exemple 2.2.2. L'équation différentielle

$$y'(x) = -\frac{2y}{3x} \quad \Longleftrightarrow \quad 2y\,dx + 3x\,dy = 0$$

n'est pas exacte. Cependant, si on la multiplie par $\mu(x,y) = (xy)^{-1}$, on obtient l'équation

$$\frac{2}{x}\,dx + \frac{3}{y}\,dy = 0,$$

laquelle est exacte, car

$$\frac{\partial M(x,y)}{\partial y} = \frac{\partial N(x,y)}{\partial x} = 0.$$

Remarque. Notons que l'équation de départ est à variables séparables, et aussi homogène. En fait, ici le facteur intégrant transforme cette équation différentielle en une équation à variables séparées, comme nous l'avons mentionné ci-dessus. ◇

En général, pour trouver un facteur intégrant $\mu(x,y)$, il faut résoudre l'équation aux dérivées partielles

$$M\frac{\partial \mu}{\partial y} - N\frac{\partial \mu}{\partial x} + \left(\frac{\partial M}{\partial y} - \frac{\partial N}{\partial x}\right)\mu = 0, \tag{2.34}$$

laquelle découle de la condition

$$\frac{\partial(\mu M)}{\partial y} = \frac{\partial(\mu N)}{\partial x} \tag{2.35}$$

pour que l'équation

$$\mu(x,y)\,[M(x,y)\,dx + N(x,y)\,dy] = 0 \tag{2.36}$$

soit exacte. En fait, il suffit de trouver *une* solution de l'équation aux dérivées partielles (2.34), ce qui n'est tout de même pas trivial.

Dans certains cas, on peut trouver un facteur intégrant assez facilement. En effet, supposons que

$$\frac{\dfrac{\partial M}{\partial y} - \dfrac{\partial N}{\partial x}}{N} = \phi(x). \tag{2.37}$$

C'est-à-dire que la quantité dans le membre gauche de l'équation ci-dessus ne dépend en fait que de la variable x. Alors on trouve qu'un facteur intégrant est donné par

$$\mu(x,y) = \mu(x) = \exp\left\{\int \phi(x)\,dx\right\}. \tag{2.38}$$

On peut vérifier que ce choix de $\mu(x,y)$ satisfait à l'équation (2.34), car la dérivée partielle $\partial\mu/\partial y$ est alors nulle.

De même, si

$$-\frac{\dfrac{\partial M}{\partial y} - \dfrac{\partial N}{\partial x}}{M} = \psi(y), \tag{2.39}$$

alors on peut écrire que

$$\mu(y) = \exp\left\{\int \psi(y)\,dy\right\}. \tag{2.40}$$

Remarque. Si l'équation considérée est exacte, alors les fonctions $\phi(x)$ et $\psi(y)$ ci-dessus sont nulles, de sorte qu'un facteur intégrant est la constante 1, comme il se devait.

Exemple 2.2.3. Considérons l'équation différentielle

$$(x-y)\,dx + x\,dy = 0 \quad \text{pour } x > 0.$$

Celle-ci n'est pas exacte, car $M_y = -1 \neq N_x = 1$. Toutefois, puisque

$$\frac{M_y - N_x}{N} = -\frac{2}{x}$$

est une fonction de x seulement, un facteur intégrant est donné par

$$\mu(x) = \exp\left\{\int -\frac{2}{x}\,dx\right\} = \frac{1}{x^2}$$

(en choisissant la constante d'intégration $c_0 = 0$). En effet, en multipliant l'équation par x^{-2}, on obtient que

$$\frac{(x-y)}{x^2}dx + \frac{1}{x}dy = 0,$$

et on calcule

$$M_y = N_x = -\frac{1}{x^2}.$$

On a alors:

$$f(x,y) = \int \frac{(x-y)}{x^2}dx + h(y) = \ln x + \frac{y}{x} + h(y)$$

et

$$\frac{1}{x} = \frac{\partial f}{\partial y} = \frac{1}{x} + h'(y).$$

Il s'ensuit qu'on peut prendre $h(y) \equiv 0$, et que la solution générale de l'équation considérée est

$$\ln x + \frac{y}{x} = c,$$

que l'on peut réécrire ainsi:

$$y(x) = (c - \ln x)\,x.$$

◊

Exercices

2-5. Déterminer, en posant que le membre droit des équations est de la forme $-M(x,y)/N(x,y)$, si les équations différentielles ordinaires suivantes sont exactes:

(a) $y'(x) = \dfrac{x^2}{y}$;

(b) $y'(x) = \dfrac{x^2+y}{y^2-x}$;

(c) $y'(x) = \dfrac{x+y}{x-y}$;

(d) $y'(x) = \dfrac{x+y^2}{y-x^2}$.

2-6. Résoudre (explicitement, si possible) les équations différentielles exactes suivantes:

(a) $\dfrac{y}{x^2}dx - \dfrac{1}{x}dy = 0$;

(b) $\dfrac{y}{x}\,dx + \ln x\,dy = 0 \quad$ pour $x > 0$;

(c) $\left(1 - \dfrac{x}{y}\right) dx + \left(1 + \dfrac{x^2}{2y^2}\right) dy = 0$;

(d) $(\ln x + y)\,dx + (\ln y + x)\,dy = 0$.

2-7. Transformer les équations différentielles suivantes en équations exactes et les résoudre (explicitement, si possible):

(a) $y'(x) = -\dfrac{y^2}{x^2} \quad$ pour $x > 0$;

(b) $y'(x) = \dfrac{e^y}{x} \quad$ pour $x > 0$.

2-8. Trouver un facteur intégrant pour les équations différentielles suivantes:

(a) $(x + y)\,dx + x^2\,dy = 0 \quad$ pour $x > 0$;

(b) $\dfrac{1}{y}\,dx + (1 + xy)\,dy = 0$.

2-9. L'équation différentielle

$$y\,dx - x\,dy = 0 \quad \text{pour } x > 0$$

possède (en particulier) les facteurs intégrants $\mu(x) = 1/x^2$, $\mu(y) = 1/y^2$ et $\mu(x, y) = 1/(xy)$. Obtenir sa solution générale avec chacun de ces facteurs intégrants.

2.3 Équations linéaires

L'équation différentielle (ordinaire) linéaire d'ordre un est de la forme

$$\frac{dy(t)}{dt} + p(t)\,y(t) = q(t). \tag{2.41}$$

Pour résoudre une équation de ce type, on la multiplie par une fonction (non nulle) $\mu(t)$:

$$\mu(t)\,\frac{dy(t)}{dt} + \mu(t)\,p(t)\,y(t) = \mu(t)\,q(t). \tag{2.42}$$

Si la fonction $\mu(t)$ est choisie de façon que

$$\frac{d\mu(t)}{dt} = \mu(t)p(t), \tag{2.43}$$

alors on peut écrire que

$$\mu(t)\frac{dy(t)}{dt} + \mu(t)p(t)y(t) = \mu(t)\frac{dy(t)}{dt} + \frac{d\mu(t)}{dt}y(t) = \frac{d}{dt}\left[\mu(t)y(t)\right], \tag{2.44}$$

de sorte que la solution de l'équation (2.41) est obtenue en intégrant les deux membres de l'équation

$$\frac{d}{dt}\left[\mu(t)y(t)\right] = \mu(t)q(t). \tag{2.45}$$

La fonction $\mu(t)$ est appelée *facteur intégrant* (voir la section précédente). On déduit de l'équation (2.43) que [si l'on suppose que $\mu(t)$ est une fonction positive]

$$\begin{aligned} \frac{d\mu(t)/dt}{\mu(t)} = p(t) \quad &\Longrightarrow \quad \ln\mu(t) = \int p(t)\,dt \\ &\Longrightarrow \quad \mu(t) = \exp\left\{\int p(t)\,dt\right\} \end{aligned} \tag{2.46}$$

(en choisissant la constante d'intégration égale à zéro).

Remarque. On voit que la fonction $\mu(t)$ ci-dessus est effectivement toujours positive, de sorte que l'on pouvait diviser par $\mu(t)$ dans l'équation (2.43).

On déduit maintenant de (2.45) que la solution générale de l'équation (2.41) est

$$y(t) = \frac{1}{\mu(t)}\left(\int \mu(t)q(t)\,dt + c\right), \tag{2.47}$$

où $\mu(t)$ est donnée par (2.46).

Remarque. La partie

$$\frac{1}{\mu(t)}\int \mu(t)q(t)\,dt$$

de la solution est une *solution particulière* de l'équation (2.41), tandis que

$$\frac{c}{\mu(t)} = c\exp\left\{-\int p(t)\,dt\right\}$$

est la *solution générale* de l'équation

$$\frac{dy(t)}{dt} + p(t)y(t) = 0.$$

La solution (2.47) peut être réécrite comme suit:

$$y(t) = \frac{1}{\mu(t)} \left(\int_{t_0}^{t} \mu(s)q(s)\,ds + c \right) \quad \text{pour } t \geq t_0, \tag{2.48}$$

où

$$\mu(t) = \exp\left\{ \int_{t_0}^{t} p(s)\,ds \right\}. \tag{2.49}$$

Si l'on désire obtenir la solution particulière qui satisfait à la condition initiale

$$y(t_0) = y_0, \tag{2.50}$$

on doit choisir la constante c telle que

$$y_0 = \frac{1}{\mu(t_0)} c, \tag{2.51}$$

où

$$\mu(t_0) = \exp\left\{ \int_{t_0}^{t_0} p(s)\,ds \right\} = 1. \tag{2.52}$$

Ainsi, on trouve que

$$c = y_0. \tag{2.53}$$

Cas particulier. Si $p(t) \equiv 0$, alors on obtient directement que

$$y(t) = \int q(t)\,dt + c. \tag{2.54}$$

Dans le cas où $p(t) \equiv p_0$ (une constante non nulle), on a:

$$\mu(t) = \exp\left\{ \int p_0\,dt \right\} = e^{p_0 t} \tag{2.55}$$

et

$$y(t) = e^{-p_0 t} \left(\int e^{p_0 t} q(t)\,dt + c \right) = e^{-p_0 t} \left(\int e^{p_0 t} q(t)\,dt \right) + c e^{-p_0 t}. \tag{2.56}$$

Si, en plus, $q(t) \equiv q_0$, on obtient que

$$y(t) = e^{-p_0 t}\left(\int e^{p_0 t} q_0 \, dt + c\right) = e^{-p_0 t}\left(\frac{q_0}{p_0} e^{p_0 t} + c\right) = \frac{q_0}{p_0} + c e^{-p_0 t}. \tag{2.57}$$

Remarquons que les solutions convergent vers q_0/p_0 si $p_0 > 0$, tandis qu'elles divergent si $p_0 < 0$. Dans le cas où $q(t)$ n'est pas une constante, la convergence des solutions dépend aussi de cette fonction.

Exemple 2.3.1. Nous allons résoudre l'équation différentielle linéaire

$$\frac{dy(x)}{dx} + x y(x) = 2x.$$

On calcule d'abord le facteur intégrant

$$\mu(x) = \exp\left\{\int x \, dx\right\} = e^{x^2/2},$$

et ensuite l'intégrale dans le formule (2.47):

$$\int e^{x^2/2} 2x \, dx = 2 \int \left(\frac{d}{dx} e^{x^2/2}\right) dx = 2 e^{x^2/2}.$$

Il s'ensuit que

$$y(x) = e^{-x^2/2}\left(2 e^{x^2/2} + c\right) = 2 + c e^{-x^2/2}.$$

Les solutions convergent vers 2 lorsque $x \to \pm\infty$. ◇

Exercices

2-10. Trouver un facteur intégrant pour chacune des équations différentielles ordinaires suivantes:

(a) $y'(t) = e^t y(t) + e^{t^2}$;

(b) $t y'(t) = t^2 y(t) + \ln t \quad$ pour $t > 0$;

(c) $(\ln t)^{-1}\, y'(t) = t^{-1} y(t) - e^t \quad$ pour $t > 0$.

2-11. Résoudre les équations différentielles linéaires suivantes:

(a) $y'(t) = t y(t) + t^3$;

(b) $t y'(t) = t y(t) + t^2 \quad$ pour $t > 0$;

(c) $t^2 y'(t) = t y(t) + t^{-1} \quad$ pour $t > 0$;

(d) $t^2 y'(t) = t^2 y(t) + te^t \quad$ pour $t > 0$.

2-12. Déterminer vers quelle valeur les solutions des équations différentielles suivantes tendent lorsque t tend vers l'infini:

(a) $y'(t) - y(t) = e^t$;

(b) $y'(t) + y(t) = e^{-2t}$.

2.4 Équation de Bernoulli

L'équation différentielle

$$\frac{dy(t)}{dt} + p(t)y(t) = q(t)y^n(t), \tag{2.58}$$

où $n \in \mathbb{R}$, est appelée *équation de Bernoulli*. Elle est linéaire si $n = 0$ ou 1, mais pour toutes les autres valeurs de n elle est *non linéaire*. Toutefois, la transformation $u(t) = y^{1-n}(t)$, pour $n \neq 1$, ramène l'équation (2.58) à une équation linéaire. En effet, on a:

$$\frac{du(t)}{dt} = (1-n)y^{-n}(t)\frac{dy(t)}{dt} \quad \Longrightarrow \quad \frac{dy(t)}{dt} = (1-n)^{-1}y^n(t)\frac{du(t)}{dt} \tag{2.59}$$

et

$$y(t) = y^n(t)u(t), \tag{2.60}$$

de sorte que

$$(1-n)^{-1}y^n(t)\frac{du(t)}{dt} + p(t)y^n(t)u(t) = q(t)y^n(t). \tag{2.61}$$

C'est-à-dire que

$$\frac{du(t)}{dt} + (1-n)p(t)u(t) = (1-n)q(t). \tag{2.62}$$

On peut maintenant utiliser la section 2.3 pour trouver $u(t)$ et, à partir de là, la fonction $y(t)$.

Remarques. i) On voit que, si $n > 0$, $y(t) \equiv 0$ est une solution de l'équation différentielle (2.58) (appelée *solution triviale*). On s'intéresse aux autres solutions de cette équation, de sorte qu'on peut diviser par $y^n(t)$ ci-dessus.

ii) L'équation de Bernoulli, si on la réécrit comme suit:

$$(1-n)y^{-n}(t)\frac{dy(t)}{dt} + (1-n)p(t)y^{1-n}(t) = (1-n)q(t), \qquad (2.63)$$

est un cas particulier de l'équation différentielle

$$h'[y(t)]\frac{dy(t)}{dt} + P(t)h[y(t)] = Q(t) \qquad (2.64)$$

[avec $P(t) := (1-n)p(t)$ et $Q(t) := (1-n)q(t)$], laquelle est transformée en

$$\frac{du(t)}{dt} + P(t)u(t) = Q(t) \qquad (2.65)$$

en posant $u(t) = h[y(t)]$. Notons que

$$h'[y(t)] = \frac{d}{dy(t)}h[y(t)].$$

Exemple 2.4.1. Supposons que $t > 0$ dans l'équation différentielle

$$y'(t) + \frac{1}{t}y(t) = t^3 y^3(t).$$

Il s'agit d'une équation de Bernoulli pour laquelle $n = 3$, $p(t) = 1/t$ et $q(t) = t^3$. On pose $u(t) = y^{-2}(t)$. On trouve que

$$u'(t) - \frac{2}{t}u(t) = -2t^3.$$

On calcule (voir la section précédente)

$$\mu(t) = \exp\left\{-\int \frac{2}{t}\,dt\right\} = e^{-2\ln t} = t^{-2},$$

et ensuite

$$\int t^{-2}(-2t^3)\,dt = -t^2,$$

de sorte que

$$u(t) = t^2\left(-t^2 + c\right).$$

Donc, la solution cherchée est

$$y^{-2}(t) = t^2\left(-t^2 + c\right) \quad \Longrightarrow \quad y(t) = \pm\frac{1}{t\,(c-t^2)^{1/2}}.$$

Remarque. Puisque l'on cherche des solutions réelles $y(t)$, la solution ci-dessus est valable dans un intervalle $(0, b)$, et la constante c doit être supérieure à b^2. ♢

Exercices

2-13. Résoudre les équations de Bernoulli suivantes:

(a) $y'(t) + y(t) = y^3(t)$;

(b) $e^t y'(t) + e^t y(t) = y^2(t)$;

(c) $y'(t) + \frac{1}{t} y(t) = \ln(t) y^2(t) \quad$ pour $t > 0$.

2-14. Transformer les équations différentielles non linéaires suivantes en équations linéaires:

(a) $e^{y(t)} y'(t) + t e^{y(t)} = e^t$;

(b) $\frac{1}{y(t)} y'(t) + t^2 \ln y(t) = \ln t \quad$ pour $t > 0$.

2.5 Exercices supplémentaires

2-15. On considère les quatre équations différentielles ordinaires d'ordre un suivantes, où $y = y(x)$:

A) $y y' = y + x$;

B) $(x^2 + y^2) y' = x(x - y)$;

C) $y' = x e^{-x} y$;

D) $(x + y^2) y' = x^2 - y$.

(a) Laquelle (lesquelles) des équations ci-dessus est (sont) à variables séparables? Justifier en la (les) réécrivant sous cette forme.

(b) Laquelle (lesquelles) des équations ci-dessus est (sont) homogène(s)? Justifier.

(c) Laquelle (lesquelles) des équations ci-dessus, après manipulation pour les ramener à la forme $M(x, y)\,dx + N(x, y)\,dy = 0$, est (sont) exacte(s)? Justifier.

2-16. Trouver un facteur intégrant $\mu(x)$ pour l'équation différentielle linéaire d'ordre un

$$e^x y'(x) + x y(x) = e^{x^2}.$$

2-17. Trouver la solution générale de l'équation de Bernoulli

$$y'(t) = y^2(t).$$

2-18. On laisse tomber un objet situé à 20 mètres du sol à l'instant initial $t = 0$. On suppose que la position $y(t)$ de l'objet par rapport au sol satisfait à l'équation

$$y''(t) + 2y'(t) = -9{,}8.$$

On trouve que l'objet atteindra le sol à l'instant $t \simeq 4{,}58$. Calculer la position de l'objet à un instant $t \in (0; 4{,}58)$.

2-19. On considère l'équation différentielle du premier ordre

$$(x - y)\,dx - x\,dy = 0 \quad \text{pour } x > 0.$$

(a) L'équation est homogène. Donner la solution (implicite) obtenue en la transformant en une équation à variables séparables.

(b) L'équation est aussi exacte. Utiliser ce fait pour obtenir sa solution explicite.

(c) Refaire la partie (b) en utilisant maintenant le fait que l'équation est linéaire.

2-20. Transformer l'équation différentielle non linéaire

$$y'(t) = \frac{1}{t}y(t) - y^2(t) \quad \text{pour } t > 0$$

en une équation linéaire, et donner sa solution générale.

2-21. Résoudre explicitement l'équation différentielle suivante:

$$\frac{\ln(x^2)}{x}\,dx + \frac{y}{y^2+1}\,dy = 0 \quad \text{pour } x > 0.$$

2-22. Résoudre (implicitement) l'équation différentielle

$$(e^x + y)\,dx + (e^y + x)\,dy = 0.$$

2-23. Trouver un facteur intégrant $\mu(t)$ pour l'équation différentielle

$$\frac{1}{t}y'(t) = e^{-t}y(t) + e^{t^2}, \quad \text{où } t > 0.$$

2-24. Résoudre l'équation différentielle linéaire

$$y'(t) = t^2\left[y(t) + 1\right].$$

2-25. Trouver la solution générale de l'équation obtenue en posant que $u(t) = y^{-1}(t)$ dans l'équation différentielle non linéaire

$$y'(t) + y(t) = t\,y^2(t).$$

2-26. Trouver la solution explicite du problème suivant: $y(0) = \sqrt{\ln 2}$ et

$$y\sqrt{x^2+1}\,\frac{dy}{dx} - x\,e^{-y^2} = 0.$$

2-27. Trouver la fonction $y(x)$ qui satisfait à l'équation différentielle

$$x\frac{dy}{dx} + y(1 - x^3 y) = 0 \quad \text{pour } x < 0,$$

et qui est telle que $y(-2) = 1/4$.

2-28. La concentration $y(t)$ d'un certain produit chimique à l'instant t diminue à un taux qui est proportionnel au carré de la concentration à cet instant. Si la concentration initiale est de 5 %, et si celle-ci est de 2 % à l'instant $t = 1$, quelle sera la concentration à $t = 2$?

2-29. Résoudre (implicitement) l'équation différentielle homogène

$$y'(x) = \frac{x\,y^2 + x^2\,y}{x^3 + y^3}.$$

Indication. Vous pouvez utiliser la méthode d'intégration par fractions partielles.

2-30. Résoudre implicitement l'équation différentielle

$$y'(x) = -\frac{(x\,y + e^x)}{(x^2/2) + e^y}.$$

2-31. Trouver les solutions non triviales de l'équation de Bernoulli

$$y'(t) + y(t) = t\,e^t\,y^2(t).$$

2-32. Un étudiant en génie informatique vient de s'acheter un ordinateur portable haut de gamme au prix de 2000 \$. La valeur marchande

$y(t)$ de son ordinateur décroît à un taux qui est égal à $y(t)$, où t est en années. De plus, le prix de vente (en dollars) $p(t)$ d'un nouvel ordinateur haut de gamme diminue selon la fonction

$$p(t) = 1000e^{-t/2} + 1000.$$

L'étudiant décide qu'il remplacera son ordinateur par une nouvelle machine lorsque la valeur marchande de son ordinateur actuel sera exactement égale à la moitié du prix de vente d'un ordinateur neuf haut de gamme. À quel instant t changera-t-il d'ordinateur?

2-33. Trouver la solution (implicite) de l'équation différentielle

$$y'(x) = \frac{e^{x+y}}{y}$$

qui satisfait à la condition $y(0) = 1$.

2-34. Quelle est la solution de l'équation différentielle

$$y'(t) = \frac{1}{t}\,[y(t) + 1] \quad \text{pour } t \geq 1$$

qui satisfait à la condition $y(1) = 1$?

2-35. (a) La taille $x(t)$ d'une certaine population à l'instant t satisfait à l'équation différentielle ordinaire

$$x'(t) = cx(t) - e^{ct} \quad \text{pour } t \geq 0,$$

où c est une constante positive. On suppose que $x(0) = x_0 > 0$. Pour quelle valeur de t la population disparaîtra-t-elle? Justifier.

(b) Supposons que la taille de la population en (a) ne peut pas dépasser $x_{\max}$, et que

$$x'(t) = c\left[1 - \frac{x(t)}{x_{\max}}\right]t \quad \text{pour } t \geq 0,$$

avec $x(0) = x_0 \in (0, x_{\max})$. Utiliser le fait que l'équation différentielle ci-dessus est à variables séparables pour déterminer la taille de la population à l'instant t.

2-36. Les équations différentielles suivantes sont-elles (i) homogènes? (ii) exactes? Justifier.

(a) $x^2 dx + (x^2 + y^2)dy = 0$;

(b) $(x + y^2)dx + 2xy\,dy = 0$.

2-37. Trouver la solution de l'équation intégrale suivante:

$$y(t) + \int_{t_0}^{t} y(s)\,ds = t,$$

où t_0 est une constante.

2-38. Un objet est situé à 20 mètres du sol à l'instant initial $t = 0$. On suppose que la position $y(t)$ de l'objet par rapport au sol à l'instant t satisfait à l'équation

$$y''(t) + \frac{1}{2}y'(t) = -9{,}8.$$

On lance l'objet vers le bas, de façon que sa vitesse initiale est égale à -1. Calculer la position de l'objet à un instant t inférieur à l'instant auquel l'objet atteindra le sol.

Remarque. Par convention, on suppose que la vitesse est négative si l'objet se déplace vers la bas.

2-39. On considère l'équation différentielle non linéaire

$$y'(x) = xy^3(x) \quad \text{pour } 0 \leq x \leq 1.$$

(a) Utiliser le fait que l'équation est à variables séparables pour la résoudre (explicitement).

(b) Il s'agit aussi d'une équation de Bernoulli. Donner l'équation obtenue en posant $u(x) = y^{-2}(x)$.

2-40. Résoudre explicitement le problème de valeur initiale

$$y(t)y'(t) + y^2(t) = 2e^{-t},$$

avec $y(0) = 2$.

2-41. Trouver la solution explicite de l'équation différentielle

$$2xy(x) + 3y^2(x) - [2xy(x) + x^2]y'(x) = 0.$$

2-42. (a) L'équation différentielle

$$y^3\,dx + x^3\,dy = 0 \quad \text{pour } x > 1$$

est-elle (i) homogène? (ii) exacte (sous sa forme actuelle)? Justifier.

(b) Utiliser le fait que l'équation en (a) est une équation de Bernoulli pour la résoudre explicitement.

2-43. Trouver la solution de l'équation intégrale suivante:

$$y(t) + \int_0^t sy(s)ds = t^2 + 1 \quad \text{pour } t \geq 0.$$

Remarque. On déduit de l'équation intégrale que la fonction $y(t)$ satisfait à la condition initiale $y(0) = 1$.

2-44. Déterminer la valeur du paramètre a pour que la fonction $\mu(x, y) = xy^a$ soit un facteur intégrant pour l'équation différentielle

$$2y^2(x) - 6xy(x) + [3xy(x) - 4x^2]y'(x) = 0.$$

2-45. On considère l'équation différentielle

$$e^{2t}y^2(t) + [e^{2t}y(t) - 2y(t)]y'(t) = 0.$$

En réécrivant au besoin cette équation sous une autre forme, identifier les méthodes présentées au chapitre 2 qui permettent de la résoudre.

2-46. Résoudre explicitement l'équation différentielle

$$(x + 4)[y^2(x) + 1] + (x^2 + 3x + 2)y(x)y'(x) = 0.$$

Indication. On a:

$$\frac{x+4}{x^2+3x+2} = \frac{3}{x+1} - \frac{2}{x+2}.$$

2-47. Donner la solution implicite de l'équation différentielle non linéaire

$$y'(x) = -\frac{(x+2)^2(y-2)}{xy^2} \quad \text{pour } x > 0.$$

2-48. Résoudre explicitement (si possible) l'équation différentielle non linéaire

$$y'(x) = -\frac{x(y+2)}{(x+1)y} \quad \text{pour } x > -1.$$

2-49. Utiliser le fait que $\mu(x, y) = x$ est un facteur intégrant pour l'équation différentielle

$$\left(x + \frac{y^2}{x}\right) dx + 2y\,dy = 0,$$

où $x > 0$, pour la résoudre (explicitement, si possible).

2-50. (a) Transformer l'équation de Bernoulli

$$y'(t) + e^{2t}\,y(t) = e^t\,y^2(t)$$

en une équation linéaire.

(b) Trouver un facteur intégrant $\mu(t)$ pour l'équation linéaire obtenue en (a).

2-51. Trouver la solution de l'équation différentielle

$$y'(x) = \frac{x^2 - y^2(x)}{x - y(x)}$$

qui satisfait à la condition $y(0) = 1$.

2-52. On considère l'équation différentielle suivante:

$$y'(x) = \frac{x^2 - y^2(x)}{x^2 - x\,y(x)} \quad \text{pour } x > 0.$$

Est-elle, possiblement après manipulation, une équation (a) à variables séparables? (b) homogène? (c) exacte? (d) linéaire? Justifier.

2-53. La concentration $C(t)$ de polluants dans un lac à l'instant t satisfait à l'équation différentielle d'ordre un suivante:

$$VC'(t) = kQ - QC(t),$$

où V est le volume du lac, Q est la quantité d'eau qui entre dans le lac par unité de temps, et k est une constante non négative. La concentration de polluants à l'instant initial est $C(0) = C_0 > 0$.

(a) Si l'eau qui entre dans le lac est non polluée, alors la constante k est égale à 0. Pour quelle valeur t_1 de t la concentration de polluants aura-t-elle diminué de moitié par rapport à C_0?

(b) Supposons que $k > 0$. Vers quelle valeur la concentration $C(t)$ de polluants tend-elle lorsque t tend vers l'infini? Justifier.

2-54. L'équation

$$t^2 y'(t) + ty(t) = y^2(t) \quad \text{pour } t > 0$$

est une équation de Bernoulli.

(a) Trouver la solution de cette équation qui satisfait à la condition $y(1) = 1$.

(b) On pose $z(t) = \ln[y(t)]$, pour $y(t) > 0$. Donner l'équation différentielle à laquelle la fonction $z(t)$ satisfait.

2-55. On considère l'équation différentielle non linéaire

$$y'(x) = \frac{x^3}{y(x)}.$$

(a) Réécrire l'équation sous la forme d'une équation différentielle exacte.

(b) Trouver la solution de l'équation pour laquelle $y(0) = -1$.

2-56. Soit

$$y'(x) = ay^2(x) + 2y(x) + b,$$

où a et b sont des constantes.

(a) Trouver la solution générale de l'équation si $a = 0$.

(b) Quelle est la solution particulière de l'équation qui satisfait à la condition $y(0) = -2$ si $b = 0$ et $a = 2$?

2-57. On considère l'équation différentielle sous la forme

$$(\alpha x^2 + \beta y)dx + (\gamma x + \delta y^2)dy = 0,$$

où α, β, γ et δ sont des constantes. On suppose que γ ou δ est non nulle.

(a) Pour quelles valeurs des constantes l'équation différentielle est-elle exacte?

(b) Déterminer les valeurs des constantes pour lesquelles on peut réécrire l'équation sous la forme d'une équation de Bernoulli *non linéaire*.

2-58. Soit l'équation différentielle

$$\frac{dy}{dx} = 3 - 6x + y - 2xy.$$

En réécrivant au besoin cette équation sous une autre forme, identifier, parmi les méthodes étudiées dans ce chapitre, trois méthodes qu'on peut utiliser pour la résoudre.

2-59. Trouver les solutions de l'équation différentielle

$$x^2 y + y(x-1) + x^2 (y-2) \frac{dy}{dx} = 0 \quad \text{pour } x > 0.$$

3
ÉQUATIONS DIFFÉRENTIELLES ORDINAIRES D'ORDRE DEUX

3.1 Substitutions et équations homogènes à coefficients constants

La forme générale des équations différentielles ordinaires d'ordre deux est la suivante:

$$y''(t) = f\left(t, y(t), y'(t)\right). \tag{3.1}$$

Nous nous intéressons au cas où la fonction f est linéaire en $y(t)$ et $y'(t)$, de sorte que

$$y''(t) + p(t)y'(t) + q(t)y(t) = r(t), \tag{3.2}$$

où les fonctions p, q et r sont supposées continues dans les intervalles considérés pour la variable indépendante t. En fait, dans la plupart des cas, les fonctions p et q seront constantes.

Définition 3.1.1. *Si la fonction $r(t)$ est identique à zéro, l'équation différentielle (3.2) est dite* **homogène**. *Sinon, (3.2) est une équation différentielle* **non homogène**.

3.1.1 Substitutions

Dans des cas particuliers, il est parfois possible de résoudre des équations différentielles d'ordre deux non homogènes, à coefficients non constants, ou même non linéaires en effectuant une substitution qui transforme ces équations en équations d'ordre un, de sorte que nous avons *réduit l'ordre* de l'équation originale.

Cas I. Considérons l'équation différentielle d'ordre deux (3.1) pour laquelle la fonction $f(t, y, y')$ ne dépend pas de y. Si l'on pose $u(t) =$

$y'(t)$, de sorte que $u'(t) = y''(t)$, alors l'équation du deuxième ordre est ramenée à une équation d'ordre un pour $u(t)$. Une fois cette équation d'ordre un résolue (si possible), il suffit d'intégrer la solution pour obtenir $y(t)$.

Exemple 3.1.1. Soit l'équation différentielle non homogène

$$y''(t) + y'(t) = 2e^t \quad \Longleftrightarrow \quad u'(t) + u(t) = 2e^t.$$

Il s'agit d'une équation différentielle linéaire d'ordre un pour la fonction $u(t)$. Sa solution générale est

$$u(t) = e^t + c_0 e^{-t},$$

où c_0 est une constante arbitraire. Il s'ensuit que

$$y(t) = \int \left(e^t + c_0 e^{-t}\right) dt + c_1 \overset{c_2 := -c_0}{=} e^t + c_2 e^{-t} + c_1.$$

◇

Cas II. Supposons maintenant que la fonction f ne dépend pas (explicitement) de la variable indépendante t. On pose encore une fois $u = y'$ ou, de façon plus précise, $u[y(t)] = y'(t)$. On obtient que

$$y''(t) = \frac{dy'}{dt} = \frac{du}{dt} = \frac{du}{dy}\frac{dy}{dt} = \frac{du}{dy}u. \tag{3.3}$$

L'équation différentielle originale

$$y'' = f(y, y') \tag{3.4}$$

peut être réécrite comme suit:

$$u\frac{du}{dy} = f(y, u). \tag{3.5}$$

On considère alors y comme la variable indépendante et u comme la variable dépendante dans l'équation transformée. Si on arrive à résoudre *explicitement* l'équation différentielle ainsi obtenue, il faut ensuite résoudre l'équation

$$\frac{dy}{dt} = u,$$

où $u = u(y) = u[y(t)]$, pour trouver la solution de l'équation originale.

Exemple 3.1.2. Considérons l'équation différentielle d'ordre deux non linéaire

$$y''(t) = [y'(t)]^3 := f(y, y').$$

Notons que la variable dépendante y n'apparaît pas non plus dans la fonction f.

On voit que $y(t) = c$, une constante, est une solution de cette équation. Supposons que $y(t)$ n'est pas constante. Alors, avec $u = y' \neq 0$, cette équation devient

$$u\frac{du}{dy} = u^3.$$

L'équation ci-dessus est à variables séparables. On a:

$$\int u^{-2}\,du = \int 1\,dy + c_1 \quad \Longrightarrow \quad -\frac{1}{u} = y + c_1.$$

Finalement, puisque $u = dy/dt$, on peut encore une fois séparer les variables:

$$-dt = (y + c_1)\,dy \quad \Longrightarrow \quad -t = \frac{1}{2}y^2 + c_1 y + c_2.$$

Donc, on a deux autres solutions:

$$y(t) = -c_1 \pm \sqrt{c_1^2 - 2(t + c_2)} \overset{c_0 := -c_1}{=} c_0 \pm \sqrt{c_0^2 - 2(t + c_2)},$$

où on suppose que les constantes peuvent être choisies de façon à obtenir des solutions réelles pour tout t. ♢

3.1.2 Équations homogènes à coefficients constants

Dans cette sous-section, on suppose que $r(t) \equiv 0$ et que les fonctions p et q sont constantes. On peut alors écrire que

$$y''(t) + p_0 y'(t) + q_0 y(t) = 0. \tag{3.6}$$

Si l'on essaie une solution de la forme

$$y(t) = e^{mt}, \tag{3.7}$$

où m est une constante, on trouve que m doit satisfaire à l'équation

$$m^2 + p_0 m + q_0 = 0. \tag{3.8}$$

Définition 3.1.2. *L'équation (3.8) est appelée* **équation caractéristique** *de l'équation différentielle (3.6).*

Les deux racines de l'équation caractéristique sont

$$m_1 = \frac{1}{2}\left(-p_0 + \sqrt{p_0^2 - 4q_0}\right) \quad \text{et} \quad m_2 = \frac{1}{2}\left(-p_0 - \sqrt{p_0^2 - 4q_0}\right), \tag{3.9}$$

que l'on peut réécrire de façon plus compacte comme suit:

$$m_{1,2} = \frac{1}{2}\left(-p_0 \pm \sqrt{p_0^2 - 4q_0}\right). \tag{3.10}$$

Supposons d'abord que les racines m_1 et m_2 sont distinctes et réelles. Alors

$$y_1(t) := e^{m_1 t} \quad \text{et} \quad y_2(t) := e^{m_2 t} \tag{3.11}$$

sont deux solutions de l'équation différentielle (3.6). De plus, il est facile de vérifier que

$$y(t) := c_1 e^{m_1 t} + c_2 e^{m_2 t}, \tag{3.12}$$

où c_1 et c_2 sont des constantes arbitraires, est aussi une solution de (3.6). En fait, on peut montrer (voir la section suivante) qu'il s'agit de la *solution générale* de cette équation.

Maintenant, pour essayer de déterminer de façon unique les constantes c_1 et c_2, nous avons besoin de deux conditions. Considérons le *problème de valeur initiale* qui consiste à résoudre l'équation différentielle (3.6) sous les conditions

$$y(t_0) = y_0 \quad \text{et} \quad y'(t_0) = y_0'. \tag{3.13}$$

En remplaçant t par t_0 dans la solution générale (3.12), on obtient que

$$c_1 e^{m_1 t_0} + c_2 e^{m_2 t_0} = y_0. \tag{3.14}$$

De même, en dérivant (par rapport à t) la solution générale et en évaluant en $t = t_0$, on trouve que

$$c_1 m_1 e^{m_1 t_0} + c_2 m_2 e^{m_2 t_0} = y_0'. \tag{3.15}$$

On a donc un système de deux équations linéaires pour les constantes c_1 et c_2. La solution de ce système d'équations est

$$c_1 = \frac{y_0' - y_0 m_2}{m_1 - m_2} e^{-m_1 t_0} \quad \text{et} \quad c_2 = \frac{y_0 m_1 - y_0'}{m_1 - m_2} e^{-m_2 t_0} \tag{3.16}$$

[comme on peut le vérifier par substitution dans les équations (3.14) et (3.15)].

Exemple 3.1.3. Trouvons la solution particulière de l'équation différentielle

$$y''(t) + 2y'(t) - 15y(t) = 0 \quad \text{pour } t \geq 0$$

qui satisfait à

$$y(0) = 1 \quad \text{et} \quad y'(0) = 0.$$

L'équation caractéristique est

$$m^2 + 2m - 15 = 0,$$

de sorte que

$$m_1 = \frac{1}{2}\left(-2 + \sqrt{4 + 60}\right) = 3 \quad \text{et} \quad m_2 = -5.$$

Ainsi, la solution générale de l'équation considérée est

$$y(t) = c_1 e^{3t} + c_2 e^{-5t}.$$

Finalement, on déduit des équations en (3.16) que

$$c_1 = \frac{5}{8} \quad \text{et} \quad c_2 = \frac{3}{8}.$$

◇

Exercices

3-1. Résoudre les équations différentielles non homogènes suivantes:

(a) $y''(t) + y'(t) = t e^t$;

(b) $ty''(t) + y'(t) = t^2 \quad$ pour $t > 0$.

3-2. Trouver les solutions (non nulles) des équations différentielles non linéaires suivantes, en utilisant le fait que la variable indépendante t n'apparaît pas explicitement dans ces équations:

(a) $y''(t) - 2\,[y'(t)]^2 = 0$;

(b) $y''(t) + \dfrac{1}{y'(t)} = 0$.

3-3. Trouver la solution générale des équations différentielles suivantes:

(a) $y''(t) + y'(t) - y(t) = 0$;

(b) $2y''(t) - 2y'(t) - y(t) = 0$;

(c) $4y''(t) + 16y'(t) + 7y(t) = 0$.

3-4. Trouver la solution particulière des équations différentielles suivantes qui satisfait aux conditions initiales indiquées:

(a) $2y''(t) - 4y'(t) + y(t) = 0; \quad y(0) = 0, y'(0) = 1$;

(b) $y''(t) + 3y'(t) - 10y(t) = 0; \quad y(0) = 1, y'(0) = 0$.

3.2 Ensemble fondamental de solutions

Considérons l'équation différentielle linéaire d'ordre deux (3.2):

$$y''(t) + p(t)y'(t) + q(t)y(t) = r(t).$$

On peut montrer le théorème *d'existence et d'unicité* très important qui suit.

Théorème 3.2.1. *Si les fonctions p, q et r sont continues pour tout t dans l'intervalle (a, b), qui peut être toute la droite réelle $(-\infty, \infty)$, alors il existe une et une seule solution $y(t)$ de l'équation (3.2) pour laquelle*

$$y(t_0) = y_0 \quad et \quad y'(t_0) = y'_0, \tag{3.17}$$

où $a < t_0 < b$.

Remarque. Le théorème implique que la fonction $y(t)$ est bien définie pour tout $t \in (a, b)$. De plus, puisqu'elle satisfait à l'équation différentielle, elle est nécessairement au moins deux fois dérivable dans l'intervalle (a, b).

Le théorème est valable pour des équations différentielles non homogènes. Cependant, comme nous le verrons plus loin, le plus important est de trouver la solution générale de l'équation *homogène* correspondante. Nous allons donc supposer que $r(t) \equiv 0$ dans cette section, de sorte que

$$y''(t) + p(t)y'(t) + q(t)y(t) = 0. \tag{3.18}$$

Définition 3.2.1. *Un* **opérateur** *O est une règle (ou une fonction) qui associe une fonction $O[y]$ à chaque fonction y. On écrit:*

$$O\colon y \longmapsto O[y]. \tag{3.19}$$

Exemple 3.2.1. L'*opérateur de dérivation D* associe à une fonction donnée $y(t)$ sa dérivée:

$$D[y] = \frac{dy}{dt}.$$

De même, D^2 représente la dérivée seconde:

$$D^2[y] = \frac{d^2y}{dt^2}.$$

◇

Notation. Nous allons dénoter par L l'*opérateur différentiel* défini par

$$L[y] = y'' + p(t)y' + q(t)y \iff L[y] = D^2[y] + p(t)D[y] + q(t)y. \tag{3.20}$$

En utilisant cette notation, on peut réécrire l'équation (3.18) comme suit:

$$L[y] = 0. \tag{3.21}$$

Remarque. Pour être précis,

$$L[y](t) = y''(t) + p(t)y'(t) + q(t)y(t) \tag{3.22}$$

et

$$L[y](t) = 0. \tag{3.23}$$

Proposition 3.2.1. *Si $y_1(t)$ et $y_2(t)$ sont deux solutions de l'équation différentielle (3.18), alors*

$$y(t) := c_1 y_1(t) + c_2 y_2(t), \tag{3.24}$$

où c_1 et c_2 sont des constantes, est également une solution de (3.18).

Preuve. On a:

$$y'(t) = c_1 y_1'(t) + c_2 y_2'(t) \quad \text{et} \quad y''(t) = c_1 y_1''(t) + c_2 y_2''(t). \tag{3.25}$$

Alors on obtient que

$$\begin{aligned} L[y](t) &= c_1 y_1''(t) + c_2 y_2''(t) + p(t)[c_1 y_1'(t) + c_2 y_2'(t)] \\ &\quad + q(t)[c_1 y_1(t) + c_2 y_2(t)] \\ &= c_1 [y_1''(t) + p(t)y_1'(t) + q(t)y_1(t)] \\ &\quad + c_2 [y_2''(t) + p(t)y_2'(t) + q(t)y_2(t)] \\ &= c_1 \cdot 0 + c_2 \cdot 0 = 0, \end{aligned} \tag{3.26}$$

car $y_1(t)$ et $y_2(t)$ sont des solutions de (3.18). ■

Définition 3.2.2. *Le déterminant*

$$W(y_1, y_2) = \begin{vmatrix} y_1 & y_2 \\ y_1' & y_2' \end{vmatrix} \tag{3.27}$$

est appelé **(déterminant) wronskien** *de y_1 et y_2.*

Proposition 3.2.2. *Supposons que $y_1(t)$ et $y_2(t)$ sont deux solutions de l'équation différentielle (3.18). Si leur wronskien, évalué en $t = t_0$, est différent de zéro, alors on peut trouver des constantes c_1 et c_2 telles que la fonction $y(t)$ définie en (3.24) soit une solution de (3.18) qui satisfait aux conditions initiales (3.17).*

Preuve. Par la proposition précédente, on sait que $y(t)$ est une solution de (3.18). Il faut choisir c_1 et c_2 de façon que

$$\begin{aligned} c_1 y_1(t_0) + c_2 y_2(t_0) &= y_0, \\ c_1 y_1'(t_0) + c_2 y_2'(t_0) &= y_0'. \end{aligned} \tag{3.28}$$

On trouve facilement que

$$c_1 = \frac{\begin{vmatrix} y_0 & y_2(t_0) \\ y_0' & y_2'(t_0) \end{vmatrix}}{\begin{vmatrix} y_1(t_0) & y_2(t_0) \\ y_1'(t_0) & y_2'(t_0) \end{vmatrix}} \quad \text{et} \quad c_2 = \frac{\begin{vmatrix} y_1(t_0) & y_0 \\ y_1'(t_0) & y_0' \end{vmatrix}}{\begin{vmatrix} y_1(t_0) & y_2(t_0) \\ y_1'(t_0) & y_2'(t_0) \end{vmatrix}}. \tag{3.29}$$

Donc, si le dénominateur (qui est le wronskien de y_1 et y_2 en $t = t_0$) dans les expressions obtenues pour c_1 et c_2 est non nul, on peut effectivement affirmer que les constantes c_1 et c_2 existent. ■

Remarque. On peut montrer que le wronskien de y_1 et y_2 est soit identique à zéro dans l'intervalle (a, b), soit différent de zéro pour tout $t \in (a, b)$.

Définition 3.2.3. *Les fonctions $y_1(t)$ et $y_2(t)$ sont dites* **linéairement indépendantes** *si*

$$c_1 y_1(t) + c_2 y_2(t) = 0 \quad \Longrightarrow \quad c_1 = c_2 = 0. \tag{3.30}$$

Autrement, on dit qu'elles sont **linéairement dépendantes**.

Remarques. i) Deux fonctions sont linéairement dépendantes si l'une est obtenue en multipliant l'autre par une constante.

ii) On peut montrer que deux solutions, y_1 et y_2, de l'équation différentielle (3.18) sont linéairement indépendantes dans l'intervalle (a, b) si et seulement si leur wronskien n'est pas identique à zéro dans cet intervalle. De façon plus générale, deux fonctions f et g dérivables dans l'intervalle (a, b) sont linéairement indépendantes dans cet intervalle si leur wronskien $W(f, g)(t_0)$ est différent de zéro pour au moins un $t_0 \in (a, b)$. Si f et g sont linéairement dépendantes, alors $W(f, g)(t) = 0$ pour tout $t \in (a, b)$.

Nous allons montrer que si y_1 et y_2 sont des solutions linéairement indépendantes de (3.18), alors la fonction $y(t)$ définie en (3.24) est la *solution générale* de cette équation différentielle. C'est-à-dire que toute *solution particulière* de cette équation peut être obtenue à partir de $y(t)$.

Proposition 3.2.3. *Si le wronskien des solutions $y_1(t)$ et $y_2(t)$ de (3.18) est différent de zéro pour (au moins) un $t_0 \in (a, b)$, alors toute solution $y(t)$ de cette équation différentielle peut être exprimée comme suit:*

$$y(t) = c_1 y_1(t) + c_2 y_2(t),$$

où c_1 et c_2 sont des constantes.

Preuve. Soit $\eta(t)$ une solution quelconque de l'équation différentielle (3.18). Considérons le problème de valeur initiale qui consiste à résoudre l'équation (3.18) sous les conditions

$$y(t_0) = \eta(t_0) \quad \text{et} \quad y'(t_0) = \eta'(t_0). \tag{3.31}$$

On peut affirmer que $\eta(t)$ est une solution de ce problème. De plus, selon la proposition 3.2.2, on peut trouver des constantes c_1 et c_2 telles que $y(t)$ soit aussi une solution de ce problème de valeur initiale. Finalement, par le théorème 3.2.1, les fonctions $\eta(t)$ et $y(t)$ doivent être identiques. ■

Définition 3.2.4. *Un* **ensemble fondamental** *de solutions de l'équation différentielle (3.18) est tout ensemble de deux solutions linéairement indépendantes (c'est-à-dire dont le wronskien n'est pas identique à zéro) de cette équation.*

Finalement, on a la proposition suivante.

Proposition 3.2.4. *Soit $y_1(t)$ et $y_2(t)$ deux solutions de (3.18). Supposons que*

$$y_1(t_0) = 1 \quad \text{et} \quad y_1'(t_0) = 0, \tag{3.32}$$

tandis que

$$y_2(t_0) = 0 \quad \text{et} \quad y_2'(t_0) = 1. \tag{3.33}$$

Alors les fonctions $y_1(t)$ et $y_2(t)$ constituent un ensemble fondamental de solutions de l'équation différentielle (3.18).

Preuve. Notons d'abord que, selon le théorème 3.2.1, on peut effectivement trouver des fonctions $y_1(t)$ et $y_2(t)$ qui satisfont aux conditions initiales énoncées ci-dessus. Puisque leur wronskien évalué en t_0 est égal à $1 \neq 0$, on peut affirmer qu'elles forment bien un ensemble fondamental de solutions de (3.18). ■

Exemple 3.2.2. On peut montrer que le wronskien de deux solutions de l'équation différentielle (3.18) est donné par

$$W(y_1, y_2) = c \exp\left\{-\int p(t)\, dt\right\},$$

où c est une constante (par rapport à t) qui peut dépendre des fonctions y_1 et y_2. Notons que l'on déduit de la formule précédente que $W(y_1, y_2)$ est différent de 0 pour tout t dans l'intervalle considéré (si $c \neq 0$), ou est identique à 0 (si $c = 0$), tel que mentionné ci-dessus.

Considérons l'*équation d'Airy*:

$$y''(t) = ty(t).$$

Puisque la fonction $p(t)$ est identique à zéro dans cette équation, le wronskien de deux solutions quelconques de cette équation est

$$W(y_1, y_2) = c \exp\left\{-\int 0\, dt\right\} = c.$$

◇

Exercices

3-5. (a) Calculer le déterminant wronskien $W(y_1, y_2)$ des solutions

$$y_1(t) = e^t \quad \text{et} \quad y_2(t) = e^{-t}$$

de l'équation différentielle

$$y''(t) = y(t).$$

(b) Refaire la partie (a) avec

$$y_1(t) = e^t \quad \text{et} \quad y_2(t) = e^t + e^{-t}.$$

3-6. Montrer, en calculant leur déterminant wronskien, que les fonctions $y_1(t)$ et $y_2(t)$ suivantes sont linéairement indépendantes:

(a) $y_1(t) = e^t; \quad y_2(t) = t\,e^t;$

(b) $y_1(t) = e^t; \quad y_2(t) = 1 + 2\,e^t;$

(c) $y_1(t) = 1 + t; \quad y_2(t) = 1 - t.$

3-7. Trouver l'ensemble fondamental de solutions de l'équation différentielle

$$y''(t) = y(t)$$

qui satisfait aux conditions initiales

$$\begin{aligned} y_1(0) &= 1; & y_1'(0) &= 0; \\ y_2(0) &= 0; & y_2'(0) &= 1. \end{aligned}$$

3.3 Racines complexes et changement de variable

3.3.1 Racines complexes

Nous avons considéré dans la section 3.1 le cas où les racines m_1 et m_2 de l'équation caractéristique (3.8):

$$m^2 + p_0\,m + q_0 = 0,$$

où p_0 et q_0 sont des constantes, sont réelles et distinctes. Puisque les solutions

$$y_1(t) := e^{m_1 t} \quad \text{et} \quad y_2(t) := e^{m_2 t}$$

de l'équation différentielle (3.6) sont alors linéairement indépendantes, on déduit de la proposition 3.2.3 que

$$y(t) := c_1\,e^{m_1 t} + c_2\,e^{m_2 t}$$

est la *solution générale* de cette équation, comme nous l'avions mentionné à la section 3.1.

Nous allons maintenant traiter le cas où le *discriminant* de l'équation (3.8), soit $p_0^2 - 4q_0$, est négatif. Il s'ensuit que les racines m_1 et m_2 sont des nombres complexes distincts:

$$m_1 := \frac{1}{2}\left(-p_0 + i\sqrt{4q_0 - p_0^2}\right) \quad \text{et} \quad m_2 := \frac{1}{2}\left(-p_0 - i\sqrt{4q_0 - p_0^2}\right), \tag{3.34}$$

où $i := \sqrt{-1}$.

Remarque. En fait, nous devrions dire que les racines m_1 et m_2 sont des nombres *imaginaires* distincts. En effet, les nombres *complexes* incluent les nombres réels. Cependant, on utilise souvent le mot *complexe* pour désigner un nombre imaginaire. De plus, un nombre complexe dont la partie réelle est nulle est dit *purement imaginaire.* Enfin, les nombres m_1 et m_2 sont ici des nombres complexes *conjugués.*

Posons que

$$\alpha = -\frac{1}{2}p_0 \quad \text{et} \quad \beta = \frac{1}{2}\sqrt{4q_0 - p_0^2}. \tag{3.35}$$

C'est-à-dire que α est la partie réelle de m_1, et β sa partie imaginaire. Alors on peut écrire que

$$m_1 = \alpha + i\beta \quad \text{et} \quad m_2 = \alpha - i\beta. \tag{3.36}$$

Notons que la constante α peut être égale à zéro, mais pas β.

Rappel (Formule d'Euler). On a:

$$e^{i\theta} = \cos\theta + i\sin\theta. \tag{3.37}$$

Nous avons donc deux solutions, $e^{m_1 t}$ et $e^{m_2 t}$, qui sont des fonctions à valeurs complexes. Cependant, nous cherchons plutôt à obtenir des solutions qui sont des fonctions à valeurs réelles. Pour ce faire, il suffit d'additionner et de soustraire les fonctions $e^{m_1 t}$ et $e^{m_2 t}$, en utilisant la formule d'Euler. En effet, on obtient:

$$e^{m_1 t} = \exp\{(\alpha + i\beta)t\} = e^{\alpha t}\left[\cos(\beta t) + i\sin(\beta t)\right] \tag{3.38}$$

et

$$e^{m_2 t} = \exp\{(\alpha - i\beta)t\} = e^{\alpha t}\left[\cos(\beta t) - i\sin(\beta t)\right], \tag{3.39}$$

de sorte que

$$e^{m_1 t} + e^{m_2 t} = 2e^{\alpha t}\cos(\beta t) \quad \text{et} \quad e^{m_1 t} - e^{m_2 t} = 2ie^{\alpha t}\sin(\beta t). \tag{3.40}$$

Remarque. Nous avons utilisé ci-dessus le fait que $\cos(-x) = \cos(x)$ et $\sin(-x) = -\sin(x)$.

Maintenant, on sait que toute combinaison linéaire de solutions de l'équation différentielle (3.6) est aussi une solution de cette équation. On peut laisser tomber les constantes 2 et $2i$ et poser que

$$y_1(t) = e^{\alpha t}\cos(\beta t) \quad \text{et} \quad y_2(t) = e^{\alpha t}\sin(\beta t). \tag{3.41}$$

Ces fonctions sont clairement linéairement indépendantes. En fait, on trouve que leur wronskien est

$$\begin{aligned} W(y_1, y_2) &= \begin{vmatrix} e^{\alpha t}\cos(\beta t) & e^{\alpha t}\sin(\beta t) \\ \alpha e^{\alpha t}\cos(\beta t) - \beta e^{\alpha t}\sin(\beta t) & \alpha e^{\alpha t}\sin(\beta t) + \beta e^{\alpha t}\cos(\beta t) \end{vmatrix} \\ &= \beta e^{2\alpha t}\cos^2(\beta t) + \beta e^{2\alpha t}\sin^2(\beta t) \\ &= \beta e^{2\alpha t} \neq 0 \quad \forall t. \end{aligned} \tag{3.42}$$

Finalement, on déduit de ce qui précède que

$$y(t) := e^{\alpha t}\left[c_1\cos(\beta t) + c_2\sin(\beta t)\right], \tag{3.43}$$

où c_1 et c_2 sont des constantes arbitraires et les constantes réelles α et β sont données en (3.35), est la solution générale de l'équation (3.6) lorsque $p_0^2 - 4q_0 < 0$.

Exemple 3.3.1. Soit l'équation différentielle

$$y''(t) - 0{,}2y'(t) + 4y(t) = 0.$$

Son équation caractéristique est

$$m^2 - 0{,}2m + 4 = 0,$$

de sorte que les racines m_1 et m_2 sont données par

$$m_1 = \frac{1}{2}\left(0{,}2 + \sqrt{0{,}04 - 16}\right) = 0{,}1 + \sqrt{3{,}99}\,i \quad \text{et} \quad m_2 = 0{,}1 - \sqrt{3{,}99}\,i.$$

De là, on déduit que la solution générale de l'équation considérée est

$$y(t) = e^{t/10}\left[c_1\cos(\sqrt{3{,}99}\,t) + c_2\sin(\sqrt{3{,}99}\,t)\right].$$

Puisque la constante $\alpha = 1/10$ est positive, la solution est une fonction qui oscille et dont l'amplitude des oscillations augmente avec t (voir la figure 3.1, dans laquelle on a choisi $c_1 = c_2 = 1$). Dans le cas où α est une constante négative (respectivement nulle), l'amplitude des oscillations diminue (resp. demeure constante) lorsque t augmente. ◇

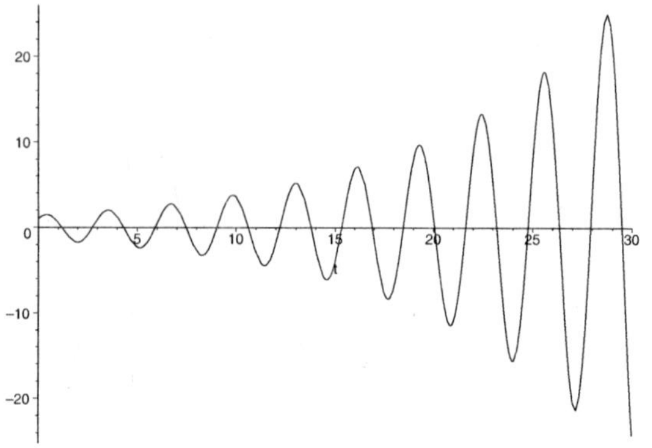

Fig. 3.1. Solution particulière de l'équation différentielle dans l'exemple 3.3.1.

3.3.2 Changement de variable

Parfois, à l'aide d'un changement de variable approprié, il est possible de transformer une équation différentielle à coefficients non constants en une équation à coefficients constants. Par la suite, on peut utiliser les résultats précédents (et ceux de la prochaine section) pour résoudre l'équation obtenue.

Exemple 3.3.2. L'équation différentielle à coefficients non constants

$$t^2 y''(t) + p_0 t y'(t) + q_0 y(t) = 0 \quad \text{pour } t > 0, \tag{3.44}$$

où p_0 et q_0 sont des constantes, est appelée *équation d'Euler*. Considérons le changement de variable

$$s = \ln t \quad \Longleftrightarrow \quad t = e^s.$$

Posons $z(s) = y(t)$; c'est-à-dire que $z(\ln t) = y(t)$. On a:

$$y'(t) = \frac{dy}{dt} = \frac{dz}{ds}\frac{ds}{dt} = z'(s)\frac{1}{t} = z'(s)e^{-s}$$

et

$$y''(t) = \frac{d(dy/dt)}{dt} = \frac{d\left(z'(s)e^{-s}\right)}{ds}e^{-s} = \left[z''(s) - z'(s)\right]e^{-2s}.$$

L'équation (3.44) devient

$$\begin{aligned} & e^{2s}\left[z''(s) - z'(s)\right] e^{-2s} + p_0 e^s z'(s) e^{-s} + q_0 z(s) = 0 \\ \iff \quad & z''(s) - z'(s) + p_0 z'(s) + q_0 z(s) = 0 \\ \iff \quad & z''(s) + (p_0 - 1) z'(s) + q_0 z(s) = 0 \end{aligned}$$

pour $s > -\infty$. C'est-à-dire que l'équation d'Euler est transformée en une équation différentielle linéaire (homogène) à coefficients constants. Nous utiliserons ce résultat dans la section 3.5. ♢

Exercices

3-8. Trouver la solution générale des équations différentielles suivantes, et déterminer le comportement des solutions si on choisit les constantes $c_1 = c_2 = 1$:

(a) $4y''(t) + 8y'(t) + 5y(t) = 0$;

(b) $16y''(t) - 8y'(t) + 5y(t) = 0$.

3-9. Trouver la solution générale de

$$y'''(t) + 4y'(t) = 0.$$

3-10. Transformer l'équation différentielle ordinaire

$$y''(t) + (e^t - 1)y'(t) + e^{2t}y(t) = 0$$

en équation à coefficients constants en posant que $z(s) = y(t)$, où $s = e^t$.

3.4 Racines doubles et réduction d'ordre

3.4.1 Racines doubles

Il nous reste à considérer le cas où le discriminant $p_0^2 - 4q_0$ est nul, de sorte que l'équation caractéristique (3.8):

$$m^2 + p_0 m + q_0 = 0$$

possède une racine (réelle) double:

$$m := -\frac{1}{2}p_0. \tag{3.45}$$

Nous n'avons donc qu'une seule solution de l'équation différentielle (3.6):

$$y''(t) + p_0 y'(t) + q_0 y(t) = 0,$$

soit

$$y_1(t) := e^{mt}. \tag{3.46}$$

Il nous faut en trouver une deuxième qui soit linéairement indépendante de $y_1(t)$. Posons que

$$y_2(t) = u(t) y_1(t) = u(t) e^{mt}, \tag{3.47}$$

où $u(t)$ est une fonction (non constante) qui doit être choisie de façon que $y_2(t)$ soit également une solution de l'équation différentielle (3.6). On a:

$$y_2'(t) = e^{mt} \left[u'(t) + mu(t)\right] \tag{3.48}$$

et

$$\begin{aligned} y_2''(t) &= e^{mt} \left\{m \left[u'(t) + mu(t)\right] + \left[u''(t) + mu'(t)\right]\right\} \\ &= e^{mt} \left[u''(t) + 2mu'(t) + m^2 u(t)\right]. \end{aligned} \tag{3.49}$$

Il s'ensuit que

$$\begin{aligned} & 0 = y_2''(t) + p_0 y_2'(t) + q_0 y_2(t) \\ \iff \quad & 0 = e^{mt} \left[u''(t) + 2mu'(t) + m^2 u(t)\right] \\ & \qquad + p_0 e^{mt} \left[u'(t) + mu(t)\right] + q_0 u(t) e^{mt} \\ \iff \quad & 0 = u''(t) + (2m + p_0) u'(t) + (m^2 + p_0 m + q_0) u(t) \\ \iff \quad & 0 = u''(t), \end{aligned} \tag{3.50}$$

où on a utilisé le fait que $m = -p_0/2$ et $p_0^2 = 4q_0$, ce qui implique que les coefficients de $u'(t)$ et $u(t)$ sont nuls.

On peut donc écrire que

$$u(t) = k_1 t + k_2, \tag{3.51}$$

où k_1 et k_2 sont des constantes arbitraires. De là, on déduit que

$$y_2(t) = k_1 t y_1(t) + k_2 y_1(t) \tag{3.52}$$

est une solution de l'équation différentielle (3.6). On peut choisir $k_1 = 1$ et $k_2 = 0$. Comme

$$\begin{aligned} W(y_1, y_2) &= \begin{vmatrix} y_1(t) & t\,y_1(t) \\ y_1'(t) & y_1(t) + t\,y_1'(t) \end{vmatrix} \\ &= [y_1(t)]^2 = e^{2mt} \neq 0 \quad \forall t, \end{aligned} \tag{3.53}$$

la fonction $y_2(t)$ est linéairement indépendante de $y_1(t)$ [ce qui était évident, puisque $y_2(t)$ n'est pas obtenue en multipliant $y_1(t)$ par une constante]. Alors on peut affirmer que

$$y(t) := c_1 e^{mt} + c_2 t\, e^{mt} = (c_1 + c_2 t)\, e^{mt}, \tag{3.54}$$

où $m = -p_0/2$, est la *solution générale* de l'équation (3.6) lorsque $p_0^2 = 4q_0$.

Exemple 3.4.1. Considérons le problème de valeur initiale qui consiste à résoudre l'équation différentielle

$$y''(t) + 2y'(t) + y(t) = 0 \quad \text{pour } t \geq 0$$

sous les conditions

$$y(0) = 1/2 \quad \text{et} \quad y'(0) = 1.$$

On trouve que $p_0^2 - 4q_0 = 4 - 4 = 0$, de sorte que la solution générale de l'équation différentielle est, avec $m = -1$,

$$y(t) = (c_1 + c_2 t)\, e^{-t}.$$

La solution particulière qui satisfait aux conditions initiales est telle que

$$1/2 = y(0) = c_1$$

et

$$1 = y'(0) \overset{c_1 = 1/2}{=} -\frac{1}{2} e^{-t} + c_2 e^{-t} - c_2 t\, e^{-t} \Big|_{t=0} = -\frac{1}{2} + c_2 \implies c_2 = \frac{3}{2}.$$

Ainsi, on a:

$$y(t) = \frac{1}{2}(1 + 3t)\, e^{-t}$$

(voir la figure 3.2). ◇

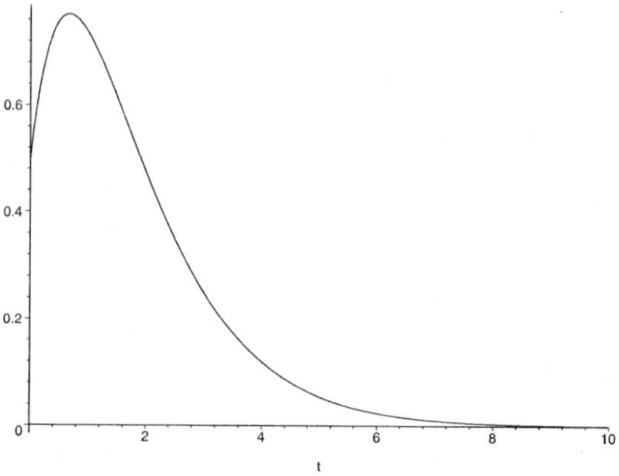

Fig. 3.2. Solution particulière de l'équation différentielle dans l'exemple 3.4.1.

3.4.2 Réduction d'ordre

On peut appliquer la technique utilisée ci-dessus pour obtenir une deuxième solution, $y_2(t)$, dans le cas de l'équation différentielle (3.18):

$$y''(t) + p(t)y'(t) + q(t)y(t) = 0$$

lorsqu'on connaît une solution $y_1(t)$ de cette équation. On pose $y_2(t) = u(t)y_1(t)$ et on calcule

$$y_2'(t) = u'(t)y_1(t) + u(t)y_1'(t) \tag{3.55}$$

et

$$\begin{aligned} y_2''(t) &= \frac{d}{dt}\left[u'(t)y_1(t) + u(t)y_1'(t)\right] \\ &= u''(t)y_1(t) + 2u'(t)y_1'(t) + u(t)y_1''(t). \end{aligned} \tag{3.56}$$

En substituant ces expressions dans l'équation (3.18), on obtient [en utilisant le fait que $y_1(t)$ satisfait à cette équation] que

$$\begin{aligned} & u''(t)y_1(t) + 2u'(t)y_1'(t) + u(t)y_1''(t) \\ & \quad + p(t)\left[u'(t)y_1(t) + u(t)y_1'(t)\right] + q(t)u(t)y_1(t) = 0 \\ \iff \quad & u''(t)y_1(t) + u'(t)\left[2y_1'(t) + p(t)y_1(t)\right] \\ & \quad + u(t)\left[y_1''(t) + p(t)y_1'(t) + q(t)y_1(t)\right] = 0 \\ \iff \quad & u''(t)y_1(t) + u'(t)\left[2y_1'(t) + p(t)y_1(t)\right] = 0. \end{aligned} \tag{3.57}$$

Finalement, si l'on pose

$$v(t) = u'(t), \tag{3.58}$$

on voit que l'on doit résoudre l'équation différentielle linéaire homogène (dans le sens que tous les termes de l'équation impliquent v ou v') du *premier* ordre

$$v'(t)y_1(t) + v(t)\left[2y_1'(t) + p(t)y_1(t)\right] = 0. \tag{3.59}$$

On a donc *réduit l'ordre* de l'équation différentielle originale. Une fois la fonction $v(t)$ obtenue, il reste à l'intégrer pour déterminer $u(t)$ et ainsi $y_2(t) = u(t)y_1(t)$ explicitement.

Remarques. i) Notons que l'équation (3.59) est aussi à variables séparables.

ii) Si l'on conserve la constante arbitraire dans la fonction $v(t)$, puis la constante d'intégration lorsqu'on intègre $v(t)$ pour obtenir $u(t)$, alors on trouve que $u(t)y_1(t)$ nous donne en fait la *solution générale* de l'équation (3.18).

Exemple 3.4.2. Une solution de l'équation différentielle

$$t^2y''(t) + ty'(t) - 9y(t) = 0 \quad \text{pour } t > 0$$

est

$$y_1(t) = t^3.$$

Pour en obtenir une deuxième, on peut résoudre [car $p(t) = 1/t$]

$$t^3v'(t) + (6t^2 + t^2)v(t) = 0 \quad \Longleftrightarrow \quad \frac{1}{v}\,dv = -\frac{7}{t}\,dt,$$

d'où l'on déduit que

$$\ln|v| = -7\ln t + c_0 \quad \Longrightarrow \quad |v| = \exp\{-7\ln t + c_0\} = ct^{-7}.$$

On peut choisir la constante positive c égale à 1 et laisser tomber les valeurs absolues. On peut donc écrire (en choisissant la constante d'intégration égale à zéro) que

$$u(t) = \int t^{-7}\,dt = -\frac{1}{6}t^{-6}.$$

Donc, la deuxième solution cherchée est

$$y_2(t) = -\frac{1}{6}t^{-6}t^3 \propto t^{-3}.$$

C'est-à-dire que la fonction $y_2(t)$ est *proportionnelle* à t^{-3}. De là, on peut affirmer que la solution générale de l'équation différentielle considérée est

$$y(t) = c_1 t^3 + c_2 t^{-3} \quad \text{pour } t > 0.$$

La solution particulière obtenue en posant $c_1 = c_2 = 1$ est illustrée dans la figure 3.3. ◇

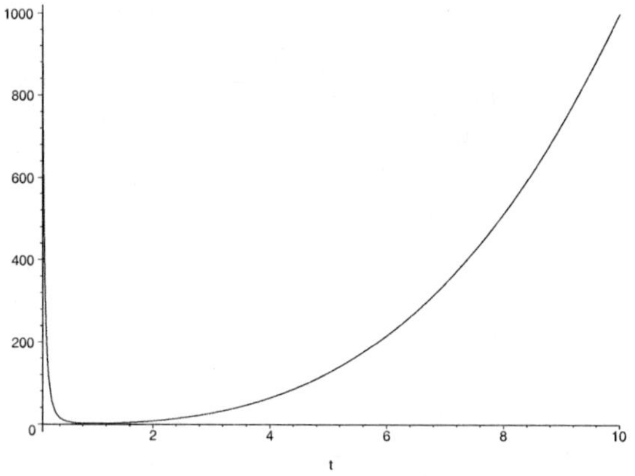

Fig. 3.3. Solution particulière de l'équation différentielle dans l'exemple 3.4.2.

Exercices

3-11. (a) Résoudre l'équation différentielle ordinaire

$$y''(t) + y'(t) + \frac{1}{4}y(t) = 0 \quad \text{pour } t \geq 0,$$

sous les conditions

$$y(0) = 1 \quad \text{et} \quad y'(0) = 2.$$

(b) Vers quelle valeur tend $y(t)$ lorsque t tend vers l'infini?

3-12. Utiliser le fait qu'une solution de l'équation différentielle ordinaire

$$y''(t) + \frac{1}{t}y'(t) - \frac{1}{t^2}y(t) = 0 \quad \text{pour } t > 0$$

est

$$y_1(t) = \frac{1}{t}$$

pour obtenir la solution générale de cette équation.

3-13. Déterminer le comportement de la solution générale de

$$y''(t) + y'(t) + ay(t) = 0$$

en fonction de la constante réelle a.

3.5 Points singuliers et équation d'Euler

3.5.1 Points singuliers

Définition 3.5.1. *Une fonction réelle $f(x)$ est dite* **analytique** *dans un intervalle (a, b) si, pour tout $x_0 \in (a, b)$, on peut écrire que*

$$f(x) = \sum_{n=0}^{\infty} a_n (x - x_0)^n, \tag{3.60}$$

où les coefficients a_n sont réels, et si la série converge pour tout x dans un voisinage de x_0.

Remarques. i) Un *voisinage* de x_0 est l'ensemble des points x pour lesquels

$$|x - x_0| < \delta \tag{3.61}$$

pour un $\delta > 0$.

ii) De façon équivalente, la fonction $f(x)$ est analytique en $x = x_0$ si on peut écrire que

$$f(x) = \sum_{n=0}^{\infty} \frac{f^{(n)}(x_0)}{n!}(x - x_0)^n \tag{3.62}$$

dans un voisinage de x_0. C'est-à-dire que la fonction est égale à son développement en série de Taylor autour du point x_0, et la série possède un rayon de convergence δ positif.

iii) Tout polynôme est une fonction analytique sur toute la droite réelle. De même la fonction exponentielle e^x, et les fonctions $\sin x$ et $\cos x$ sont analytiques sur toute la droite réelle.

Définition 3.5.2. *Si les fonctions $p(x)$ et $q(x)$ dans l'équation différentielle*

$$y''(x) + p(x)y'(x) + q(x)y(x) = 0 \tag{3.63}$$

sont analytiques en $x = 0$, alors l'origine est un **point ordinaire** *de l'équation. Dans le cas contraire, l'origine est appelée* **point singulier**.

Dans cette sous-section, on s'intéresse au cas où les fonctions $p(x)$ et $q(x)$ ne sont pas toutes les deux analytiques à l'origine, mais sont de la forme

$$p(x) = \frac{\phi(x)}{x} \quad \text{et} \quad q(x) = \frac{\psi(x)}{x^2}, \tag{3.64}$$

où les fonctions $\phi(x)$ et $\psi(x)$ sont analytiques en $x = 0$.

Définition 3.5.3. *Si au moins une des deux fonctions $p(x)$ et $q(x)$ dans l'équation différentielle (3.63) n'est pas analytique à l'origine, mais $p(x)$ et $q(x)$ sont comme dans l'équation (3.64), alors l'origine est appelée* **point singulier régulier** *de l'équation. Sinon, l'origine est un* **point singulier irrégulier**.

Remarque. Dans le cas où les fonctions $p(x)$ et $q(x)$ sont des quotients de polynômes, on peut aussi dire que l'origine est un point singulier régulier si (et seulement si) il s'agit d'un point singulier, mais les limites $\lim_{x\to 0} xp(x)$ et $\lim_{x\to 0} x^2 q(x)$ existent.

3.5.2 Équation d'Euler

Une équation différentielle très importante pour laquelle l'origine est un point singulier régulier est l'*équation d'Euler* (ou *d'Euler-Cauchy*)

$$x^2 y''(x) + p_0 x y'(x) + q_0\, y(x) = 0, \tag{3.65}$$

où p_0 et q_0 sont des constantes. Notons que l'on a:

$$\phi(x) = p_0 \quad \text{et} \quad \psi(x) = q_0. \tag{3.66}$$

Considérons l'équation pour $x \in (0, \infty)$. Puisque l'origine ne fait pas partie de l'intervalle $(0, \infty)$, les fonctions $p(x)$ et $q(x)$ sont continues dans cet intervalle et on peut affirmer que sa solution générale est donnée par

$$y(x) = c_1 y_1(x) + c_2 y_2(x), \tag{3.67}$$

où $y_1(x)$ et $y_2(x)$ sont deux solutions linéairement indépendantes de cette équation.

On a vu dans l'exemple 3.3.2 que l'équation d'Euler peut être transformée en équation différentielle à coefficients constants en posant $s = \ln x$. Étant donné que ces équations possèdent des solutions qui sont des fonctions exponentielles, on cherche des solutions de l'équation d'Euler de la forme

$$y(x) = \exp\{m \ln x\} = x^m. \tag{3.68}$$

En remplaçant cette fonction dans (3.65), on obtient:

$$x^2 m(m-1)x^{m-2} + p_0 x m x^{m-1} + q_0 x^m = 0; \tag{3.69}$$

c'est-à-dire, puisque $x > 0$,

$$m(m-1) + p_0 m + q_0 = 0. \tag{3.70}$$

L'équation (3.70) correspond à l'équation caractéristique de la section 3.1. Les racines de cette équation sont

$$m_1 := \frac{1}{2}\left(-(p_0 - 1) + \sqrt{(p_0-1)^2 - 4q_0}\right) \tag{3.71}$$

et

$$m_2 := \frac{1}{2}\left(-(p_0 - 1) - \sqrt{(p_0-1)^2 - 4q_0}\right). \tag{3.72}$$

Il y a trois cas à considérer.

Cas I. Si m_1 et m_2 sont des nombres réels distincts, alors x^{m_1} et x^{m_2} sont des solutions linéairement indépendantes de (3.65), de sorte que la solution générale peut s'écrire comme suit:

$$y(x) = c_1 x^{m_1} + c_2 x^{m_2} \quad \text{pour } x > 0. \tag{3.73}$$

Remarque. Le wronskien des deux solutions est

$$W\left(x^{m_1}, x^{m_2}\right) = (m_2 - m_1)x^{m_1+m_2-1} \neq 0 \quad \forall x > 0. \tag{3.74}$$

Cas II. Si $(p_0 - 1)^2 - 4q_0 = 0$, alors l'équation (3.70) possède une racine double:

$$m := \frac{1 - p_0}{2}. \tag{3.75}$$

La fonction $y(x) = x^m$ est donc une solution de (3.65). Pour en obtenir une deuxième (linéairement indépendante), on peut procéder comme dans la section précédente: on pose $y_2(x) = u(x)x^m$. On trouve [voir (3.57)] que

$$u''(x)x^m + u'(x)\left[2mx^{m-1} + (p_0/x)x^m\right] = 0 \overset{x>0}{\iff} u''(x)x + u'(x) = 0 \tag{3.76}$$

(car $2m = 1 - p_0$). On a:

$$u''(x)x + u'(x) = 0 \iff \frac{du'}{u'} = -\frac{dx}{x} \implies u' \propto \frac{1}{x} \overset{x>0}{\implies} u(x) \propto \ln x. \tag{3.77}$$

Remarque. On peut vérifier que $u(x) = c \ln x$, où c est une constante arbitraire, est bien une solution de $u''(x)x + u'(x) = 0$.

On déduit de ce qui précède que

$$y_2(x) = x^m \ln x \tag{3.78}$$

est une solution de (3.65). Puisque $y_2(x)$ est clairement linéairement indépendante de $y_1(x)$, on peut affirmer que

$$y(x) := c_1 x^m + c_2 (\ln x) x^m = (c_1 + c_2 \ln x) x^m, \tag{3.79}$$

où $m = (1 - p_0)/2$, est la solution générale de (3.65) pour $x > 0$ lorsque $(p_0 - 1)^2 = 4q_0$.

Cas III. Finalement, lorsque $(p_0 - 1)^2 < 4q_0$, l'équation (3.70) possède deux racines complexes:

$$m_1 = \frac{1}{2}\left(-(p_0 - 1) + i\sqrt{4q_0 - (p_0 - 1)^2}\right) := \alpha + i\beta \quad \text{et} \quad m_2 = \alpha - i\beta. \tag{3.80}$$

Les fonctions

$$y_1(x) := x^{\alpha + i\beta} \quad \text{et} \quad y_2(x) := x^{\alpha - i\beta} \tag{3.81}$$

sont deux solutions de (3.65) pour $x > 0$. On a:

$$y_1(x) = x^\alpha x^{i\beta} = x^\alpha e^{i\beta \ln x} = x^\alpha \left[\cos(\beta \ln x) + i \sin(\beta \ln x)\right]. \tag{3.82}$$

De même,

$$y_2(x) = x^\alpha x^{-i\beta} = x^\alpha e^{-i\beta \ln x} = x^\alpha \left[\cos(\beta \ln x) - i \sin(\beta \ln x)\right]. \tag{3.83}$$

En additionnant et en soustrayant ces deux solutions, on déduit que deux solutions réelles (linéairement indépendantes pour $x > 0$) de l'équation (3.65) sont

$$y_{11}(x) := x^{\alpha} \cos(\beta \ln x) \tag{3.84}$$

et

$$y_{22}(x) := x^{\alpha} \sin(\beta \ln x). \tag{3.85}$$

De là, la solution générale de cette équation, lorsque $(p_0 - 1)^2 < 4q_0$, peut s'écrire comme suit:

$$y(x) = x^{\alpha} \left[c_1 \cos(\beta \ln x) + c_2 \sin(\beta \ln x)\right] \quad \text{pour } x > 0. \tag{3.86}$$

Remarques. i) Dans le cas de l'équation d'Euler, on s'intéresse à son comportement lorsque x est petit. La limite lorsque x décroît vers 0 de x^m est donnée par

$$\lim_{x \downarrow 0} x^m = \begin{cases} 0 \text{ si } m > 0, \\ 1 \text{ si } m = 0, \\ \infty \text{ si } m < 0. \end{cases} \tag{3.87}$$

De plus,

$$\lim_{x \downarrow 0} x^m \ln x = \begin{cases} 0 \quad \text{si } m > 0, \\ -\infty \text{ si } m \leq 0. \end{cases} \tag{3.88}$$

Enfin,

$$\lim_{x \downarrow 0} x^m \cos(\beta \ln x) = \lim_{x \downarrow 0} x^m \sin(\beta \ln x) = \begin{cases} 0 & \text{si } m > 0, \\ \text{n'existe pas} & \text{si } m \leq 0 \end{cases} \tag{3.89}$$

(car $\beta \neq 0$).

ii) Pour obtenir la solution générale de l'équation d'Euler dans l'intervalle $(-\infty, 0)$, il suffit de remplacer x par $-x$ dans les solutions données ci-dessus.

Exemple 3.5.1. L'équation d'Euler

$$x^2 y''(x) + 5xy'(x) + 5y(x) = 0 \quad \text{pour } x > 0$$

est telle que $p_0 = q_0 = 5$. Il s'ensuit que $(p_0 - 1)^2 - 4q_0 = -4 < 0$. Ainsi, l'équation (3.70) possède deux racines complexes:

$$m_1 = -2 + i \quad \text{et} \quad m_2 = -2 - i.$$

C'est-à-dire que $\alpha = -2$ et $\beta = 1$. Donc, la solution générale de l'équation différentielle considérée est

$$y(x) = x^{-2}\left[c_1 \cos(\ln x) + c_2 \sin(\ln x)\right] \quad \text{pour } x > 0.$$

La solution particulière obtenue en choisissant $c_1 = 1$ et $c_2 = 0{,}5$ est présentée dans la figure 3.4, pour $x \in [0{,}3; 4]$. On voit que $y(x)$ converge vers 0 lorsque x tend vers l'infini. La solution semble tendre vers $-\infty$ quand x décroît vers 0; en fait, $y(x)$ oscille de plus en plus vite et l'amplitude des oscillations augmente lorsque $x \downarrow 0$. ◇

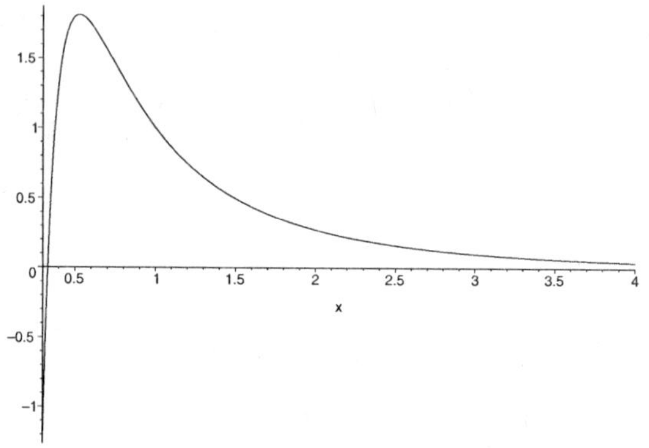

Fig. 3.4. Solution particulière de l'équation différentielle dans l'exemple 3.5.1.

Exercices

3-14. Déterminer si l'origine est un point ordinaire, un point singulier régulier, ou un point singulier irrégulier des équations différentielles suivantes:

(a) $xy''(x) + y'(x) + y(x) = 0$;

(b) $xy''(x) + e^x y'(x) + e^{2x} y(x) = 0$;

(c) $x^3 y''(x) + y'(x) + xy(x) = 0$;

(d) $xy''(x) + xy'(x) + x^2 y(x) = 0$.

3-15. Résoudre les équations d'Euler-Cauchy suivantes dans l'intervalle $(0, \infty)$:

(a) $x^2 y''(x) - xy'(x) + 3y(x) = 0$;

(b) $2x^2y''(x) + xy'(x) - 2y(x) = 0$;

(c) $2x^2y''(x) + xy'(x) - y(x) = 0$;

(d) $x^2y''(x) - y(x) = 0$;

(e) $x^2y''(x) + 3xy'(x) + y(x) = 0$.

3-16. (a) Montrer que l'équation différentielle ordinaire

$$4u^2z''(u) + 2uz'(u) + z(u) = 0 \quad \text{pour } u > 0$$

demeure une équation d'Euler-Cauchy si on effectue le changement de variable $x = \sqrt{u}$.

(b) Résoudre l'équation différentielle originale ainsi que celle obtenue avec $x = \sqrt{u}$.

3.6 Équations non homogènes: méthode des coefficients indéterminés

Dans cette section, nous revenons à l'équation différentielle linéaire d'ordre deux (3.2):

$$y''(t) + p(t)y'(t) + q(t)y(t) = r(t).$$

Les fonctions p, q et r sont supposées continues pour tout $t \in I := (a, b)$.

Lemme 3.6.1. *Soit $y_{p_1}(t)$ et $y_{p_2}(t)$ deux solutions particulières de l'équation (3.2). Alors*

$$y_d(t) := y_{p_1}(t) - y_{p_2}(t) \tag{3.90}$$

est une solution de l'équation différentielle homogène (3.18):

$$y''(t) + p(t)y'(t) + q(t)y(t) = 0$$

qui correspond à (3.2).

Preuve. On a:

$$y''_{p_i}(t) + p(t)y'_{p_i}(t) + q(t)y_{p_i}(t) = r(t) \quad \text{pour } i = 1, 2. \tag{3.91}$$

Alors

$$y''_{p_1}(t) + p(t)y'_{p_1}(t) + q(t)y_{p_1}(t) - \left[y''_{p_2}(t) + p(t)y'_{p_2}(t) + q(t)y_{p_2}(t)\right] = 0. \tag{3.92}$$

C'est-à-dire que

$$\left[y''_{p_1}(t) - y''_{p_2}(t)\right] + p(t)\left[y'_{p_1}(t) - y'_{p_2}(t)\right] + q(t)\left[y_{p_1}(t) - y_{p_2}(t)\right] = 0. \tag{3.93}$$

Donc, on peut écrire que

$$y''_d(t) + p(t)y'_d(t) + q(t)y_d(t) = 0. \tag{3.94}$$

■

Théorème 3.6.1. *Supposons que $y_p(t)$ est une solution particulière de l'équation non homogène (3.2). Si $y_1(t)$ et $y_2(t)$ sont deux solutions linéairement indépendantes de l'équation homogène correspondante (3.18), alors*

$$y(t) := c_1 y_1(t) + c_2 y_2(t) + y_p(t) \tag{3.95}$$

est la solution générale de (3.2).

Preuve. Soit $y_q(t)$ une solution *quelconque* de l'équation (3.2). Par le lemme précédent, on peut affirmer que $y_q(t) - y_p(t)$ est une solution de l'équation homogène (3.18). Puisque la solution générale $y_h(t)$ de cette équation homogène peut être exprimée comme suit:

$$y_h(t) = c_1 y_1(t) + c_2 y_2(t), \tag{3.96}$$

on peut écrire que

$$y_q(t) - y_p(t) = c_1 y_1(t) + c_2 y_2(t) \tag{3.97}$$

pour un certain choix des constantes c_1 et c_2. Ainsi,

$$y_q(t) = c_1 y_1(t) + c_2 y_2(t) + y_p(t). \tag{3.98}$$

Donc, toute solution $y_q(t)$ de (3.2) peut être exprimée en fonction de la somme $y_h(t) + y_p(t)$, ce qui prouve le résultat. ■

Nous allons maintenant présenter une technique qui permet d'obtenir une solution particulière $y_p(t)$ de l'équation différentielle

$$y''(t) + p_0\,y'(t) + q_0\,y(t) = r(t) \tag{3.99}$$

[c'est-à-dire que $p(t) \equiv p_0$ et $q(t) \equiv q_0$ dans (3.2)] lorsque la fonction $r(t)$ est un polynôme, une fonction trigonométrique (sinus ou cosinus), ou bien une fonction exponentielle e^{kt}. Cette technique fonctionne aussi lorsque $r(t)$ est une combinaison de ces fonctions.

Cas I. Supposons d'abord que

$$r(t) = r_0\,e^{kt}, \tag{3.100}$$

où r_0 et k sont des constantes. Si l'on essaie une solution particulière de la forme

$$y_p(t) = k_0\,e^{kt}, \tag{3.101}$$

où k_0 est un *coefficient indéterminé*, on trouve que

$$y_p''(t) + p_0\,y_p'(t) + q_0\,y_p(t) = k_0\,e^{kt}\left(k^2 + p_0\,k + q_0\right). \tag{3.102}$$

Ainsi, pour que $y_p(t)$ soit effectivement une solution particulière de (3.99), il faut que

$$k_0\left(k^2 + p_0\,k + q_0\right) = r_0. \tag{3.103}$$

De là, si l'expression entre les parenthèses est différente de zéro, il suffit de prendre

$$k_0 = \frac{r_0}{k^2 + p_0\,k + q_0}. \tag{3.104}$$

Remarquons que le dénominateur dans l'équation précédente est en fait le polynôme dans l'équation caractéristique (3.8). Si k est une racine de cette équation, on considère

$$y_p(t) = k_0\,t\,e^{kt}. \tag{3.105}$$

On calcule

$$y_p'(t) = k_0\,e^{kt}\,(1 + k\,t) \tag{3.106}$$

et

$$y_p''(t) = k_0\,e^{kt}\,[k\,(1 + k\,t) + k] = k_0\,e^{kt}\,[k\,(2 + k\,t)]. \tag{3.107}$$

En remplaçant ces expressions dans (3.99), on trouve que $k_0\,t\,e^{kt}$ satisfait à cette équation si et seulement si

$$k_0\left(k^2+p_0 k+q_0\right) t+k_0(2k+p_0)=r_0 \quad \Longrightarrow \quad k_0(2k+p_0)=r_0 \tag{3.108}$$

(car k est une racine de l'équation caractéristique). Donc, si $2k+p_0 \neq 0$, on peut écrire que

$$k_0=\frac{r_0}{2k+p_0}. \tag{3.109}$$

Finalement, le cas où $2k+p_0=0$ correspond à celui où k est une racine double de l'équation caractéristique. On peut alors vérifier que

$$y_p(t)=k_0 t^2 e^{kt} \tag{3.110}$$

est une solution particulière de (3.99) si et seulement si

$$k_0=r_0/2. \tag{3.111}$$

Cas II. Le deuxième cas que l'on considère est celui pour lequel

$$r(t)=r_1 \cos(kt)+r_2 \sin(kt), \tag{3.112}$$

où r_1 et r_2 sont des constantes. On essaie alors une solution de la forme

$$y_p(t)=k_1 \cos(kt)+k_2 \sin(kt), \tag{3.113}$$

où k_1 et k_2 sont des coefficients indéterminés. En procédant comme dans le cas I, on trouve que la fonction $y_p(t)$ ci-dessus est bien une solution particulière de (3.99) si les coefficients k_1 et k_2 sont choisis de façon appropriée, *à moins que* ki soit une racine de l'équation caractéristique (3.8). Si ki est une racine (simple) de cette équation, alors on pose

$$y_p(t)=t\left[k_1 \cos(kt)+k_2 \sin(kt)\right]. \tag{3.114}$$

Remarque. Si ki, où $k \neq 0$, est une racine double de l'équation caractéristique (3.8), alors l'équation (3.99) est de la forme

$$y''(t)+p_{00} i y'(t)+q_0 y(t)=r(t), \tag{3.115}$$

avec les constantes réelles non nulles p_{00} et q_0 telles que

$$-p_{00}^2-4q_0=0 \quad \Longleftrightarrow \quad p_{00}^2=-4q_0. \tag{3.116}$$

Dans ce cas, $k=-p_{00}/2$. Si l'on désire trouver une solution particulière de l'équation différentielle lorsque $r(t)=r_0 e^{kit}$, où r_0 est une constante non nulle, on pose que

$$y_p(t) = k_0 t^2 e^{kit}. \tag{3.117}$$

En fait, on trouve qu'il faut prendre $k_0 = r_0/2$. Par exemple, on peut vérifier qu'une solution particulière de l'équation différentielle

$$y''(t) - 4iy'(t) - 4y(t) = -e^{2it} \tag{3.118}$$

est

$$y_p(t) = -\frac{1}{2}t^2 e^{2it}. \tag{3.119}$$

Pour déterminer la valeur des constantes k_1 et k_2, on calcule d'abord les dérivées d'ordre un et deux de la fonction $y_p(t)$ définie en (3.113) ou (3.114). Ensuite, on substitue ces dérivées et la fonction $y_p(t)$ dans l'équation (3.99). Enfin, les coefficients de $\cos(kt)$ et $\sin(kt)$ doivent être les mêmes des deux côtés de l'équation obtenue.

Exemple 3.6.1. Pour obtenir la solution générale $y_g(t)$ de l'équation différentielle

$$y''(t) + 4y(t) = \cos(2t) - \sin(2t),$$

on considère d'abord l'équation homogène associée, soit

$$y''(t) + 4y(t) = 0.$$

Puisque

$$m^2 + 4 = 0 \quad \Longrightarrow \quad m_{1,2} = \pm 2i,$$

la solution générale $y_h(t)$ de l'équation homogène peut être exprimée ainsi:

$$y_h(t) = c_1 \cos(2t) + c_2 \sin(2t).$$

Maintenant, étant donné que $2i$ est une racine de l'équation caractéristique, pour obtenir une solution particulière $y_p(t)$ de l'équation non homogène par la méthode des coefficients indéterminés, on doit poser que

$$y_p(t) = t\left[k_1 \cos(2t) + k_2 \sin(2t)\right].$$

On calcule

$$y_p'(t) = k_1 \cos(2t) + k_2 \sin(2t) + t\left[-2k_1 \sin(2t) + 2k_2 \cos(2t)\right]$$

et

$$y_p''(t) = 2\left[-2k_1 \sin(2t) + 2k_2 \cos(2t)\right] - 4y_p(t).$$

Ensuite, on cherche les constantes k_1 et k_2 pour lesquelles

$$\cos(2t) - \sin(2t) = y_p''(t) + 4y_p(t) = 2\left[-2k_1 \sin(2t) + 2k_2 \cos(2t)\right].$$

On trouve immédiatement que l'on doit choisir $k_1 = k_2 = 1/4$. Il s'ensuit que

$$y_p(t) = \frac{t}{4}\left[\cos(2t) + \sin(2t)\right]$$

et

$$y_g(t) = y_h(t) + y_p(t) = c_1 \cos(2t) + c_2 \sin(2t) + \frac{t}{4}\left[\cos(2t) + \sin(2t)\right].$$

Remarque. Si on essaie de trouver une solution particulière de l'équation non homogène en posant que

$$y_p(t) = k_1 \cos(2t) + k_2 \sin(2t),$$

on calcule

$$y_p'(t) = -2k_1 \sin(2t) + 2k_2 \cos(2t)$$

et

$$y_p''(t) = -4y_p(t),$$

de sorte que

$$y_p''(t) + 4y_p(t) = 0 \neq \cos(2t) - \sin(2t).$$

Donc il n'y a pas de constantes k_1 et k_2 pour lesquelles la solution proposée satisfait à l'équation non homogène.

Par contre, une solution particulière de l'équation différentielle

$$y''(t) + 4y(t) = \cos t - \sin t$$

peut être obtenue en définissant

$$y_p(t) = k_1 \cos t + k_2 \sin t.$$

En effet, on a alors:

$$y_p'(t) = -k_1 \sin t + k_2 \cos t \quad \text{et} \quad y_p''(t) = -y_p(t).$$

Il s'ensuit que

$$y_p''(t) + 4y_p(t) = \cos t - \sin t$$

$\Longleftrightarrow$

$$3\,(k_1 \cos t + k_2 \sin t) = \cos t - \sin t$$

$\Longleftrightarrow$

$$k_1 = -k_2 = \frac{1}{3}.$$

On peut vérifier que

$$y_p(t) = \frac{1}{3}\,(\cos t - \sin t)$$

est bien une solution particulière de l'équation non homogène. $\diamondsuit$

Cas III. Lorsque la fonction $r(t)$ est un polynôme de degré n:

$$r(t) = a_n t^n + a_{n-1} t^{n-1} + \ldots + a_1 t + a_0, \tag{3.120}$$

où $a_n \neq 0$, on trouve qu'une solution particulière de (3.99) est

$$y_p(t) = k_n t^n + k_{n-1} t^{n-1} + \ldots + k_1 t + k_0. \tag{3.121}$$

En substituant cette fonction dans l'équation différentielle (3.99) et en posant que les coefficients des puissances correspondantes des deux membres de l'équation sont égaux, on obtient un système de $n+1$ équations linéaires pour les $n+1$ coefficients indéterminés $k_0, \ldots, k_n$. Ce système possède une solution si $q_0 \neq 0$.

Dans le cas où $q_0 = 0$ et $p_0 \neq 0$, on trouve que

$$y_p(t) = t\left(k_n t^n + k_{n-1} t^{n-1} + \ldots + k_1 t + k_0\right) \tag{3.122}$$

satisfait à (3.99) avec un choix approprié des coefficients $k_0, \ldots, k_n$. Notons que l'équation différentielle (3.99) se réduit alors à une équation différentielle linéaire d'ordre un pour $y'(t)$.

Finalement, si $p_0 = q_0 = 0$, alors l'équation différentielle que l'on doit résoudre est

$$y''(t) = a_n t^n + a_{n-1} t^{n-1} + \ldots + a_1 t + a_0. \tag{3.123}$$

On trouve directement $y(t)$ en intégrant (deux fois) la fonction $r(t)$.

Cas IV. Le dernier cas considéré est celui pour lequel

$$r(t) = e^{\lambda t}\left(a_n t^n + a_{n-1} t^{n-1} + \ldots + a_1 t + a_0\right) \cos(\mu t) \tag{3.124}$$

ou

$$r(t) = e^{\lambda t} \left(a_n t^n + a_{n-1} t^{n-1} + \ldots + a_1 t + a_0\right) \sin(\mu t). \qquad (3.125)$$

Dans un cas ou l'autre, on pose

$$\begin{aligned} y_p(t) = e^{\lambda t} & \left[\left(k_n t^n + k_{n-1} t^{n-1} + \ldots + k_1 t + k_0\right) \cos(\mu t) \right. \\ & \left. + \left(l_n t^n + l_{n-1} t^{n-1} + \ldots + l_1 t + l_0\right) \sin(\mu t)\right]. \qquad (3.126) \end{aligned}$$

On peut choisir les coefficients indéterminés $k_0, \ldots, k_n$ et $l_0, \ldots, l_n$ de façon que cette fonction soit une solution particulière de (3.99), sauf si $\lambda \pm i\mu$, avec $\mu \neq 0$, est une racine (simple) de (3.8). Dans ce cas, il faut multiplier $y_p(t)$ ci-dessus par t. De plus, si $\mu = 0$ et λ est une racine double de (3.8), alors on pose

$$y_p(t) = t^2 e^{\lambda t} (k_n t^n + k_{n-1} t^{n-1} + \ldots + k_1 t + k_0). \qquad (3.127)$$

Remarque. Si la fonction $r(t)$ peut être exprimée comme suit:

$$r(t) = r_1(t) + \ldots + r_j(t), \qquad (3.128)$$

où $r_i(t)$ est un polynôme, ou un sinus, etc., pour $i = 1, \ldots, j$, alors on doit additionner dans la solution particulière les termes qui correspondent à chacune des fonctions $r_i(t)$. Si $y_{p_i}(t)$ est une solution particulière de

$$y''(t) + p_0 y'(t) + q_0 y(t) = r_i(t), \qquad (3.129)$$

pour $i = 1, \ldots, j$, alors on montre facilement que

$$y_p(t) := \sum_{i=1}^{j} y_{p_i}(t) \qquad (3.130)$$

est une solution particulière de

$$y''(t) + p_0 y'(t) + q_0 y(t) = \sum_{i=1}^{j} r_i(t). \qquad (3.131)$$

Exemple 3.6.2. Supposons que l'on cherche la solution de l'équation différentielle

$$y''(t) + y'(t) = e^t + t \quad \text{pour } t \geq 0$$

qui satisfait aux conditions initiales $y(0) = 1$ et $y'(0) = 1$.

Considérons d'abord l'équation homogène

$$y''(t) + y'(t) = 0 \quad \text{pour } t \geq 0.$$

On a:

$$\frac{dy'}{y'} = -dt \quad \Longrightarrow \quad y'(t) \propto e^{-t} \quad \Longrightarrow \quad y(t) = c_1 + c_2 e^{-t}.$$

Remarque. Les racines de l'équation caractéristique $m^2 + m = 0$ sont $m_1 = 0$ et $m_2 = -1$, ce qui implique que $y(t) = c_1 + c_2 e^{-t}$, comme ci-dessus.

Puisque $q_0 = 0$, pour obtenir une solution particulière de l'équation non homogène, on considère la fonction

$$y_p(t) = k_0 e^t + t(k_1 + k_2 t).$$

On calcule

$$y_p'(t) = k_0 e^t + k_1 + 2k_2 t \quad \text{et} \quad y_p''(t) = k_0 e^t + 2k_2.$$

Donc, il faut choisir les constantes k_0, k_1 et k_2 telles que

$$(k_0 e^t + 2k_2) + (k_0 e^t + k_1 + 2k_2 t) = e^t + t.$$

On trouve immédiatement qu'il faut prendre $k_0 = 1/2$, $k_2 = 1/2$ et $k_1 = -2k_2 = -1$, de sorte que

$$y_p(t) = \frac{1}{2} e^t - t + \frac{1}{2} t^2.$$

Il s'ensuit que la solution générale de l'équation différentielle est

$$y_g(t) = c_1 + c_2 e^{-t} + \frac{1}{2} e^t - t + \frac{1}{2} t^2.$$

Finalement, on trouve que la solution particulière qui est telle que $y(0) = 1$ et $y'(0) = 1$ est celle pour laquelle $c_1 = 2$ et $c_2 = -3/2$:

$$y(t) = 2 - \frac{3}{2} e^{-t} + \frac{1}{2} e^t - t + \frac{1}{2} t^2.$$

Remarques. i) Dans cet exemple, nous aurions pu résoudre l'équation différentielle d'ordre un

$$z'(t) + z(t) = e^t + t \quad \text{pour } t \geq 0,$$

où $z(t) := y'(t)$, et ensuite intégrer la solution obtenue, soit

$$z(t) = \frac{1}{2}e^t + t - 1 + c_0 e^{-t}.$$

ii) Au lieu de définir la fonction $y_p(t)$ comme ci-dessus, nous aurions pu décomposer le problème en deux, et chercher d'abord une solution $y_{p_1}(t)$ qui satisfait à l'équation non homogène

$$y''(t) + y'(t) = e^t,$$

et ensuite une solution $y_{p_2}(t)$ qui satisfait à

$$y''(t) + y'(t) = t.$$

Finalement, la solution $y_p(t)$ est donnée par $y_p(t) = y_{p_1}(t) + y_{p_2}(t)$. $\diamondsuit$

Exercices

3-17. Trouver une solution particulière des équations différentielles suivantes (par la méthode des coefficients indéterminés):

(a) $y''(t) + y(t) = \cos t$;

(b) $y''(t) + y'(t) + y(t) = t^2$;

(c) $y''(t) + 2y(t) = t\,e^t$;

(d) $e^t y''(t) + e^t y'(t) = e^{2t} + t$.

3-18. Trouver la solution générale de

$$y'''(t) + y''(t) - y'(t) = e^{-t}$$

en utilisant la méthode des coefficients indéterminés pour obtenir une solution particulière de l'équation.

3-19. Obtenir les solutions $z(t) > 0$ de l'équation différentielle non linéaire

$$z(t)\,z''(t) - [z'(t)]^2 - z'(t)\,z(t) = z^2(t)\,e^t$$

en posant d'abord que

$$y(t) = \ln z(t),$$

puis en utilisant la méthode des coefficients indéterminés. Notons que $z(t) \equiv 0$ est une solution de l'équation.

3.7 Méthode de variation des paramètres et réduction d'ordre

3.7.1 Méthode de variation des paramètres

La méthode des coefficients indéterminés ne fonctionne que dans le cas où les fonctions $p(t)$ et $q(t)$ dans l'équation différentielle (3.2) sont constantes. De plus, la forme de la fonction $r(t)$ doit être simple. Dans la présente sous-section, nous donnons une technique qui permet, théoriquement, de trouver une solution particulière de (3.2) pour toutes fonctions (continues) $p(t)$, $q(t)$ et $r(t)$, *si* on connaît la solution générale de l'équation homogène correspondante.

Soit

$$y_h(t) = c_1 y_1(t) + c_2 y_2(t) \tag{3.132}$$

la solution générale de l'équation différentielle (3.18):

$$y''(t) + p(t)y'(t) + q(t)y(t) = 0.$$

La *méthode de variation des paramètres* consiste à remplacer les constantes c_1 et c_2 par des fonctions $u_1(t)$ et $u_2(t)$ (d'où le nom de la méthode, puisque l'on fait varier les *paramètres* dans la solution générale), où $u_1(t)$ et $u_2(t)$ doivent être choisies de façon que

$$y_p(t) := u_1(t)y_1(t) + u_2(t)y_2(t) \tag{3.133}$$

soit une solution particulière de l'équation différentielle (3.2):

$$y''(t) + p(t)y'(t) + q(t)y(t) = r(t).$$

On a:

$$y_p'(t) = u_1'(t)y_1(t) + u_1(t)y_1'(t) + u_2'(t)y_2(t) + u_2(t)y_2'(t). \tag{3.134}$$

Supposons que

$$u_1'(t)y_1(t) + u_2'(t)y_2(t) = 0. \tag{3.135}$$

Alors

$$y_p''(t) = u_1'(t)y_1'(t) + u_1(t)y_1''(t) + u_2'(t)y_2'(t) + u_2(t)y_2''(t). \tag{3.136}$$

En substituant $y_p'(t)$ et $y_p''(t)$ dans (3.2), et en réarrangeant, on obtient:

$$\sum_{i=1}^{2} u_i(t)\left[y_i''(t) + p(t)y_i'(t) + q(t)y_i(t)\right] + u_1'(t)y_1'(t) + u_2'(t)y_2'(t) = r(t). \tag{3.137}$$

Puisque $y_i(t)$ est une solution de l'équation homogène (3.18), pour $i = 1$ et $i = 2$, l'expression entre les crochets est nulle. Il s'ensuit que

$$u_1'(t)y_1'(t) + u_2'(t)y_2'(t) = r(t). \tag{3.138}$$

Les équations (3.135) et (3.138) constituent un système de deux équations linéaires pour les deux fonctions inconnues $u_1'(t)$ et $u_2'(t)$, que l'on peut écrire sous forme matricielle comme suit:

$$\begin{bmatrix} u_1'(t) & u_2'(t) \end{bmatrix} \begin{bmatrix} y_1(t) & y_1'(t) \\ y_2(t) & y_2'(t) \end{bmatrix} = \begin{bmatrix} 0 & r(t) \end{bmatrix}. \tag{3.139}$$

La solution de ce système est

$$\begin{bmatrix} u_1'(t) & u_2'(t) \end{bmatrix} = \frac{r(t)}{y_1(t)y_2'(t) - y_2(t)y_1'(t)} \begin{bmatrix} -y_2(t) & y_1(t) \end{bmatrix}. \tag{3.140}$$

Notons que le dénominateur dans l'équation précédente est en fait le wronskien $W(y_1, y_2)$ des deux solutions de l'équation différentielle (3.18). Étant donné que ces solutions sont linéairement indépendantes, on sait que $W(y_1, y_2) \neq 0$.

Donc, on obtient que

$$u_1(t) = \int -\frac{y_2(t)r(t)}{W(y_1, y_2)}\,dt \tag{3.141}$$

et

$$u_2(t) = \int \frac{y_1(t)r(t)}{W(y_1, y_2)}\,dt. \tag{3.142}$$

On peut maintenant énoncer le théorème suivant.

Théorème 3.7.1. *Une solution particulière de l'équation différentielle non homogène (3.2) est donnée par*

$$y_p(t) = y_1(t)\int -\frac{y_2(t)r(t)}{W(y_1, y_2)}\,dt + y_2(t)\int \frac{y_1(t)r(t)}{W(y_1, y_2)}\,dt, \tag{3.143}$$

où $y_1(t)$ et $y_2(t)$ constituent un ensemble fondamental de solutions de l'équation différentielle homogène (3.18).

Exemple 3.7.1. Considérons l'équation différentielle

$$y''(t) + y'(t) + \frac{1}{2}y(t) = e^{-t}.$$

On pourrait utiliser la méthode des coefficients indéterminés pour la résoudre. La solution générale de l'équation homogène correspondante est

$$y_h(t) = e^{-t/2}\left[c_1 \cos(t/2) + c_2 \sin(t/2)\right].$$

En effet, l'équation caractéristique de cette équation homogène, soit

$$m^2 + m + \frac{1}{2} = 0,$$

possède deux racines complexes:

$$m_{1,2} = -\frac{1}{2}(1 \pm i).$$

Pour obtenir une solution particulière de l'équation non homogène, on calcule d'abord

$$W(y_1, y_2) = y_1(t)y_2'(t) - y_2(t)y_1'(t).$$

On trouve que

$$W(y_1, y_2) = \frac{1}{2}e^{-t}.$$

Il s'ensuit que

$$\begin{aligned} u_1(t) &= \int -\frac{e^{-t/2}\sin(t/2)e^{-t}}{\frac{1}{2}e^{-t}}\,dt = -2\int e^{-t/2}\sin(t/2)\,dt \\ &= 2e^{-t/2}\left[\cos(t/2) + \sin(t/2)\right]. \end{aligned}$$

De même, on trouve que

$$u_2(t) = -2e^{-t/2}\left[\cos(t/2) - \sin(t/2)\right].$$

De là, la solution particulière cherchée est donnée par

$$\begin{aligned} y_p(t) &= \left[e^{-t/2}\cos(t/2)\right]\left\{2e^{-t/2}\left[\cos(t/2) + \sin(t/2)\right]\right\} \\ &\quad + \left[e^{-t/2}\sin(t/2)\right]\left\{-2e^{-t/2}\left[\cos(t/2) - \sin(t/2)\right]\right\} \\ &= 2e^{-t}. \end{aligned}$$

Cette solution particulière est ici la même que celle que l'on aurait obtenu en utilisant la méthode des coefficients indéterminés. ◇

Remarque. On voit, avec l'exemple précédent, que la méthode de variation des paramètres peut donner lieu à des intégrales difficiles à évaluer.

3.7.2 Réduction d'ordre

Nous avons vu comment trouver une solution particulière $y_p(t)$ d'une équation différentielle non homogène quand on connaît la solution générale $y_h(t)$ de l'équation homogène correspondante. De plus, on sait que la somme de $y_h(t)$ et $y_p(t)$ nous donne la solution générale de l'équation non homogène.

Dans cette sous-section, nous soulignons le fait que la technique de *réduction d'ordre* que nous avons vue précédemment permet aussi de trouver la solution générale d'une équation différentielle non homogène d'ordre deux dans le cas où l'on connaît (au moins) une solution de l'équation homogène correspondante (3.18).

Soit $y_1(t)$ une solution de (3.18). On pose

$$y_g(t) = u(t)\,y_1(t), \tag{3.144}$$

où $u(t)$ est une fonction à déterminer. On trouve [voir (3.57)] que

$$u''(t)\,y_1(t) + u'(t)\left[2y_1'(t) + p(t)\,y_1(t)\right] = r(t). \tag{3.145}$$

Cette dernière équation est une équation différentielle linéaire du premier ordre pour $v(t) := u'(t)$. On peut résoudre cette équation différentielle, puis intégrer la solution pour obtenir $u(t)$, et ensuite $y_g(t)$. Or, la fonction $y_g(t)$ est effectivement la solution générale de l'équation non homogène. En effet, le produit $u(t)\,y_1(t)$ nous donne à la fois une deuxième solution particulière [linéairement indépendante de $y_1(t)$] de l'équation homogène et une solution particulière de l'équation non homogène.

Exemple 3.7.2. On trouve facilement que

$$y_1(t) = t^2$$

est une solution particulière de l'équation homogène

$$t^2 y''(t) - 2y(t) = 0 \quad \text{pour } t > 0.$$

Notons qu'il s'agit d'une équation d'Euler.

Alors, pour obtenir la solution générale de l'équation différentielle non homogène

$$t^2 y''(t) - 2y(t) = t^2,$$

on peut d'abord résoudre l'équation différentielle

$$v'(t)t^2 + v(t)\,[2(2t) + 0] = 1$$

[car $r(t) = t^2/t^2 = 1$]. C'est-à-dire que

$$t^2 v'(t) + 4tv(t) = 1.$$

On trouve que

$$v(t) = \frac{1}{3t} + c_0\frac{1}{t^4},$$

de sorte que

$$u(t) = \frac{1}{3}\ln t + c_1\frac{1}{t^3} + c_2.$$

Enfin, on a:

$$y_g(t) = u(t)y_1(t) = \frac{1}{3}t^2\ln t + c_1\frac{1}{t} + c_2t^2.$$

On peut vérifier que

$$y_2(t) = \frac{1}{t}$$

est bien une solution [linéairement indépendante de $y_1(t)$] de l'équation homogène et que

$$y_p(t) = \frac{1}{3}t^2\ln t$$

satisfait à l'équation non homogène. ◇

Exercices

3-20. Trouver (en utilisant la méthode de variation des paramètres) une solution particulière de

(a) $y''(t) - y(t) = t^3$;

(b) $ty''(t) + y'(t) = 1 \quad$ pour $t > 0$.

3-21. Utiliser la méthode de variation des paramètres pour trouver une solution particulière, et de là la solution générale de

$$t^2y''(t) + ty'(t) + y(t) = 1 \quad \text{pour } t > 0.$$

3-22. Utiliser la technique de réduction d'ordre pour obtenir la solution générale de l'équation différentielle

$$y''(t) - \frac{2}{t}y'(t) + \frac{2}{t^2}y(t) = \frac{1}{t^3} \quad \text{pour } t > 0.$$

Indication. Une solution de l'équation homogène correspondante est $y_1(t) = t$.

3.8 Équations linéaires à coefficients constants d'ordre supérieur

Dans cette section, nous allons généraliser les résultats sur les équations linéaires homogènes à coefficients constants d'ordre deux en considérant l'équation différentielle

$$L_n[y](t) := y^{(n)}(t) + a_{n-1}y^{(n-1)}(t) + \ldots + a_1y'(t) + a_0y(t) = 0, \quad (3.146)$$

où les coefficients a_0, ..., a_{n-1} sont des nombres réels.

Comme nous l'avons vu à la section 3.1, on peut essayer une solution de la forme $y(t) = e^{mt}$. On trouve alors que cette fonction satisfait à (3.146) si et seulement si

$$e^{mt}\left(m^n + a_{n-1}m^{n-1} + \ldots + a_1m + a_0\right) = 0 \quad (3.147)$$

$\Longleftrightarrow$

$$P(m) := m^n + a_{n-1}m^{n-1} + \ldots + a_1m + a_0 = 0. \quad (3.148)$$

Définition 3.8.1. *Le polynôme $P(m)$ défini ci-dessus est le* **polynôme caractéristique** *de l'équation différentielle (3.146). De plus, l'équation (3.148) est l'***équation caractéristique** *de cette équation différentielle.*

Le travail le plus difficile pour obtenir la solution générale de l'équation (3.146) est le calcul des n racines, m_1, ..., m_n, de l'équation caractéristique, soit les nombres m_i tels que

$$P(m) = \prod_{i=1}^{n}(m - m_i) := (m - m_1)(m - m_2)\cdots(m - m_n). \quad (3.149)$$

Une fois ces racines obtenues, on peut donner facilement cette solution générale.

D'abord, on énonce le théorème suivant.

Théorème 3.8.1. *Les solutions*

$$y_i(t) := e^{m_it} \quad \text{pour } i = 1, \ldots, j \quad (3.150)$$

de l'équation différentielle (3.146) sont linéairement indépendantes *sur l'intervalle $I := (a, b)$ si et seulement si les nombres m_1, ..., m_j sont tous différents.*

(Idée de la) Preuve. Pour obtenir le résultat, on montre que le wronskien des j fonctions $y_i(t)$ est donné par

$$W(y_1, \ldots, y_j) = (-1)^{j(j-1)/2} e^{(m_1+\ldots+m_j)t} \prod_{1 \leq k < l \leq j} (m_k - m_l). \quad (3.151)$$

C'est-à-dire que l'on fait le produit des termes $(m_1 - m_2)$, $(m_1 - m_3)$, ..., $(m_1 - m_j)$, $(m_2 - m_3)$, ..., $(m_2 - m_j)$, ..., $(m_{j-1} - m_j)$. Il y a $j(j-1)/2$ termes en tout. On voit que le wronskien en question est non nul si et seulement si les racines m_1, ..., m_j sont toutes distinctes. ∎

Nous allons maintenant considérer les diverses possibilités pour les racines de l'équation caractéristique.

Cas I. Le cas le plus simple est celui pour lequel toutes les racines de (3.148) sont réelles et distinctes. On peut alors écrire que la solution générale de (3.146) est donnée par

$$y(t) = \sum_{i=1}^{n} c_i e^{m_i t}, \quad (3.152)$$

où les c_i, $i = 1, \ldots, n$, sont des constantes arbitraires.

Remarque. Pour obtenir les racines de l'équation caractéristique, on peut parfois utiliser le résultat suivant: si les coefficients a_0, ..., a_n de l'équation (avec a_0 et $a_n \neq 0$)

$$a_n m^n + a_{n-1} m^{n-1} + \ldots + a_1 m + a_0 = 0 \quad (3.153)$$

sont tous des entiers, alors pour que m soit de la forme d'un quotient p/q, où p, q $(\neq 0) \in \mathbb{Z}$ et la fraction ne peut pas être simplifiée (c'est-à-dire que p et q n'ont pas de facteurs communs), il faut que p soit un diviseur de a_0 et que q soit un diviseur de a_n. Un diviseur d d'un entier r (positif ou négatif) est un autre entier qui est tel que $d \times k = r$, où k est aussi un entier. Par exemple, les diviseurs du nombre 2 sont les entiers ± 1 et ± 2.

Exemple 3.8.1. L'équation

$$m^4 - 3m^3 + 3m^2 - 3m + 2 = 0$$

peut posséder des racines de la forme p/q seulement si p est un diviseur de 2 et q est un diviseur de 1. Ainsi, les seules racines rationnelles possibles sont 1, -1, 2 et -2. On trouve que les seules racines rationnelles de cette équation sont en fait 1 et 2. En divisant le polynôme

$$P_4 := m^4 - 3m^3 + 3m^2 - 3m + 2$$

par $(m-1)(m-2) = m^2 - 3m + 2$, on obtient le polynôme de degré deux

$$P_2 := m^2 + 1,$$

dont les deux racines sont i et $-i$. On a donc trouvé les quatre racines de l'équation considérée. ◇

Cas II. Supposons maintenant que m_1 est une racine de *multiplicité* $k \in \{2, \ldots, n\}$ de l'équation caractéristique $P(m) = 0$. C'est-à-dire que le terme $(m - m_1)^k$ apparaît dans la décomposition de $P(m)$ en un produit. Alors, en généralisant ce que nous avons vu dans le cas des équations d'ordre deux, on trouve que les fonctions

$$y_i(t) := t^i e^{m_1 t} \quad \text{pour } i = 0, \ldots, k-1 \tag{3.154}$$

sont des solutions linéairement indépendantes de l'équation (3.146). Pour obtenir la solution générale de cette équation, il faut trouver (si nécessaire) les autres racines de l'équation caractéristique.

Cas III. Lorsque l'équation caractéristique possède des racines complexes (simples) $\alpha_j \pm i\beta_j$, des solutions linéairement indépendantes de (3.146) sont données par

$$y_{j_1}(t) := e^{\alpha_j t} \cos(\beta_j t) \quad \text{et} \quad y_{j_2}(t) := e^{\alpha_j t} \sin(\beta_j t). \tag{3.155}$$

Remarque. Parce que les coefficients $a_0, \ldots, a_{n-1}$ dans l'équation différentielle (3.146) sont supposés *réels*, les racines complexes de l'équation caractéristique sont toujours par paires de nombres complexes conjugués: $\alpha_j \pm i\beta_j$. Par contre, si les coefficients a_i ne sont pas tous réels, alors le conjugué d'une racine complexe n'est pas nécessairement une autre racine de l'équation caractéristique.

Cas IV. Finalement, dans le cas où $\alpha + i\beta$ est une racine complexe de multiplicité k, alors

$$y_{jc}(t) := t^j e^{\alpha t} \cos(\beta t) \quad \text{et} \quad y_{js}(t) := t^j e^{\alpha t} \sin(\beta t) \tag{3.156}$$

sont des solutions linéairement indépendantes de (3.146) pour $j = 0, \ldots, k-1$.

Remarques. i) *Comportement des solutions lorsque $t \to \infty$ dans les principaux cas.* Supposons que les constantes c_i, pour $i = 1, 2, \ldots, n$, dans la solution générale sont toutes différentes de 0. Si l'équation caractéristique ne possède que des racines réelles, dont au moins une racine positive, alors la solution générale $y(t)$ de (3.146) divergera (vers ∞ ou $-\infty$, selon le signe du coefficient de la fonction exponentielle contenant la racine la plus grande) lorsque $t \to \infty$. Si les racines sont toutes réelles, et s'il n'y a aucune racine positive, alors $y(t)$ tendra vers zéro, ou vers une constante non nulle si une racine est zéro. Finalement, s'il n'y a que des racines complexes, alors la solution $y(t)$ oscillera lorsque $t \to \infty$. L'amplitude des oscillations augmentera s'il y a au moins une racine dont la partie réelle est positive, et elle diminuera si toutes les racines ont une partie réelle négative.

ii) *Racines d'ordre n d'un nombre complexe.* Supposons que $P(m) = m^3 + 2$. Pour obtenir les trois racines de l'équation caractéristique, nous devons trouver les trois nombres (complexes) qui, élevés à la puissance 3, donnent -2.

En général, pour obtenir les n racines d'ordre n d'un nombre complexe (ou réel), on peut utiliser la formule d'Euler:

$$e^{i\theta} = \cos\theta + i\sin\theta.$$

Par exemple, les trois racines troisièmes de -2 sont obtenues comme suit:

$$-2 = 2e^{i\pi} = 2e^{i\pi + i2k\pi} = 2e^{i\pi(2k+1)}, \tag{3.157}$$

où k est un entier quelconque, car

$$e^{i\pi} = \cos\pi + i\sin\pi = -1$$

et

$$e^{i2k\pi} = \cos(2k\pi) + i\sin(2k\pi) = 1 \quad \text{si } k \in \mathbb{Z}.$$

Alors

$$(-2)^{1/3} = 2^{1/3}e^{i\pi(2k+1)/3} \tag{3.158}$$

pour $k = 0, 1, 2$. Ainsi, les racines sont

$$r_1 = 2^{1/3}e^{i\pi/3}, \quad r_2 = 2^{1/3}e^{i\pi} \quad \text{et} \quad r_3 = 2^{1/3}e^{i5\pi/3}. \tag{3.159}$$

C'est-à-dire que

$$r_1 = 2^{1/3}\left(\frac{1}{2} + i\frac{\sqrt{3}}{2}\right), \quad r_2 = -2^{1/3} \quad \text{et} \quad r_3 = 2^{1/3}\left(\frac{1}{2} - i\frac{\sqrt{3}}{2}\right). \tag{3.160}$$

Notons que, dans cet exemple, on aurait pu utiliser la racine troisième évidente $-2^{1/3}$ pour trouver les deux autres racines troisièmes de -2. En effet, en divisant le polynôme m^3+2 par $m+2^{1/3}$, on obtient le polynôme $m^2 - 2^{1/3}m + 2^{2/3}$, dont les deux racines sont les nombres r_1 et r_3 ci-dessus.

iii) *Équations non homogènes.* On peut généraliser la méthode des coefficients indéterminés de la section 3.6 pour trouver une solution particulière de l'équation non homogène

$$y^{(n)}(t) + a_{n-1}y^{(n-1)}(t) + \ldots + a_1 y'(t) + a_0 y(t) = r(t), \qquad (3.161)$$

dans le cas où $r(t)$ est une fonction exponentielle comme $r_0 e^{kt}$, un polynôme, etc. (voir la section 3.6). On pourrait aussi généraliser la méthode de variation des paramètres présentée dans la section 3.7.

Dans le cas de la méthode des coefficients indéterminés, il faut toujours s'assurer que la fonction $y_p(t)$ que nous proposons n'est pas déjà incluse dans la solution générale. Par exemple, si $r(t) = e^{2t}$ et 2 est une racine triple de l'équation caractéristique de l'équation homogène correspondant à (3.161), alors on doit poser que $y_p(t) = k_0 t^3 e^{2t}$.

Exemple 3.8.2. Pour résoudre l'équation différentielle

$$y'''(t) = y(t) \quad \text{pour } t \geq 0,$$

on considère l'équation caractéristique

$$m^3 - 1 = 0.$$

Cette équation possède la racine réelle $m_1 = 1$, et les racines complexes conjugées

$$m_2 = -\frac{1}{2} + i\frac{\sqrt{3}}{2} \quad \text{et} \quad m_3 = -\frac{1}{2} - i\frac{\sqrt{3}}{2}.$$

Par conséquent, trois solutions linéairement indépendantes de l'équation différentielle sont

$$y_1(t) = e^t, \quad y_2(t) = e^{-t/2}\cos(\sqrt{3}t/2) \quad \text{et} \quad y_3(t) = e^{-t/2}\sin(\sqrt{3}t/2),$$

de sorte que sa solution générale est

$$y(t) = c_1 e^t + e^{-t/2}\left[c_2\cos(\sqrt{3}t/2) + c_3\sin(\sqrt{3}t/2)\right].$$

Lorsque t tend vers l'infini, la fonction $y(t)$ tend vers $\mathrm{sgn}(c_1)\infty$ (où “sgn” désigne le signe de la quantité en question), si $c_1 \neq 0$. Dans le cas où $c_1 = 0$, la solution tend vers zéro. Pour déterminer la valeur des constantes c_1, c_2 et c_3 de façon unique, nous avons besoin de conditions initiales pour $y(t)$, $y'(t)$ et $y''(t)$. ◇

Exemple 3.8.3. Pour obtenir une solution particulière de l'équation différentielle d'ordre cinq

$$y^{(5)}(t) - y'''(t) = t^2 + e^{2t},$$

on considère d'abord l'équation caractéristique

$$m^5 - m^3 = 0 \quad \Longleftrightarrow \quad m^3(m^2 - 1) = 0,$$

dont les racines sont $m_1 = 0$ (racine triple), $m_2 = 1$ et $m_3 = -1$. Parce qu'il n'y a pas de termes en $y(t)$, $y'(t)$ et $y''(t)$ dans l'équation, on essaie une solution particulière de la forme

$$y_p(t) = t^3(k_0 + k_1 t + k_2 t^2) + k_3 e^{2t} = k_0 t^3 + k_1 t^4 + k_2 t^5 + k_3 e^{2t}.$$

Remarque. Dans le cas de l'équation

$$y^{(5)}(t) - 4y'''(t) = t^2 + e^{2t},$$

il faudrait remplacer le terme $k_3 e^{2t}$ ci-dessus par $k_3 t e^{2t}$.

On calcule

$$y_p'''(t) = 6k_0 + 24k_1 t + 60k_2 t^2 + 8k_3 e^{2t}$$

et

$$y_p^{(5)}(t) = 120k_2 + 32k_3 e^{2t}.$$

En substituant ces quantités dans l'équation différentielle, on obtient que

$$120k_2 + 32k_3 e^{2t} - \left(6k_0 + 24k_1 t + 60k_2 t^2 + 8k_3 e^{2t}\right) = t^2 + e^{2t}.$$

C'est-à-dire que

$$120k_2 - 6k_0 - 24k_1 t - 60k_2 t^2 + 24k_3 e^{2t} = t^2 + e^{2t}.$$

De là, on déduit que $k_3 = 1/24$, $k_2 = -1/60$, $k_1 = 0$, et $k_0 = 20k_2 = -1/3$. Donc,

$$y_p(t) = -\frac{1}{3}t^3 - \frac{1}{60}t^5 + \frac{1}{24}e^{2t}.$$

La solution générale de l'équation peut être écrite comme suit:

$$y(t) = c_1 + c_2 t + c_3 t^2 + c_4 e^t + c_5 e^{-t} - \frac{1}{3}t^3 - \frac{1}{60}t^5 + \frac{1}{24}e^{2t}.$$

Notons que cette solution générale contient un polynôme de degré deux. C'est la raison pour laquelle nous avons dû multiplier $k_0 + k_1 t + k_2 t^2$ par t^3 ci-dessus. ◇

Exercices

3-23. Trouver la solution générale des équations différentielles suivantes:

(a) $y'''(t) + y''(t) + y'(t) + y(t) = 0$;

(b) $y'''(t) - y''(t) + y'(t) - y(t) = 0$;

(c) $y^{(4)}(t) + 2y''(t) + y(t) = 0$;

(d) $y^{(4)}(t) - y''(t) + y(t) = 0$;

(e) $y^{(4)}(t) + 4y(t) = 0$;

(f) $y^{(6)}(t) + y(t) = 0$.

3-24. Déterminer toutes les racines de la forme p/q (où p et $q \in \mathbb{Z}$, et la fraction ne peut pas être simplifiée) de l'équation suivante:

$$2m^4 - 5m^3 + 2m^2 - m + 2 = 0,$$

et trouver ensuite toutes les racines de cette équation.

3-25. Déterminer le comportement des solutions $y(t)$ des équations différentielles ordinaires suivantes lorsque t tend vers l'infini:

(a) $y'''(t) - 2y'(t) + y(t) = 0$;

(b) $y^{(4)}(t) + y'(t) = 0$.

3-26. Trouver les quatre racines quatrièmes de -16.

3-27. Trouver une solution particulière des équations différentielles suivantes:

(a) $y'''(t) + y'(t) = \sin t$;

(b) $y'''(t) + y''(t) - y'(t) + 2y(t) = e^{t/2} + t^2$.

3-28. (*Extension de la technique de réduction d'ordre*) Utiliser le fait que $y_1(t) = e^t$ est une solution de l'équation différentielle homogène

$$y'''(t) - y(t) = 0$$

pour obtenir la solution générale $y_g(t)$ de

$$y'''(t) - y(t) = e^t,$$

et ce, en posant que $y_g(t) = u(t)e^t$.

3.9 Oscillations dans les systèmes mécaniques et circuits électriques

Supposons qu'un objet de masse m est suspendu à l'extrémité d'un ressort vertical. L'objet étire le ressort d'une longueur L (voir la figure 3.5).

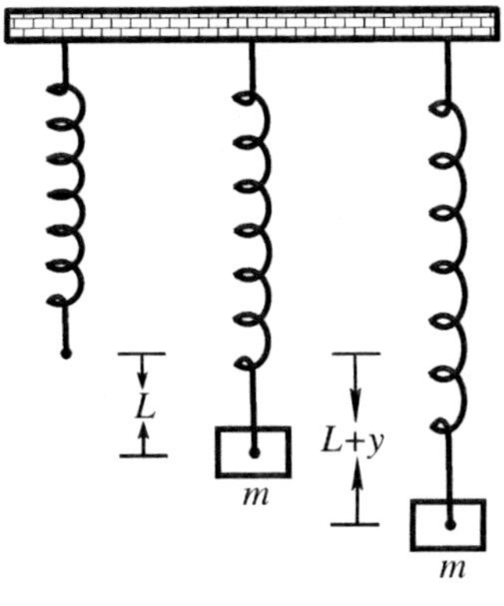

Fig. 3.5. Système masse-ressort.

Quand l'objet en question est au repos, les deux forces qui agissent sur celui-ci, soit la force gravitationnelle F_g et la force de rappel du ressort F_r, s'équilibrent. La force gravitationnelle est donnée par mg, tandis que la force de rappel du ressort, quand l'étirement L est petit, est proportionnelle à L:

$$F_r = -kL, \tag{3.162}$$

où la constante k (> 0) est le *coefficient de raideur* du ressort. On a donc, à l'équilibre:

$$mg = kL. \tag{3.163}$$

Supposons maintenant que l'objet est déplacé à l'instant $t = 0$. Soit $y(t)$ le déplacement de l'objet par rapport à son point d'équilibre à l'instant t. Par la deuxième loi du mouvement de Newton, on peut écrire que l'accélération $y''(t)$ de l'objet satisfait à l'équation

$$my''(t) = F(t), \tag{3.164}$$

où $F(t)$ est la force nette qui agit sur cet objet à l'instant t.

Oscillations non amorties. Si les seules forces qui agissent sur l'objet sont la gravité et la force de rappel du ressort, tel que supposé ci-dessus, alors l'équation (3.164) devient

$$my''(t) = mg - k\,[L + y(t)] \quad \overset{(3.163)}{\Longleftrightarrow} \quad my''(t) + ky(t) = 0. \tag{3.165}$$

Puisque k est une constante positive, la solution générale de cette équation différentielle linéaire homogène d'ordre deux à coefficients constants est

$$y(t) = c_1 \cos(\omega_0 t) + c_2 \sin(\omega_0 t)\,, \tag{3.166}$$

où $\omega_0 := \sqrt{k/m}$.

Supposons qu'à l'instant initial, $t = 0$, l'objet est déplacé vers le bas de y_0 unité(s) de longueur par rapport à son point d'équilibre, puis il est relâché. Ainsi, la vitesse initiale de l'objet est nulle, de sorte que les conditions initiales sont les suivantes:

$$y(0) = y_0 \quad \text{et} \quad y'(0) = 0. \tag{3.167}$$

On trouve que les constantes c_1 et c_2 dans l'équation (3.166) sont alors $c_1 = y_0$ et $c_2 = 0$. Il s'ensuit que

$$y(t) = y_0 \cos(\omega_0 t) \quad \text{pour } t \geq 0. \tag{3.168}$$

Le déplacement de l'objet décrit donc un *mouvement harmonique.* L'amplitude du mouvement est donnée par y_0 (> 0). De plus, la *période* T du mouvement est le temps que l'objet prend pour accomplir un cycle complet, de sorte que $\omega_0 T = 2\pi$; c'est-à-dire que

$$T = \frac{2\pi}{\omega_0} = 2\pi\sqrt{\frac{m}{k}}. \tag{3.169}$$

Par exemple, si $k = 10$ et la masse de l'objet est $m = 40$, alors la période du mouvement est égale à 4π (voir la figure 3.6, où $y_0 = 2$).

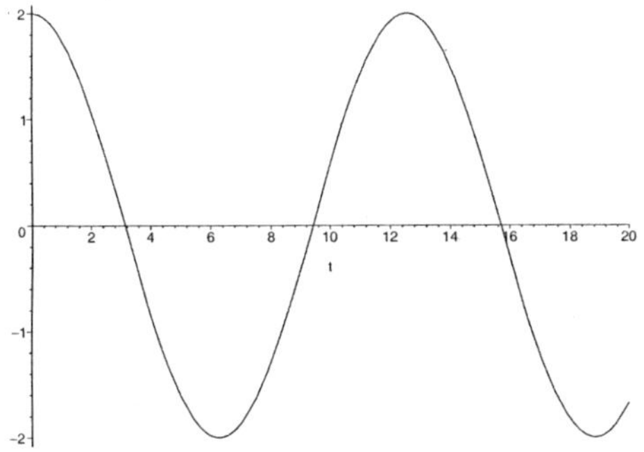

Fig. 3.6. Mouvement harmonique de période 4π.

Enfin, la *fréquence* f du mouvement est le nombre de cycles effectués par l'objet en *une* unité de temps. On a donc:

$$fT = 1 \quad \Longrightarrow \quad f = \frac{1}{2\pi}\sqrt{\frac{k}{m}}. \tag{3.170}$$

Remarques. i) Comme on pouvait s'y attendre, on voit que plus la masse de l'objet est grande, plus la période du mouvement est grande. Cela signifie qu'un objet lourd oscille plus lentement, ce qui est logique. De même, si le coefficient de raideur du ressort diminue, alors la période du mouvement augmente. Ainsi, moins le ressort est rigide, moins l'objet oscille rapidement.

ii) La quantité ω_0 est la *fréquence naturelle angulaire* du mouvement.

iii) En utilisant la formule

$$\cos(a - b) = \cos a \cos b + \sin a \sin b, \tag{3.171}$$

on peut réécrire la solution générale (3.166) comme suit:

$$y(t) = r \cos(\omega_0 t - \delta), \tag{3.172}$$

où la constante

$$r := \sqrt{c_1^2 + c_2^2} \tag{3.173}$$

est telle que

$$c_1 = r \cos \delta \quad \text{et} \quad c_2 = r \sin \delta. \tag{3.174}$$

De là, on déduit que

$$\operatorname{tg}\delta = \frac{c_2}{c_1}. \tag{3.175}$$

La quantité δ est l'*angle de phase* du déplacement.

Oscillations amorties. Pour rendre le problème plus réaliste, nous allons tenir compte de la *force d'amortissement* F_a due, en particulier, à la viscosité du milieu dans lequel l'objet se déplace. Cette force agit dans la direction opposée au mouvement. De plus, on suppose que sa grandeur est proportionnelle à la vitesse de l'objet:

$$F_a = -cy'(t), \tag{3.176}$$

où c est une constante positive appelée *coefficient d'amortissement.* L'équation (3.164) est maintenant

$$my''(t) = mg + F_r + F_a \quad \Longrightarrow \quad my''(t) + cy'(t) + ky(t) = 0. \tag{3.177}$$

Posons $\rho = c/(2m)$. Alors nous devons résoudre l'équation différentielle

$$y''(t) + 2\rho y'(t) + \omega_0^2 y(t) = 0. \tag{3.178}$$

Nous avons vu que la solution générale de cette équation différentielle dépend des racines de l'équation caractéristique

$$m_0^2 + 2\rho m_0 + \omega_0^2 = 0, \tag{3.179}$$

soit

$$m_1 := -\rho + \sqrt{\rho^2 - \omega_0^2} \quad \text{et} \quad m_2 := -\rho - \sqrt{\rho^2 - \omega_0^2}. \tag{3.180}$$

Cas I. Si $\rho^2 - \omega_0^2 > 0$, c'est-à-dire si $\rho > \omega_0$ (puisque ρ et ω_0 sont des quantités positives), alors les deux racines sont réelles et distinctes. Dans ce cas, la solution générale de l'équation différentielle (3.178) est

$$y(t) = c_1 e^{m_1 t} + c_2 e^{m_2 t}. \tag{3.181}$$

Remarque. Notons que, si $m = 1$, cette situation se produit lorsque le coefficient d'amortissement du milieu est au moins deux fois plus grand que la racine carrée du coefficient de raideur du ressort.

Si l'on impose les conditions initiales (3.167), on trouve que

$$c_1 = -\frac{m_2 y_0}{m_1 - m_2} \quad \text{et} \quad c_2 = \frac{m_1 y_0}{m_1 - m_2}, \tag{3.182}$$

de sorte que

$$y(t) = -\frac{y_0}{m_1 - m_2}\left(m_2 e^{m_1 t} - m_1 e^{m_2 t}\right). \tag{3.183}$$

Puisque, d'après (3.180), les deux racines sont négatives, on déduit que $y(t)$ tend vers zéro lorsque t tend vers l'infini. De plus, il n'y a pas d'oscillations dans ce cas. On dit que le mouvement est *suramorti.*

Exemple 3.9.1. Si $c = 20$, $k = 10$ et $m = 5$, on a $\rho = 2$ et $\omega_0 = \sqrt{2}$, de sorte que les racines sont données par

$$m_1 = -2 + \sqrt{2} \quad \text{et} \quad m_2 = -2 - \sqrt{2}.$$

Avec $y_0 = 2$, la fonction $y(t)$ est

$$\begin{aligned} y(t) &= -\frac{1}{\sqrt{2}}\left[(-2-\sqrt{2})e^{(-2+\sqrt{2})t} - (-2+\sqrt{2})e^{(-2-\sqrt{2})t}\right] \\ &= e^{-2t}\left[(\sqrt{2}+1)e^{\sqrt{2}t} + (-\sqrt{2}+1)e^{-\sqrt{2}t}\right] \quad \text{pour } t \geq 0 \end{aligned}$$

(voir la figure 3.7). ◇

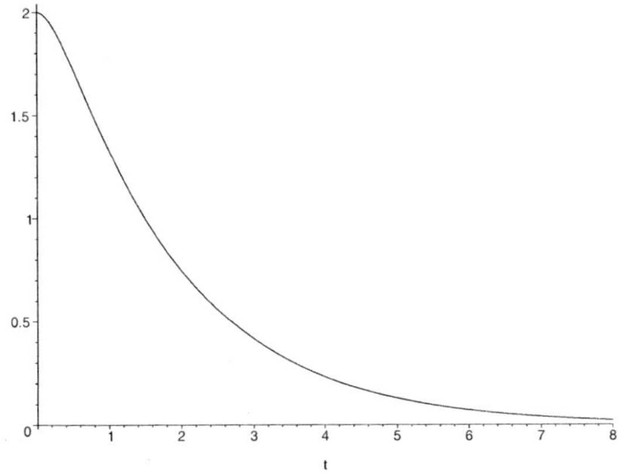

Fig. 3.7. Exemple de mouvement suramorti.

Cas II. Si $\rho^2 = \omega_0^2 \Leftrightarrow \rho = \omega_0$, alors $-\rho$ est une racine double de l'équation caractéristique (3.179) et la solution générale de l'équation différentielle (3.178) est

$$y(t) = (c_1 + c_2 t)\, e^{-\rho t}. \tag{3.184}$$

Avec les conditions initiales $y(0) = y_0$ et $y'(0) = 0$, on trouve que

$$y(t) = y_0\,(1 + \rho t)\, e^{-\rho t} \quad \text{pour } t \geq 0. \tag{3.185}$$

Comme ci-dessus, la fonction $y(t)$ tend vers zéro, lorsque $t \to \infty$, sans oscillations. L'amortissement correspondant à $\rho = \omega_0$ est dit *critique*.

Cas III. Finalement, si $\rho^2 - \omega_0^2 < 0$, ou $\rho < \omega_0$, alors les deux racines sont des nombres complexes conjugués:

$$m_1 := -\rho + i\sqrt{\omega_0^2 - \rho^2} \quad \text{et} \quad m_2 := -\rho - i\sqrt{\omega_0^2 - \rho^2}. \tag{3.186}$$

Soit

$$\eta = \sqrt{\omega_0^2 - \rho^2}. \tag{3.187}$$

La solution générale de l'équation différentielle (3.178) est donnée par

$$y(t) = e^{-\rho t}\left[c_1 \cos(\eta t) + c_2 \sin(\eta t)\right]. \tag{3.188}$$

On trouve que la solution qui satisfait aux conditions (3.167) est

$$y(t) = \frac{y_0}{\eta} e^{-\rho t}\left[\eta \cos(\eta t) + \rho \sin(\eta t)\right] \tag{3.189}$$

pour $t \geq 0$. Avec $\theta := \operatorname{arctg}(\rho/\eta)$, on peut réécrire $y(t)$ sous la forme

$$y(t) = \frac{y_0\sqrt{\rho^2 + \eta^2}}{\eta} e^{-\rho t} \cos(\eta t - \theta). \tag{3.190}$$

En effet, puisque $\rho/\eta \in (0, \infty)$, on peut écrire que $\theta \in (0, \pi/2)$. Alors

$$\frac{\sqrt{\rho^2 + \eta^2}}{\eta} = \sqrt{\operatorname{tg}^2\theta + 1} = \frac{1}{\cos\theta} \tag{3.191}$$

et on a:

$$\begin{aligned}
\cos(\eta t - \theta) &= \cos(\eta t)\cos\theta + \sin(\eta t)\sin\theta \\
&= \cos\theta\left[\cos(\eta t) + \sin(\eta t)\operatorname{tg}\theta\right] \\
&= \cos\theta\left[\cos(\eta t) + \sin(\eta t)\,(\rho/\eta)\right] \\
&= \frac{\cos\theta}{\eta}\left[\eta\cos(\eta t) + \rho\sin(\eta t)\right].
\end{aligned} \tag{3.192}$$

Cette fois-ci, la fonction $y(t)$ tend vers zéro en oscillant. Notons que l'amplitude du déplacement décroît exponentiellement, puisqu'elle est proportionnelle à la fonction $e^{-\rho t}$. L'amortissement est dit *sous-critique.*

Remarque. Dans les trois cas considérés ci-dessus, la fonction $y(t)$ tend vers zéro, soit la valeur qui correspond au point d'équilibre, lorsque t tend vers l'infini. Cependant, en pratique, l'objet devrait revenir à son point d'équilibre en un temps *fini.*

Exemple 3.9.2. Prenons $c = 10$, $k = 20$ et $m = 5$; alors $\rho = 1$ et $\omega_0 = 2$. Il s'ensuit que

$$m_1 = -1 + i\sqrt{3} \quad \text{et} \quad m_2 = -1 - i\sqrt{3}.$$

On calcule

$$\theta = \operatorname{arctg}(1/\sqrt{3}) = \frac{\pi}{6} \quad (\simeq 0{,}5236).$$

Alors, si $y_0 = 2$, on a:

$$y(t) = \frac{4}{\sqrt{3}} e^{-t} \cos[\sqrt{3}t - (\pi/6)]$$

(voir la figure 3.8). ♢

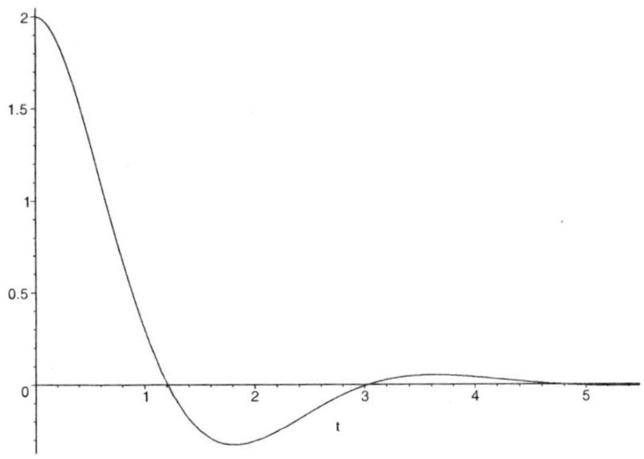

Fig. 3.8. Exemple d'amortissement sous-critique.

Oscillations forcées non amorties. Si l'on suppose qu'il y a une force externe périodique de la forme $F_0 \cos(\omega t)$, où $\omega > 0$, qui est exercée sur l'objet suspendu à un ressort, l'équation (3.165) devient

$$my''(t) + ky(t) = F_0 \cos(\omega t). \tag{3.193}$$

Cas I. Si $\omega \neq \omega_0 := \sqrt{k/m}$, on trouve que

$$y(t) = c_1 \cos(\omega_0 t) + c_2 \sin(\omega_0 t) + \frac{F_0}{m(\omega_0^2 - \omega^2)} \cos(\omega t). \tag{3.194}$$

La solution qui satisfait aux conditions initiales $y(0) = y'(0) = 0$ est

$$y(t) = \frac{F_0}{m(\omega_0^2 - \omega^2)} \left[\cos(\omega t) - \cos(\omega_0 t)\right]. \tag{3.195}$$

On peut réécrire cette solution comme suit:

$$y(t) = \frac{2F_0}{m(\omega_0^2 - \omega^2)} \sin\left[\frac{(\omega_0 - \omega)t}{2}\right] \sin\left[\frac{(\omega_0 + \omega)t}{2}\right]. \tag{3.196}$$

Le mouvement de l'objet est appelé **pulsation**. Notons que l'amplitude varie périodiquement (voir la figure 3.9).

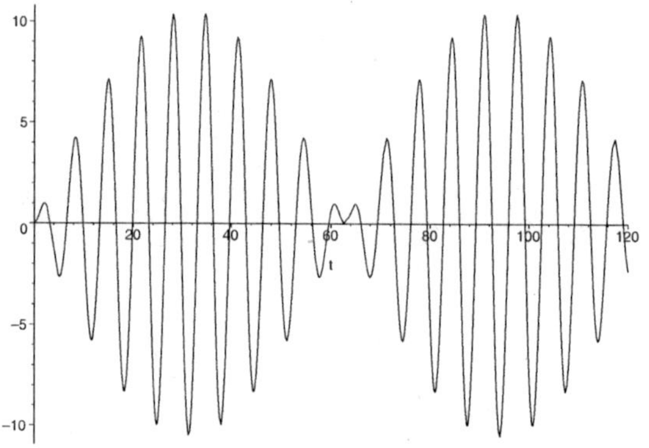

Fig. 3.9. Exemple de pulsation.

Cas II. Lorsque $\omega = \omega_0$, en utilisant le fait que $\omega_0 i$ est une racine de l'équation caractéristique, on obtient que

$$y(t) = c_1 \cos(\omega_0 t) + c_2 \sin(\omega_0 t) + \frac{F_0}{2m\omega_0} t \sin(\omega_0 t). \tag{3.197}$$

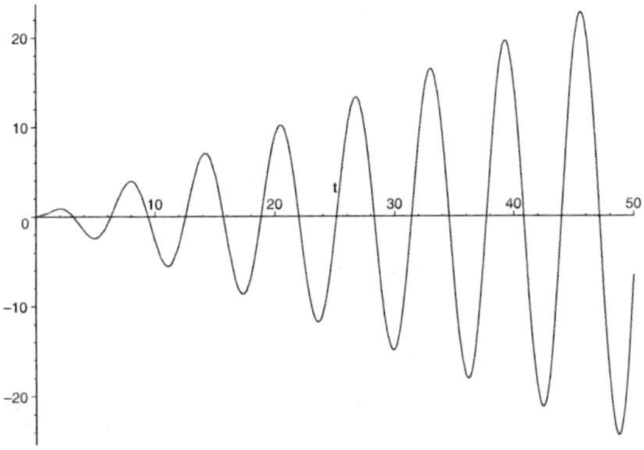

Fig. 3.10. Phénomène de résonance.

Cette fois-ci, le mouvement augmente indéfiniment lorsque $t \to \infty$, à cause du terme $t\sin(\omega_0 t)$ dans la solution. Il s'agit du phénomène de **résonance** (voir la figure 3.10).

Oscillations forcées amorties. Si l'on ajoute l'amortissement, on doit résoudre l'équation différentielle non homogène [voir les équations (3.164) et (3.177)]

$$my''(t) + cy'(t) + ky(t) = F_0 \cos(\omega t). \tag{3.198}$$

Soit m_1 et m_2 les deux racines de l'équation caractéristique. On trouve que

$$y(t) = c_1 e^{m_1 t} + c_2 e^{m_2 t} + K \cos(\omega t - \delta), \tag{3.199}$$

où

$$K := \frac{F_0}{\sqrt{m^2(\omega_0^2 - \omega^2)^2 + c^2\omega^2}} := \frac{F_0}{\Delta} \tag{3.200}$$

et la constante δ est telle que

$$\cos(\delta) = \frac{m(\omega_0^2 - \omega^2)}{\Delta} \quad \text{et} \quad \sin(\delta) = \frac{c\omega}{\Delta}. \tag{3.201}$$

On peut vérifier que les racines m_1 et m_2 sont distinctes. De plus, elles sont réelles et négatives ou bien complexes conjugées, mais de partie réelle négative. Il s'ensuit que

$$\lim_{t\to\infty} y(t) = \lim_{t\to\infty} K \cos(\omega t - \delta). \tag{3.202}$$

La partie de la solution définie par

$$y^*(t) = c_1 e^{m_1 t} + c_2 e^{m_2 t} \tag{3.203}$$

est appelée **solution transitoire**, tandis que

$$Y(t) := K \cos(\omega t - \delta) \tag{3.204}$$

est la **solution permanente** (aussi appelée **réponse forcée**).

Circuits électriques. Considérons maintenant le circuit électrique représenté par le diagramme dans la figure 3.11. On s'intéresse au flux du courant électrique $I(t)$ dans ce circuit, lequel est constitué de quatre éléments:

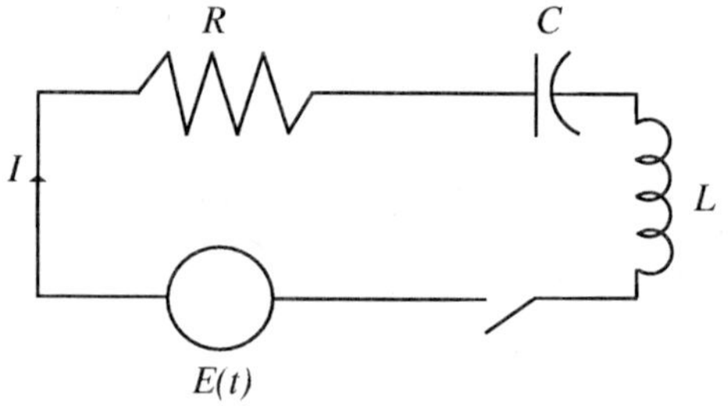

Fig. 3.11. Circuit électrique simple.

a) une source de force électromotrice $E(t)$. Par exemple, il peut s'agir d'une pile ou d'un générateur. On suppose que cette force est une fonction $E(t)$ du temps t.

b) Une résistance R qui produit une chute de tension de $I(t)R$.

c) Un condensateur qui possède une capacitance de C. La chute de tension aux bornes du condensateur est donnée par Q/C, où Q [$= Q(t)$] est la charge totale du condensateur à l'instant t.

d) Un inducteur dont l'inductance est égale à L et qui provoque une chute de tension de $L dI(t)/dt$.

On a la relation suivante entre la charge $Q(t)$ et le courant $I(t)$ à l'instant t:

$$I(t) = \frac{dQ(t)}{dt}. \tag{3.205}$$

En utilisant la deuxième loi de Kirchhoff, selon laquelle, dans un circuit en forme de boucle fermée, si l'on additionne les tensions aux bornes de chacun des éléments de ce circuit, alors on obtient une somme nulle, on peut écrire que

$$E(t) - I(t)R - \frac{Q(t)}{C} - L\frac{dI(t)}{dt} = 0. \tag{3.206}$$

C'est-à-dire que

$$L\frac{dI(t)}{dt} + RI(t) + \frac{1}{C}Q(t) = E(t). \tag{3.207}$$

À l'aide de l'équation (3.205), on peut obtenir une équation différentielle pour $I(t)$ ou pour $Q(t)$. On a d'abord:

$$L\frac{d^2Q(t)}{dt^2} + R\frac{dQ(t)}{dt} + \frac{1}{C}Q(t) = E(t). \tag{3.208}$$

Ensuite, si l'on dérive l'équation (3.207), on obtient:

$$L\frac{d^2I(t)}{dt^2} + R\frac{dI(t)}{dt} + \frac{1}{C}\frac{dQ(t)}{dt} = \frac{dE(t)}{dt}, \tag{3.209}$$

que l'on peut réécrire ainsi:

$$L\frac{d^2I(t)}{dt^2} + R\frac{dI(t)}{dt} + \frac{1}{C}I(t) = \frac{dE(t)}{dt}. \tag{3.210}$$

Notons que s'il n'y a pas de condensateur, alors $I(t)$ satisfait à l'équation différentielle linéaire du premier ordre

$$L\frac{dI(t)}{dt} + RI(t) = E(t). \tag{3.211}$$

Pour résoudre les équations différentielles du deuxième ordre ci-dessus de façon unique, nous avons besoin de conditions initiales. Dans le cas de l'équation (3.208), on impose les conditions

$$Q(t_0) = Q_0 \quad \text{et} \quad Q'(t_0) = Q'_0 \tag{3.212}$$

à l'instant initial t_0. Étant donné que $Q'(t_0) = I(t_0)$, cela signifie que l'on doit spécifier la charge initiale du condensateur et le courant initial I_0 $(= Q'_0)$ dans le circuit.

Dans le cas de l'équation (3.210), les conditions deviennent

$$I(t_0) = I_0 \quad \text{et} \quad I'(t_0) = I'_0. \tag{3.213}$$

À partir de (3.207), on déduit que

$$I'_0 = \frac{E(t_0) - RI_0 - (Q_0/C)}{L}. \tag{3.214}$$

On voit que, du point de vue mathématique, trouver le flux du courant dans le circuit considéré est équivalent à obtenir la fonction qui décrit le déplacement d'un objet suspendu à un ressort, comme nous l'avons fait précédemment.

Exercices

3-29. Dans le problème des oscillations amorties (non forcées),

(a) calculer la fonction $y(t)$ si $c = k = m = 10$, $y(0) = 2$ et $y'(0) = 0$;

(b) pour quelle(s) valeur(s) de t a-t-on $y(t) = 0$?

3-30. Dans le problème précédent, quelle est la vitesse de l'objet à l'instant t (> 0) si l'on a plutôt: $y(0) = 2$, $y'(0) = 1$, $c = 1$, $k = 2$ et $m = 3$?

3-31. Dans le cas de l'amortissement critique, avec $y(0) = y_0$ et $y'(0) = 0$ [voir l'équation (3.185)], pour quelle valeur de t la vitesse de l'objet est-elle maximale (en valeur absolue)?

3-32. (a) Quelle est la solution d'équilibre de l'équation différentielle ordinaire (3.211) si l'on suppose que la fonction $E(t)$ est une constante?

(b) Pour quelles fonctions $E(t)$ (non nécessairement constantes) cette solution satisfait-elle aussi à (3.210)?

3.10 Solutions en séries entières

Dans la section 3.5, nous avons considéré l'équation différentielle ordinaire (3.63):

$$y''(x) + p(x)y'(x) + q(x)y(x) = 0,$$

dans laquelle les fonctions p et q ne sont pas (nécessairement) des constantes. Nous avons résolu l'équation d'Euler (3.65):

$$x^2y''(x) + p_0xy'(x) + q_0\,y(x) = 0,$$

où p_0 et q_0 sont des constantes, pour $x \in (0, \infty)$ (car l'origine est un point singulier de cette équation). Nous avons réussi à exprimer la solution $y(x)$ à l'aide de *fonctions élémentaires* en effectuant un changement de variable qui transforme l'équation (3.65) en une équation différentielle à coefficients constants. Cependant, en général, il n'est pas possible de trouver la solution de l'équation (3.63) sous la forme de fonctions élémentaires.

Une technique qui peut être utilisée pour résoudre une équation du type (3.63) consiste à chercher une solution qui est une *série entière*. Nous allons rappeler brièvement les principaux résultats sur ces séries.

Définition 3.10.1. *Une* **série entière** *est une série infinie de la forme*

$$S(x) \equiv \sum_{n=0}^{\infty} a_n x^n = a_0 + a_1 x + a_2 x^2 + \dots, \tag{3.215}$$

où les a_n sont des constantes.

Remarque. La série entière ci-dessus est *centrée* en $x = 0$. On peut généraliser la définition en remplaçant x par $x - x_0$ dans la série, de sorte que

$$S(x - x_0) \equiv \sum_{n=0}^{\infty} a_n (x - x_0)^n = a_0 + a_1 (x - x_0) + a_2 (x - x_0)^2 + \dots . \tag{3.216}$$

Toutefois, il suffit de faire le changement de variable $y = x - x_0$ pour se ramener à la série centrée en 0.

Définition 3.10.2. *On dit que la série entière $S(x)$* **converge** *en un point x si la limite*

$$\lim_{k \to \infty} \sum_{n=0}^{k} a_n x^n$$

existe. Dans ce cas, la **somme** *de la série est cette limite.*

On s'intéresse aux valeurs de x pour lesquelles la série entière $S(x)$ converge. Puisque $S(0) = a_0$, cette série converge au moins pour $x = 0$. En fait, il se peut que $S(x)$ ne converge que pour $x = 0$, par exemple dans le cas où $a_n = n!$, comme nous le montrerons plus loin. Certaines séries convergent pour tout $x \in \mathbb{R}$, par exemple la série

$$S(x) \equiv \sum_{n=0}^{\infty} \frac{1}{n!} x^n, \tag{3.217}$$

laquelle définit la *fonction exponentielle* e^x. Les autres séries convergent si $|x| < R$, et divergent si $|x| > R$.

Définition 3.10.3. *La constante* $R \in [0, \infty]$ *pour laquelle* $S(x)$ *converge si* $|x| < R$*, et diverge si* $|x| > R$*, est appelée* **rayon de convergence** *de la série entière. De plus, l'intervalle* $(-R, R)$ *est l'***intervalle de convergence** *de la série.*

Remarques. i) Si la série entière ne converge que pour $x = 0$, alors $R = 0$, tandis que $R = \infty$ si elle converge pour tout x réel.

ii) La série entière peut converger ou ne pas converger (c'est-à-dire diverger) lorsque $|x| = R$. Les points $x = R$ et $x = -R$ doivent être considérés séparément. Donc, l'intervalle de convergence de la série peut inclure (ou ne pas inclure) les points limites de l'intervalle $(-R, R)$.

Maintenant, un critère très utile, appelé *test du rapport* et dû à d'Alembert, pour déterminer le rayon de convergence d'une série entière est donné dans la proposition suivante.

Proposition 3.10.1. (**Test du rapport**) *Supposons que* $a_n \neq 0$ *pour tout* n *dans la série entière* $S(x)$*. Alors*

$$R = \lim_{n \to \infty} \left| \frac{a_n}{a_{n+1}} \right|. \tag{3.218}$$

Exemple 3.10.1. Dans le cas de la série entière pour laquelle $a_n = n!$, on calcule

$$\lim_{n \to \infty} \left| \frac{a_n}{a_{n+1}} \right| = \lim_{n \to \infty} \frac{1}{n+1} = 0, \tag{3.219}$$

ce qui prouve que cette série ne converge que pour $x = 0$, tel que mentionné ci-dessus. Par contre, si $a_n = 1/n!$, alors on a:

$$\lim_{n \to \infty} \left| \frac{a_n}{a_{n+1}} \right| = \lim_{n \to \infty} n + 1 = \infty. \tag{3.220}$$

Ainsi, la série qui définit la fonction e^x est effectivement convergente pour tout $x \in \mathbb{R}$. ♢

Exemple 3.10.2. Soit

$$S(x) = \sum_{n=1}^{\infty} \frac{x^n}{n}.$$

Puisque $a_n = 1/n$ pour $n = 1, 2, \ldots$, on calcule

$$R = \lim_{n\to\infty} \left| \frac{a_n}{a_{n+1}} \right| = \lim_{n\to\infty} \frac{n+1}{n} = 1. \tag{3.221}$$

Il s'ensuit que la série $S(x)$ converge pour $-1 < x < 1$. Si $x = 1$, la série diverge, car on a alors:

$$S(x) = \sum_{n=1}^{\infty} \frac{1}{n} = \infty.$$

En effet, dans ce cas $S(x)$ est la *série harmonique*, laquelle diverge. Finalement, on peut montrer que

$$\sum_{n=1}^{\infty} \frac{(-1)^n}{n} < \infty.$$

Ainsi, si $x = -1$, la série entière converge. Par conséquent, $S(x)$ converge dans l'intervalle $[-1, 1)$. $\diamondsuit$

Remarque. Si

$$\sum_{n=0}^{\infty} |a_n x^n| = \sum_{n=0}^{\infty} |a_n|\, |x^n| < \infty,$$

on dit que la série $\sum_{n=0}^{\infty} a_n x^n$ *converge absolument.* On peut montrer qu'une série qui converge absolument est aussi convergente. Toutefois, l'inverse n'est pas toujours vrai, comme dans l'exemple ci-dessus.

Ensuite, supposons que le rayon de convergence de la série entière $S(x)$ est $R > 0$. On peut alors affirmer que $S(x)$ est une fonction qui est *continue*, et qui possède des dérivées de tout ordre pour $x \in (-R, R)$. De plus, on peut écrire que

$$\frac{d^k}{dx^k} S(x) = \sum_{n=0}^{\infty} a_n \frac{d^k}{dx^k} x^n = \sum_{n=k}^{\infty} a_n \frac{n!}{(n-k)!} x^{n-k}. \tag{3.222}$$

C'est-à-dire que l'on peut dériver la série *terme à terme.*

On déduit de l'équation précédente que

$$\left.\frac{d^k}{dx^k} S(x)\right|_{x=0} = a_k\, k!. \tag{3.223}$$

Il s'ensuit que

$$a_k = \frac{S^{(k)}(0)}{k!}. \tag{3.224}$$

Remarques. i) (**Rappel**) La série

$$S_M(x) := \sum_{n=0}^{\infty} \frac{S^{(n)}(0)}{n!} x^n \tag{3.225}$$

est la *série de Maclaurin* de la fonction S. De plus,

$$S_T(x) := \sum_{n=0}^{\infty} \frac{S^{(n)}(x_0)}{n!} (x - x_0)^n \tag{3.226}$$

est la *série de Taylor* de la fonction S autour de $x = x_0$. Si la fonction S peut être exprimée sous la forme d'une série entière dans un voisinage de x_0, alors on dit qu'elle est *analytique* en x_0 (voir la section 3.5).

ii) On peut aussi intégrer $S(x)$ terme à terme à l'intérieur de l'intervalle de convergence de la série.

Maintenant, soit

$$S_a(x) := \sum_{n=0}^{\infty} a_n x^n \tag{3.227}$$

et

$$S_b(x) := \sum_{n=0}^{\infty} b_n x^n \tag{3.228}$$

deux séries entières qui convergent pour $|x| < R$. Alors on peut écrire que

$$S_a(x) \pm S_b(x) = \sum_{n=0}^{\infty} (a_n \pm b_n) x^n \quad \text{si } |x| < R, \tag{3.229}$$

et

$$S_a(x)\, S_b(x) = \sum_{n=0}^{\infty} c_n x^n \quad \text{si } |x| < R, \tag{3.230}$$

où

$$c_n := \sum_{k=0}^{n} a_k b_{n-k} = \sum_{k=0}^{n} a_{n-k} b_k. \tag{3.231}$$

Finalement, une question importante est la suivante: sous quelles conditions une fonction continue f qui possède des dérivées de tout ordre pour $x \in (-R, R)$ peut-elle être exprimée en série entière? Pour répondre à cette question, on peut utiliser la formule

$$f(x) = \sum_{k=0}^{n} \frac{f^{(k)}(0)}{k!} x^k + \frac{f^{(n+1)}(\xi)}{(n+1)!} x^{n+1} \tag{3.232}$$

(appelée *formule de Taylor*), où $\xi \in (0, x)$. On peut montrer que si

$$\lim_{n \to \infty} \frac{f^{(n+1)}(\xi)}{(n+1)!} x^{n+1} = 0, \tag{3.233}$$

alors on peut exprimer la fonction f en série de Maclaurin.

Remarque. Le terme

$$R_n := \frac{f^{(n+1)}(\xi)}{(n+1)!} x^{n+1} \tag{3.234}$$

est le *reste de Lagrange*.

La *méthode de solution en série entière* consiste à supposer que la fonction y dans l'équation (3.63) peut être écrite sous la forme d'une série, c'est-à-dire

$$y(x) = \sum_{n=0}^{\infty} a_n x^n, \tag{3.235}$$

qui converge dans un certain intervalle $(-R, R)$, où $R > 0$. Ensuite, on remplace y, y' et y'' par les séries correspondantes dans (3.63), et on essaie de déterminer les coefficients a_n. Nous allons illustrer cette méthode à l'aide d'un exemple simple.

Exemple 3.10.3. Considérons l'équation différentielle linéaire d'ordre deux à coefficients constants

$$y''(x) - y(x) = 0. \tag{3.236}$$

Il est facile de montrer que sa solution générale est

$$y(x) = c_1 e^x + c_2 e^{-x}.$$

Nous allons essayer de retrouver cette solution en utilisant la méthode de solution en série entière. Nous obtiendrons une solution *formelle* de l'équation différentielle considérée, jusqu'à ce que nous ayons démontré que la série entière est convergente pour $|x| < R$, avec $R > 0$.

On a:

$$\begin{aligned} y''(x) &= \frac{d^2}{dx^2}\left(a_0 + a_1 x + a_2 x^2 + a_3 x^3 + a_4 x^4 + \ldots\right) \\ &= 2a_2 + 6a_3 x + 12 a_4 x^2 + \ldots = \sum_{n=0}^{\infty}(n+2)(n+1)a_{n+2}x^n. \end{aligned}$$

Par conséquent, on cherche des coefficients a_n, $n = 0, 1, \ldots$, tels que

$$\begin{aligned} & 0 = \sum_{n=0}^{\infty}(n+2)(n+1)a_{n+2}x^n - \sum_{n=0}^{\infty} a_n x^n \\ \Longrightarrow \quad & 0 = \sum_{n=0}^{\infty}\left[(n+2)(n+1)a_{n+2} - a_n\right] x^n. \end{aligned}$$

Puisque la série entière ci-dessus doit être nulle pour toute valeur de $x \in (-R, R)$, on obtient la *relation de récurrence* suivante:

$$(n+2)(n+1)a_{n+2} - a_n = 0 \quad \text{pour } n = 0, 1, \ldots .$$

Notons que cette relation nous permet d'exprimer tous les coefficients d'indice n pair en fonction de a_0, et tous les coefficients d'indice n impair en fonction de a_1. On a:

$$\begin{aligned} n = 0 \quad &\Longrightarrow \quad a_2 = \frac{1}{2 \times 1} a_0, \\ n = 2 \quad &\Longrightarrow \quad a_4 = \frac{1}{4 \times 3} a_2 = \frac{1}{4 \times 3 \times 2 \times 1} a_0, \end{aligned}$$

etc.

On peut montrer, par induction mathématique, que si $n = 2m$, où $m \in \{0, 1, 2, \ldots\}$, alors

$$a_n = a_{2m} = \frac{1}{(2m)!} a_0.$$

De même, on trouve que si $n = 2m + 1$, alors

$$a_n = a_{2m+1} = \frac{1}{(2m+1)!} a_1.$$

Ainsi, la solution obtenue peut s'écrire comme suit:

$$\begin{aligned} y(x) &= \sum_{m=0}^{\infty} \frac{1}{(2m)!} a_0 x^{2m} + \sum_{m=0}^{\infty} \frac{1}{(2m+1)!} a_1 x^{2m+1} \\ &:= a_0 y_0(x) + a_1 y_1(x). \end{aligned} \tag{3.237}$$

On voit que les coefficients a_0 et a_1 sont arbitraires. De plus, en utilisant le test du rapport, on trouve que les séries $y_0(x)$ et $y_1(x)$ convergent pour tout $x \in \mathbb{R}$. Par conséquent, on peut affirmer que la solution obtenue est valable pour tout x réel. Finalement, étant donné que les fonctions $y_0(x)$ et $y_1(x)$ sont linéairement indépendantes (car on ne peut pas écrire que $y_1(x) = c y_0(x)$ pour une constante c quelconque), on peut affirmer que la solution *générale* de l'équation différentielle (3.236) est donnée par l'équation (3.237).

Si l'on choisit les constantes $a_0 = a_1 = 1$, on obtient que

$$\begin{aligned} y(x) &= \sum_{m=0}^{\infty} \frac{1}{(2m)!} x^{2m} + \sum_{m=0}^{\infty} \frac{1}{(2m+1)!} x^{2m+1} \\ &= \sum_{n=0}^{\infty} \frac{1}{n!} x^n = e^x, \end{aligned}$$

tandis qu'avec $a_0 = 1$ et $a_1 = -1$, on obtient:

$$\begin{aligned} y(x) &= \sum_{m=0}^{\infty} \frac{1}{(2m)!} x^{2m} - \sum_{m=0}^{\infty} \frac{1}{(2m+1)!} x^{2m+1} \\ &= \sum_{n=0}^{\infty} \frac{(-1)^n}{n!} x^n = e^{-x}. \end{aligned}$$

Ainsi, on retrouve les solutions e^x et e^{-x} en choisissant les constantes a_0 et a_1 appropriées. ◇

Remarques. i) Dans l'exemple ci-dessus, on a pu retrouver des solutions qui sont des fonctions élémentaires. Cependant, généralement on ne peut pas trouver des fonctions élémentaires qui correspondent aux séries entières obtenues.

ii) En pratique, la somme finie $\sum_{n=0}^{k} a_n x^n$ peut être une bonne approximation de la solution pour x suffisamment petit (en valeur absolue), si k est assez grand.

iii) On peut aussi utiliser la formule (3.224) pour obtenir (au moins) les premiers termes de la série qui définit la solution $y(x)$. On a d'abord:

$$a_0 = \frac{y^{(0)}(0)}{0!} = y(0)$$

et

$$a_1 = \frac{y^{(1)}(0)}{1!} = y'(0).$$

De plus, on peut écrire [à partir de l'équation (3.236)] que

$$y''(0) - y(0) = 0 \quad \Longrightarrow \quad a_2 = \frac{y''(0)}{2!} = \frac{a_0}{2!}.$$

Ensuite, si l'on dérive l'équation (3.236), on obtient que

$$y'''(x) - y'(x) = 0,$$

d'où l'on déduit que

$$y'''(0) - y'(0) = 0 \quad \Longrightarrow \quad a_3 = \frac{y'''(0)}{3!} = \frac{a_1}{3!}.$$

De même,

$$y^{(4)}(0) - y''(0) = 0 \quad \Longrightarrow \quad a_4 = \frac{y^{(4)}(0)}{4!} = \frac{y''(0)}{4!} = \frac{y(0)}{4!} = \frac{a_0}{4!},$$

etc. Dans cet exemple, on peut en fait retrouver facilement les formules générales pour les coefficients a_n pairs et impairs obtenues ci-dessus.

Puisque les fonctions p et q dans l'équation différentielle (3.236) sont des constantes, l'origine est un point ordinaire (voir la définition 3.5.2) de cette équation. On peut démontrer le théorème suivant.

Théorème 3.10.1. *Supposons que x_0 est un point ordinaire de l'équation différentielle (3.63). Il existe une* unique *solution $y(x)$ de cette équation qui*

1) satisfait à cette équation dans un voisinage de x_0;

2) est analytique en x_0;

3) satisfait aux conditions initiales $y(x_0) = a_0$ et $y'(x_0) = a_1$, où a_0 et a_1 sont des constantes arbitraires.

De plus, si les fonctions $p(x)$ et $q(x)$ peuvent être développées en séries entières qui convergent pour $x - x_0$ dans l'intervalle $(-R, R)$, où $R > 0$, alors la solution $y(x)$ peut aussi être exprimée par une série entière (centrée en x_0) dont le rayon de convergence est R.

Considérons finalement l'équation différentielle d'ordre deux, linéaire et homogène

$$l(x)y''(x) + p(x)y'(x) + q(x)y(x) = 0, \tag{3.238}$$

où les fonctions l, p et q sont des polynômes. Supposons que x_0 est un point ordinaire de cette équation et que

$$y(x) = \sum_{n=0}^{\infty} a_n (x - x_0)^n \tag{3.239}$$

est une solution en série de l'équation autour de x_0. On peut montrer que le rayon de convergence de la série est au moins aussi grand que la distance entre x_0 et le point singulier de l'équation le plus proche.

Exemple 3.10.4. Soit

$$(x^3 + x^2 + x + 1)y''(x) + xy'(x) + (x - 2)y(x) = 0.$$

Étant donné que $l(1) = 4$, on peut affirmer que $x_0 = 1$ est un point ordinaire de cette équation. De plus, on peut écrire que

$$x^3 + x^2 + x + 1 = (x + 1)(x^2 + 1).$$

Il s'ensuit que l'équation possède trois points singuliers: en $x = -1$ et $x = \pm i$.

Remarque. Notons que les fonctions p et q sont différentes de zéro en $x = -1, i$ et $-i$.

La distance entre 1 et -1 est égale à 2, tandis que la distance entre 1 et $\pm i$ est $\sqrt{2}$. Par ce qui précède, on peut conclure que le rayon de convergence de la série

$$y(x) = \sum_{n=0}^{\infty} a_n (x - 1)^n \tag{3.240}$$

est au moins $\sqrt{2}$.

3.10.1 Équation de Bessel d'ordre zéro

L'équation de Bessel d'ordre ν est

$$x^2 y''(x) + xy'(x) + (x^2 - \nu^2)y(x) = 0, \tag{3.241}$$

où ν est un nombre réel non négatif. Dans cette sous-section, on s'intéresse au cas où $\nu = 0$, de sorte que

$$x^2 y''(x) + x y'(x) + x^2 y(x) = 0. \tag{3.242}$$

Le point $x = 0$ est un point *singulier régulier* pour cette équation. Nous allons chercher une solution en série entière centrée en 0. En procédant comme dans l'exemple 3.10.3, on obtient que

$$\begin{aligned} y'(x) &= \frac{d}{dx}\left(a_0 + a_1 x + a_2 x^2 + a_3 x^3 + a_4 x^4 + \ldots\right) \\ &= a_1 + 2a_2 x + 3a_3 x^2 + \ldots = \sum_{n=0}^{\infty} (n+1) a_{n+1} x^n \end{aligned} \tag{3.243}$$

et

$$y''(x) = \sum_{n=0}^{\infty} (n+2)(n+1) a_{n+2} x^n. \tag{3.244}$$

En substituant ces expressions dans l'équation différentielle (3.242), on trouve que les coefficients a_n, $n = 0, 1, \ldots$, doivent être choisis de façon que

$$\begin{aligned} 0 &= \sum_{n=0}^{\infty} (n+2)(n+1) a_{n+2} x^{n+2} + \sum_{n=0}^{\infty} (n+1) a_{n+1} x^{n+1} + \sum_{n=0}^{\infty} a_n x^{n+2} \\ &= \sum_{n=0}^{\infty} (n+2)(n+1) a_{n+2} x^{n+2} + a_1 x + \sum_{n=1}^{\infty} (n+1) a_{n+1} x^{n+1} \\ &\quad + \sum_{n=0}^{\infty} a_n x^{n+2} \\ &= \sum_{n=0}^{\infty} (n+2)(n+1) a_{n+2} x^{n+2} + a_1 x + \sum_{n=0}^{\infty} (n+2) a_{n+2} x^{n+2} \\ &\quad + \sum_{n=0}^{\infty} a_n x^{n+2}. \end{aligned} \tag{3.245}$$

Il s'ensuit que

$$\begin{aligned} 0 &= a_1 x + \sum_{n=0}^{\infty} \left[(n+2)(n+1) a_{n+2} + (n+2) a_{n+2} + a_n\right] x^{n+2} \\ &= a_1 x + \sum_{n=0}^{\infty} \left[(n+2)^2 a_{n+2} + a_n\right] x^{n+2}. \end{aligned} \tag{3.246}$$

Puisque les coefficients de toutes les puissances de x doivent être nuls, on peut conclure que $a_1 = 0$, et on obtient la relation de récurrence suivante entre les coefficients de la série entière:

$$(n+2)^2 a_{n+2} = -a_n \quad \text{pour } n = 0, 1, 2, \ldots . \tag{3.247}$$

Cette relation implique que les coefficients a_{2m+1} sont nuls pour tout $m \in \{0, 1, 2, \ldots\}$. On peut donc supposer que $n = 2m$, de sorte que

$$(2m+2)^2 a_{2m+2} = -a_{2m} \quad \text{pour } m = 0, 1, 2, \ldots . \tag{3.248}$$

On a:

$$m = 0 \quad \Longrightarrow \quad a_2 = -\frac{1}{2^2} a_0, \tag{3.249}$$

$$m = 1 \quad \Longrightarrow \quad a_4 = -\frac{1}{4^2} a_2 = \frac{1}{4^2 \times 2^2} a_0, \tag{3.250}$$

$$m = 2 \quad \Longrightarrow \quad a_6 = -\frac{1}{6^2} a_4 = -\frac{1}{6^2 \times 4^2 \times 2^2} a_0, \tag{3.251}$$

etc.

En général, on peut écrire que

$$\begin{aligned} a_{2m} &= (-1)^m \frac{1}{(2m)^2 \times (2m-2)^2 \times \cdots \times 2^2} a_0 \\ &= (-1)^m \frac{1}{\prod_{k=1}^{m} (2k)^2} a_0 \\ &= (-1)^m \frac{1}{2^{2m} (m!)^2} a_0. \end{aligned} \tag{3.252}$$

Notons que la formule ci-dessus est aussi valable pour $m = 0$. Donc, la solution cherchée est

$$y(x) = a_0 \sum_{m=0}^{\infty} (-1)^m \frac{1}{2^{2m} (m!)^2} x^{2m}. \tag{3.253}$$

Remarques. i) La série entière ci-dessus est la *fonction de Bessel* de *première espèce* d'ordre zéro, dénotée par $J_0(x)$. À l'aide du test du rapport, on peut montrer que la série converge pour toute valeur de x. Son graphique est présenté dans la figure 3.12. On voit qu'elle ressemble à une fonction cosinus, mais dont l'amplitude décroît lorsque x augmente.

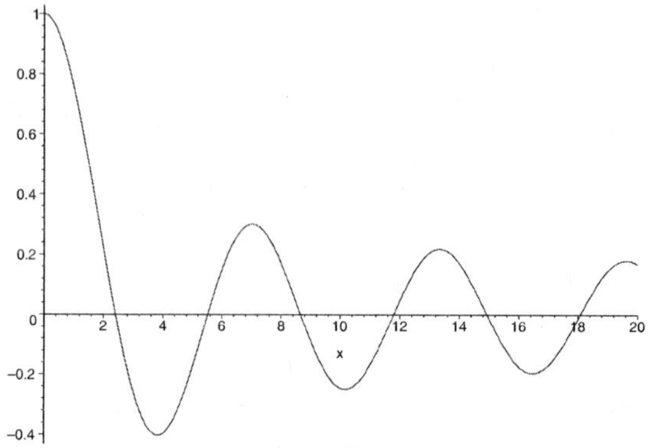

Fig. 3.12. Fonction $J_0(x)$.

ii) Nous avons obtenu *une* solution de l'équation de Bessel d'ordre zéro, mais non pas sa solution générale. On peut montrer que cette solution générale est donnée par

$$y(x) = c_1 J_0(x) + c_2 Y_0(x), \tag{3.254}$$

où $Y_0(x)$ est la *fonction de Bessel* de *seconde espèce* d'ordre zéro. Cette fonction se comporte comme $\ln x$ près de zéro (voir la figure 3.13).

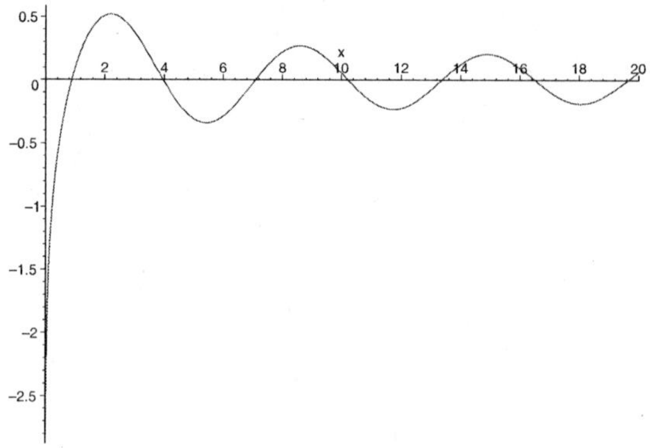

Fig. 3.13. Fonction $Y_0(x)$.

Exercices

3-33. Déterminer le rayon de convergence des séries suivantes:

(a) $\sum_{n=1}^{\infty} \frac{1}{(2n)^3} x^n$;

(b) $\sum_{n=1}^{\infty} \frac{(2n)!}{2^{2n}(n!)^2} x^n$;

(c) $\sum_{n=1}^{\infty} \frac{1}{(n!)^{1/2}} x^n$.

3-34. Calculer le reste de Lagrange pour les fonctions (a) $f(x) = \sin x$ et (b) $f(x) = e^x$, puis calculer leurs séries de Maclaurin.

3-35. (a) Utiliser la méthode de solution en série entière pour obtenir la solution générale de l'équation différentielle ordinaire

$$y''(x) + 4y(x) = 0.$$

(b) Donner le rayon de convergence de la série obtenue en (a).

3-36. On désire trouver la solution générale de

$$y''(x) - xy'(x) + 2y(x) = 0$$

par la méthode de solution en série entière. Donner les six premiers termes non nuls de la série.

3-37. Supposons que la série entière $y(x) = \sum_{n=0}^{\infty} a_n x^{n+\nu}$ est une solution de l'équation de Bessel d'ordre $\nu \in \{0, 1, \ldots\}$. Trouver la relation entre les coefficients a_n.

3-38. (a) Résoudre l'équation différentielle ordinaire d'ordre un

$$y'(x) + y(x) = 1$$

par la méthode de solution en série entière.

(b) Essayer de reconnaître la série obtenue en (a).

3.11 Méthode de Frobenius

Dans la sous-section 3.10.1, nous avons réussi à obtenir une solution de l'équation de Bessel d'ordre 0, soit

$$x^2 y''(x) + xy'(x) + x^2 y(x) = 0, \tag{3.255}$$

sous la forme d'une série entière centrée en 0, et ce, même si l'origine est un point singulier (régulier) pour cette équation. Cependant, l'équation différentielle (3.63):

$$y''(x) + p(x)y'(x) + q(x)y(x) = 0$$

peut ne pas posséder de solution en série entière (centrée en 0) si les fonctions p et q ne sont pas toutes les deux analytiques en $x = 0$, de sorte l'origine est un point singulier. S'il s'agit d'un point singulier *régulier*, on peut alors utiliser la *méthode de Frobenius.*

Théorème 3.11.1. *Supposons que $x = 0$ est un point singulier régulier pour l'équation (3.63). Cette équation possède au moins une solution de la forme*

$$y(x) = x^r \sum_{n=0}^{\infty} a_n x^n = \sum_{n=0}^{\infty} a_n x^{n+r}, \tag{3.256}$$

où $a_0 \neq 0$, et r est un nombre complexe quelconque.

Remarques. i) La série définie ci-dessus est appelée *série entière généralisée* ou *série de Frobenius.* Si r est un entier non négatif, alors la série est une série entière.

ii) Une fois que l'on a trouvé la solution $y(x)$ sous la forme d'une série, il faut théoriquement déterminer pour quelles valeurs de x celle-ci converge.

Puisque l'origine est un point singulier régulier, on sait (voir la section 3.5) qu'on peut écrire l'équation (3.63) comme suit:

$$y''(x) + \frac{\phi(x)}{x} y'(x) + \frac{\psi(x)}{x^2} y(x) = 0, \tag{3.257}$$

où $\phi(x)$ et $\psi(x)$ sont analytiques en $x = 0$. Les fonctions $\phi(x)$ et $\psi(x)$ peuvent être développées en séries entières:

$$\phi(x) = \sum_{n=0}^{\infty} \alpha_n x^n \quad \text{et} \quad \psi(x) = \sum_{n=0}^{\infty} \beta_n x^n. \tag{3.258}$$

Remarque. Si $\phi(x)$ [ou $\psi(x)$] est un polynôme, alors cette fonction est déjà écrite sous la forme d'un série entière.

Maintenant, en général on peut dériver (deux fois) la série en (3.256) terme à terme. On calcule:

$$y'(x) = \sum_{n=0}^{\infty}(n+r)\,a_n\,x^{n+r-1} \tag{3.259}$$

et

$$y''(x) = \sum_{n=0}^{\infty}(n+r)(n+r-1)\,a_n\,x^{n+r-2}. \tag{3.260}$$

En substituant ces expressions dans l'équation (3.257), on obtient:

$$\begin{aligned} 0 = &\sum_{n=0}^{\infty}(n+r)(n+r-1)\,a_n\,x^{n+r-2} \\ &+ \left(\sum_{n=0}^{\infty}\alpha_n\,x^{n-1}\right)\left(\sum_{n=0}^{\infty}(n+r)\,a_n\,x^{n+r-1}\right) \\ &+ \left(\sum_{n=0}^{\infty}\beta_n\,x^{n-2}\right)\left(\sum_{n=0}^{\infty}a_n\,x^{n+r}\right). \end{aligned} \tag{3.261}$$

Le coefficient de chacune des puissances de x doit être nul. En particulier, la plus petite puissance de x, soit x^{r-2}, est obtenue lorsque $n=0$ dans les sommes ci-dessus. On trouve que

$$r\,(r-1)\,a_0\,x^{r-2} + \alpha_0\,r\,a_0\,x^{r-2} + \beta_0\,a_0\,x^{r-2} = 0. \tag{3.262}$$

Il s'ensuit que le nombre r doit satisfaire à l'équation (car $a_0 \neq 0$)

$$r\,(r-1) + \alpha_0\,r + \beta_0 = 0. \tag{3.263}$$

Définition 3.11.1. *L'équation (3.263) est appelée* **équation indicielle** *de l'équation différentielle (3.257).*

Remarque. On trouve que

$$\alpha_0 = \lim_{x\to 0}\phi(x) \quad \text{et} \quad \beta_0 = \lim_{x\to 0}\psi(x). \tag{3.264}$$

Exemple 3.11.1. Dans le cas de l'équation d'Euler:

$$y''(x) + \frac{p_0}{x}\,y'(x) + \frac{q_0}{x^2}\,y(x) = 0,$$

les fonctions $\phi(x) \equiv p_0$ et $\psi(x) \equiv q_0$ sont des constantes. On peut écrire que $\alpha_0 = p_0$ et $\beta_0 = q_0$. Il s'ensuit que l'équation indicielle est

$$r(r-1) + p_0 r + q_0 = 0.$$

Notons qu'il s'agit aussi de l'équation caractéristique de l'équation d'Euler. ♢

Il y a deux racines de l'équation indicielle: r_1 et r_2. Ces racines sont appelées *exposants du point singulier régulier* $x = 0$ pour l'équation (3.63). Une solution de la forme en (3.256) est toujours obtenue en remplaçant r par une de ces deux racines dans l'équation (3.261) et en déterminant ensuite les constantes a_n. On trouve que les a_n doivent être telles que

$$\begin{aligned} 0 = &\left[(r+n)(r+n-1) + (r+n)\alpha_0 + \beta_0\right] a_n \\ &+ \sum_{i=0}^{n-1} \left[(r+i)\alpha_{n-i} + \beta_{n-i}\right] a_i \end{aligned} \tag{3.265}$$

pour $n = 0, 1, \ldots$. Dans le cas où $n = 0$, nous retrouvons l'équation indicielle.

Remarques. i) En pratique, il est souvent plus facile de remplacer directement la série entière généralisée dans l'équation différentielle considérée et d'essayer de déterminer les constantes a_n que de tenter de les obtenir à partir de la relation ci-dessus.

ii) Si $\phi(x) \equiv p_0$ et $\psi(x) \equiv q_0$, de sorte que l'équation (3.257) est une équation d'Euler-Cauchy, alors $\alpha_n = \beta_n = 0$ pour $n = 1, 2, \ldots$. L'équation (3.265) devient

$$0 = \left[(r+n)(r+n-1) + (r+n)p_0 + q_0\right] a_n.$$

De là, on déduit que $a_n = 0$ pour $n \in \{1, 2, \ldots\}$, et (avec $a_0 = 1$) que $y_1(x) = x^r$. Cette solution correspond à celle obtenue dans la section 3.5.

On peut démontrer le théorème suivant.

Théorème 3.11.2. *Supposons que les racines de l'équation indicielle sont des nombres réels* r_1 *et* r_2, *tels que* $r_1 \geq r_2$. *Si les fonctions* $\phi(x)$ *et* $\psi(x)$ *peuvent être développées en séries entières sur un intervalle* $(-R, R)$, *où* $R > 0$, *alors l'équation (3.257) possède la solution*

$$y_1(x) = x^{r_1} \sum_{n=0}^{\infty} a_n x^n, \tag{3.266}$$

où $a_0 \neq 0$, laquelle converge dans l'intervalle $(0, R)$.

De plus, si $r_1 - r_2 \notin \{0, 1, \ldots\}$, alors

$$y_2(x) = x^{r_2} \sum_{n=0}^{\infty} b_n x^n, \tag{3.267}$$

où $b_0 \neq 0$, est une autre solution de (3.257), linéairement indépendante de $y_1(x)$ et valable pour (au moins) $x \in (0, R)$. Les constantes b_n peuvent être obtenues à partir de l'équation (3.265), en replaçant a_n par b_n (et a_i par b_i).

Remarques. i) Les racines r_1 et r_2 peuvent être des nombres complexes conjugés. Dans ce cas, $r_1 - r_2$ est un nombre purement imaginaire, de sorte que $r_1 - r_2 \notin \{0, 1, \ldots\}$, et on peut obtenir deux solutions linéairement indépendantes de (3.63). Ces solutions seront complexes. Pour obtenir des solutions réelles, on peut théoriquement prendre la partie réelle et la partie imaginaire de chacune des solutions complexes. Cependant, étant donné que les constantes a_n seront complexes, cela peut être difficile.

ii) Si $r_1 - r_2 \in \{1, 2, \ldots\}$, alors une deuxième solution, $y_2(x)$, est de la forme

$$y_2(x) = \gamma y_1(x) \ln x + x^{r_2} \sum_{n=0}^{\infty} b_n x^n, \tag{3.268}$$

où la constante γ est parfois nulle.

iii) Si r est une racine double de l'équation indicielle, alors $r_1 - r_2 = 0 \in \{0, 1, \ldots\}$. Cette fois-ci, la deuxième solution est de la forme

$$y_2(x) = y_1(x) \ln x + x^{r} \sum_{n=0}^{\infty} b_n x^n, \tag{3.269}$$

de sorte qu'il y a nécessairement un terme contenant la fonction logarithmique.

iv) Si on reconnaît la solution en série généralisée $y_1(x)$ comme étant une certaine fonction, par exemple $y_1(x) = 1/(x+1)$, alors on peut utiliser la méthode de réduction d'ordre pour trouver $y_2(x)$. C'est-à-dire qu'on définit $y_2(x) = u(x)y_1(x)$, et on cherche la fonction (non constante) $u(x)$.

Exemple 3.11.2. Considérons l'équation

$$(x+1)y''(x) - y'(x) + \frac{1}{x}y(x) = 0.$$

L'origine n'est pas un point ordinaire pour celle-ci, car la fonction $q(x) = 1/[x(x+1)]$ n'est pas analytique en $x = 0$. Cependant, on peut réécrire l'équation comme suit:

$$y''(x) + \frac{-x/(x+1)}{x}y'(x) + \frac{x/(x+1)}{x^2}y(x) = 0.$$

Puisque qu'elle est maintenant de la forme de l'équation en (3.257), avec $\phi(x) = -x/(x+1)$ et $\psi(x) = x/(x+1)$ qui sont analytiques en $x = 0$, on peut affirmer que l'origine est un point régulier singulier pour l'équation ci-dessus.

Pour déterminer les racines de l'équation indicielle, on développe d'abord $x/(1+x)$ en série entière. On a:

$$\frac{x}{1+x} = x\left(1 - x + x^2 - \ldots\right) = x - x^2 + \ldots \quad \text{pour } |x| < 1,$$

de sorte que $\alpha_0 = \beta_0 = 0$. Ainsi, l'équation indicielle est

$$r(r-1) = 0,$$

dont les deux racines sont $r_1 = 1$ et $r_2 = 0$.

Remarque. On a bien:

$$0 = \alpha_0 = \lim_{x \to 0} -\frac{x}{x+1} \quad \text{et} \quad 0 = \beta_0 = \lim_{x \to 0} \frac{x}{x+1}.$$

Une solution de la forme en (3.256) est obtenue en posant $r = 1$ dans (3.265) (avec $\alpha_0 = \beta_0 = 0$):

$$0 = (n+1)na_n + \sum_{i=0}^{n-1}[(1+i)\alpha_{n-i} + \beta_{n-i}]a_i.$$

Considérons l'équation pour $n = 1$, soit

$$0 = 2a_1 + \sum_{i=0}^{0}[(1+i)\alpha_{1-i} + \beta_{1-i}]a_i = 2a_1 + (\alpha_1 + \beta_1)a_0.$$

On a:

$$\alpha_1 = -\beta_1 = -1.$$

De là, on déduit que $a_1 = 0$.

Ensuite, avec $n = 2$, on obtient que

$$0 = 6a_2 + \sum_{i=0}^{1}[(1+i)\alpha_{2-i} + \beta_{2-i}]a_i = 6a_2 + (\alpha_2 + \beta_2)a_0 + (2\alpha_1 + \beta_1)a_1.$$

Puisqu'on peut écrire que

$$\alpha_{2i-1} = -\beta_{2i-1} = -1 \quad \text{et} \quad \alpha_{2i} = -\beta_{2i} = 1$$

pour $i \in \{1, 2, \ldots\}$, l'équation ci-dessus devient

$$0 = 6a_2 - a_1,$$

ce qui implique que $a_2 = a_1/6 = 0$.

En général, on trouve que $a_n = 0$ pour $n = 1, 2, \ldots$. En effet, on peut vérifier que cette solution satisfait à la forme particulière de l'équation (3.265) dans notre exemple, car on a alors:

$$\sum_{i=0}^{n-1}[(1+i)\alpha_{n-i} + \beta_{n-i}]a_i = (\alpha_n + \beta_n)a_0 = 0$$

(étant donné que $\alpha_n = -\beta_n$ pour tout n). Il s'ensuit que la solution cherchée est donnée par

$$y_1(x) = \sum_{n=0}^{\infty} a_n x^{n+1} = a_0 x,$$

où a_0 est une constante non nulle. Cette solution est valable pour tout $x > 0$.

Maintenant, comme nous l'avons mentionné ci-dessus, il est souvent plus facile de calculer les dérivées première et seconde de

$$y_1(x) = \sum_{n=0}^{\infty} a_n x^{n+1}$$

et de remplacer les expressions obtenues dans l'équation différentielle originale. Ici, on a:

$$y_1'(x) = \sum_{n=0}^{\infty}(n+1)a_n x^n \quad \text{et} \quad y_1''(x) = \sum_{n=1}^{\infty}(n+1)n a_n x^{n-1},$$

de sorte que

$$(x+1)\sum_{n=1}^{\infty}(n+1)n a_n x^{n-1} - \sum_{n=0}^{\infty}(n+1)a_n x^n + \frac{1}{x}\sum_{n=0}^{\infty} a_n x^{n+1} = 0.$$

C'est-à-dire que

$$\begin{aligned} 0 &= \sum_{n=0}^{\infty}\left[(n+1)n a_n + (n+2)(n+1)a_{n+1} - (n+1)a_n + a_n\right]x^n \\ &= \sum_{n=0}^{\infty}\left[(n+2)(n+1)a_{n+1} + n^2 a_n\right]x^n, \end{aligned}$$

d'où l'on déduit la relation de récurrence

$$(n+2)(n+1)a_{n+1} + n^2 a_n = 0 \iff a_{n+1} = -\frac{n^2}{(n+2)(n+1)}a_n$$

pour $n = 0, 1, \ldots$. Il s'ensuit, avec $n = 0$, que $a_1 = 0$, et alors $a_n = 0$ pour tout $n \in \{1, 2, \ldots\}$. Ainsi, on retrouve la solution obtenue ci-dessus: $y_1(x) = a_0 x$. ◊

Exemple 3.11.3. Puisque $r_1 - r_2 = 1$ dans l'exemple précédent, la deuxième solution que l'on cherche sera de la forme

$$y_2(x) = \gamma x \ln x + \sum_{n=0}^{\infty} b_n x^n.$$

Étant donné qu'on peut prendre $y_1(x) = x$, la fonction $u'(x) = v(x)$ dans la méthode de réduction d'ordre satisfait à [voir (3.59)]

$$v'(x)x + v(x)\left(2 - \frac{1}{1+x}x\right) = 0.$$

C'est-à-dire que

$$v'(x) + \left(\frac{2}{x} - \frac{1}{1+x}\right)v(x) = 0.$$

On trouve que

$$v(x) \propto \frac{x+1}{x^2}.$$

Il s'ensuit que

$$u(x) \propto \left(-\frac{1}{x} + \ln x\right),$$

et on peut prendre

$$y_2(x) = -1 + x \ln x.$$

Ainsi, $\gamma = 1$, $b_0 = -1$ et $b_n = 0$ pour $n \in \{1, 2, \ldots\}$ dans la forme générale donnée pour $y_2(x)$ ci-dessus.

Enfin, la solution générale de l'équation

$$(x+1)y''(x) - y'(x) + \frac{1}{x}y(x) = 0$$

peut s'écrire comme suit:

$$y(x) = c_1 x + c_2(-1 + x \ln x) \quad \text{pour } x > 0.$$

Remarque. Si on essaie de procéder comme dans l'exemple précédent pour obtenir la deuxième solution sous la forme (avec $r_2 = 0$)

$$y_2(x) = \sum_{n=0}^{\infty} a_n x^n,$$

on calcule

$$y_2'(x) = \sum_{n=1}^{\infty} n a_n x^{n-1} \quad \text{et} \quad y_2''(x) = \sum_{n=2}^{\infty} n(n-1) a_n x^{n-2}.$$

On obtient alors l'équation suivante:

$$(x+1)\sum_{n=2}^{\infty} n(n-1)a_n x^{n-2} - \sum_{n=1}^{\infty} n a_n x^{n-1} + \frac{1}{x}\sum_{n=0}^{\infty} a_n x^n = 0.$$

On voit qu'il n'y a qu'un seul terme en x^{-1}, soit $a_0 x^{-1}$. Il s'ensuit qu'il faudrait que la constante a_0 soit nulle, ce qui n'est pas permis. Donc, il n'y a effectivement pas d'autre solution [linéairement indépendante de $y_1(x)$] de l'équation considérée qui peut être exprimée sous la forme d'une série entière généralisée. ◇

Exercices

3-39. Pour chacune des équations suivantes, vérifier que l'origine est un point singulier régulier, puis trouver l'équation indicielle et ses racines:

(a) $xy''(x) + (\cos x)y'(x) + 3xy(x) = 0$;

(b) $2x^2y''(x) + (x^4 - 2x)y'(x) + (x^2 - 1)y(x) = 0$;

(c) $xy''(x) + (e^x - 1)y'(x) + (\sin x)y(x) = 0$.

3-40. Trouver une solution sous la forme d'une série entière généralisée $\sum_{n=0}^{\infty} a_n x^{n+r_1}$, où r_1 est la plus grande des deux racines de l'équation indicielle, des équations différentielles suivantes:

(a) $xy''(x) + 2y'(x) + xy(x) = 0$;

(b) $2xy''(x) + y'(x) + 2y(x) = 0$;

(c) $x^2y''(x) - 5xy'(x) + y(x) = 0$.

3-41. On considère l'équation différentielle ordinaire

$$x^3y''(x) - 2xy'(x) + 2y(x) = 0.$$

(a) Montrer que l'origine est un point singulier irrégulier pour cette équation.

(b) Utiliser le fait que $y_1(x) = x$ est une solution de l'équation pour obtenir sa solution générale.

3-42. L'équation de Bessel d'ordre 1/2, soit

$$x^2y''(x) + xy'(x) + \left(x^2 - \frac{1}{4}\right) y(x) = 0,$$

possède la solution suivante:

$$y_1(x) = x^{1/2}\left(1 - \frac{x^2}{3!} + \frac{x^4}{5!} - \dots\right).$$

Trouver sa solution générale.

3-43. Obtenir les deux solutions (linéairement indépendantes) sous la forme de séries entières généralisées de l'équation différentielle ordinaire

$$x^2y''(x) - 2y(x) = 0.$$

3-44. Supposons que k et l sont des entiers positifs dans l'équation différentielle

$$y''(x) + \frac{1}{2x^k} y'(x) - \frac{1}{4x^l} y(x) = 0.$$

(a) Pour quelles valeurs de k et l l'origine est-elle un point singulier irrégulier pour cette équation?

(b) Montrer que si $k = 1$ et $l \leq 2$, alors l'équation considérée possède deux solutions linéairement indépendantes sous la forme de séries entières généralisées (ne pas les calculer).

3.12 Exercices supplémentaires

3-45. Trouver la solution générale de l'équation différentielle ordinaire

$$y'''(x) + y''(x) - y'(x) = 0.$$

3-46. Considérons l'équation différentielle

$$y''(t) - y(t) = 1$$

pour $t \in \mathbb{R}$. Trouver la solution de cette équation qui satisfait aux conditions $y(0) = 1$ et $y'(0) = 0$ en posant d'abord $u(t) = y(t) + 1$.

3-47. Trouver l'ensemble des solutions de l'équation

$$y''(t) + y'(t) + y(t) = 0$$

qui satisfont à la condition $y(0) = 2$ [et $y'(0)$ quelconque].

3-48. Vers quelle valeur la solution de l'équation différentielle

$$y''(x) + y'(x) + \frac{1}{4} y(x) = 0$$

tend-elle lorsque x tend vers l'infini?

3-49. Quelle est la solution générale de l'équation différentielle

$$(x-1)^2 y''(x) - 2y(x) = 0$$

pour $x > 1$?

3-50. Utiliser la méthode des coefficients indéterminés pour obtenir une solution particulière $y_p(x)$ de l'équation différentielle

$$y''(x) - 4y(x) = e^x + e^{2x}.$$

3-51. Trouver une solution particulière de l'équation différentielle

$$y''(t) - y(t) = te^t \quad \text{pour } t > 0$$

à l'aide de la méthode de variation des paramètres, et donner la solution générale $y_g(t)$ de l'équation.

3-52. Une solution particulière de l'équation différentielle

$$x^2 y''(x) - 2y(x) = 0 \quad \text{pour } x > 0$$

est $y_1(x) = 1/x$. Utiliser la technique de *réduction d'ordre* pour obtenir la solution générale $y_g(x)$ de

$$x^2 y''(x) - 2y(x) = x \quad \text{pour } x > 0.$$

3-53. Quelle est la solution générale de l'équation différentielle ordinaire

$$y^{(4)}(x) - 4y''(x) + 4y(x) = 0?$$

3-54. Un petit chariot de masse m, déposé sur le sol, est relié à un mur par un ressort. Lorsque le chariot se trouve à sa position d'équilibre, dénotée par $x = 0$, le ressort n'exerce aucune force sur celui-ci. On déplace le chariot en étirant le ressort de d unités par rapport à la position d'équilibre. Le ressort exerce alors une force de rappel F_r qui est proportionnelle à d:

$$F_r = -kd,$$

où $k > 0$ est le coefficient de raideur du ressort. On néglige toutes les autres forces.

Soit $x(t)$ la position du chariot par rapport à 0 à l'instant t. Donner l'équation différentielle que vérifie $x(t)$ ainsi que les conditions initiales si, à l'instant $t = 0$, on relâche sans aucune vitesse le chariot qui a été déplacé de d unités.

3-55. Le courant $I(t)$ dans un certain circuit électrique simple satisfait à l'équation différentielle ordinaire

$$\frac{d}{dt}I(t) + I(t) = E(t),$$

où $E(t)$ est la tension à l'instant t. Supposons que $E(t) = E_0 e^{-kt}$, où $E_0 > 0$ et $0 \leq k < 1$. Calculer $\lim_{t\to\infty} I(t)$.

3-56. Trouver la solution générale de l'équation différentielle ordinaire

$$xy''(x) - y'(x) = x^3 \quad \text{pour } x > 0.$$

3-57. Trouver trois solutions linéairement indépendantes (deux à deux) de l'équation différentielle

$$4y''(x) - y(x) = 0.$$

3-58. Soit $y(x) = e^{z(x)}$, où $z(x)$ satisfait à

$$z''(x) + z'(x) + 2z(x) = 0.$$

Vers quelle valeur tend $y(x)$ lorsque $x \to \infty$? Justifier.

3-59. Obtenir une solution particulière de l'équation différentielle ordinaire

$$y''(x) + 4y(x) = -\sin(2x)$$

par la méthode des coefficients indéterminés.

3-60. Utiliser la méthode de variation des paramètres pour trouver la solution générale de l'équation différentielle

$$y''(t) + y(t) = \frac{1}{\sin t} \quad \text{pour } 0 < t < \pi.$$

3-61. Quelle est la solution de l'équation différentielle d'ordre trois

$$y'''(x) - 6y''(x) + 11y'(x) - 6y(x) = 0$$

qui satisfait aux conditions initiales $y(0) = 1$, $y'(0) = 0$ et $y''(0) = 0$?

Remarque. Une des solutions de l'équation caractéristique est $m = 1$.

3-62. Un objet de masse m est projeté vers le haut de façon verticale à partir d'un point P situé sur le sol. Soit $x(t)$ la distance de l'objet par rapport au point P à l'instant t. On suppose qu'il n'y a que deux forces qui agissent sur l'objet, soit la force $F_g = mg$ due à la gravité, et celle $F_r = kv(t)$, où $k > 0$ et $v(t) = dx(t)/dt$, due à la résistance de l'air. Obtenir $x(t)$.

3-63. Trouver toutes les solutions de

$$y''(t) - y'(t) - 2y(t) = 0$$

qui satisfont à la condition initiale $y(0) = 0$.

3-64. Calculer le wronskien des solutions

$$y_1(x) = \cos(2x) \quad \text{et} \quad y_2(x) = \cos(2x) - \sin(2x)$$

de l'équation différentielle

$$y''(x) + 4y(x) = 0.$$

3-65. Déterminer le comportement lorsque t tend vers l'infini de la solution de l'équation différentielle

$$y''(t) + y(t) = 0$$

qui satisfait à $y(0) = 0$ et $y'(0) = 1$.

3-66. Résoudre, sous les conditions $y(0) = 0$ et $y'(0) = 1$, l'équation différentielle

$$y''(t) + 2y'(t) + y(t) = 0.$$

3-67. Déterminer si l'origine est un point ordinaire, un point singulier régulier, ou un point singulier irrégulier de l'équation différentielle

$$x^2 y''(x) + \frac{x}{x+1} y'(x) + (x+1)y(x) = 0.$$

3-68. Utiliser la méthode des coefficients indéterminés pour obtenir une solution particulière $y_p(t)$ de

$$y''(t) - 2y'(t) + y(t) = 4e^t.$$

3-69. La solution générale de l'équation différentielle

$$y''(t) + y'(t) - 2y(t) = 0$$

est

$$y(t) = c_1 e^t + c_2 e^{-2t}.$$

Trouver une solution particulière $y_p(t)$ de l'équation non homogène

$$y''(t) + y'(t) - 2y(t) = te^t$$

en utilisant la méthode de variation des paramètres.

3-70. Quelle est la solution générale de l'équation différentielle d'ordre trois

$$y'''(t) - 3y''(t) + 3y'(t) - y(t) = 0 \ ?$$

3-71. On considère un objet, dont le poids est de 1 newton, suspendu à un ressort. Celui-ci étire le ressort de 5 cm. Déterminer l'équation différentielle à laquelle satisfait la position $y(t)$ (en cm) de l'objet par rapport à son point d'équilibre si on néglige la force d'amortissement.

3-72. Dans la question précédente, supposons que l'objet est à son point d'équilibre à l'instant initial. De plus, le coefficient de raideur du ressort et la vitesse initiale de l'objet sont tels que la position $y(t)$ est donnée par

$$y(t) = \frac{3}{4}\sin(3\pi t) \quad \text{pour } t \geq 0.$$

Quelles seront la vitesse v_1 et l'accélération a_1 de l'objet quand il reviendra à son point d'équilibre pour la première fois?

Indication. La vitesse est positive lorsque l'objet se dirige vers le bas.

3-73. Pour chacune des équations différentielles suivantes, donner la forme générale de la solution particulière obtenue par la méthode des coefficients indéterminés:

(a) $y''(t) - 2y'(t) + y(t) = t$;

(b) $y''(t) + 2y'(t) + y(t) = e^{-t}$;

(c) $y''(t) + y(t) = \cos t + t$.

3-74. Donner la solution du problème de valeur initiale

$$y''(t) - 2y'(t) + y(t) = t,$$

avec $y(0) = 0$ et $y'(0) = 1$.

3-75. L'altitude $y(t)$ d'une plume de masse $m = 1$ gramme en chute libre satisfait à l'équation différentielle

$$y''(t) + \alpha y'(t) = -g,$$

où $g \simeq 10$ m/s^2 est l'accélération gravitationnelle et $\alpha > 0$ est un coefficient de frottement.

(a) Trouver la solution générale de l'équation différentielle.

(b) Sachant que la vitesse maximale atteinte par la plume est de 1 m/s, donner la valeur de α en grammes par seconde.

3-76. On considère l'équation d'Airy, qui apparaît en optique et en mécanique quantique:

$$y''(x) - xy(x) = 0 \quad \text{pour } x \in \mathbb{R}.$$

On cherche une solution de la forme

$$y(x) = \sum_{n=0}^{\infty} a_n x^n,$$

où les a_n sont des coefficients réels à déterminer.

(a) Trouver la relation de récurrence qui relie les coefficients a_n, $n = 0, 1, \ldots$.

Remarque. On ne demande pas la forme générale des a_n.

(b) Sachant que $y(0) = 1$ et $y'(0) = 0$, donner le polynôme de degré six qui approche $y(x)$ au voisinage de $x = 0$.

3-77. Trouver la valeur de $y(1)$ si la fonction $y(t)$ satisfait à

$$y''(t) + 3y'(t) - 4y(t) = 0$$

pour $t \in \mathbb{R}$, et est telle que $y(0) = 0$ et $y'(0) = 2$.

3-78. Trois solutions particulières de l'équation différentielle homogène

$$y''(t) + y'(t) - 2y(t) = 0$$

sont $y_1(t) = e^t$, $y_2(t) = -2e^t$ et $y_3(t) = e^{-2t}$. Trouver la solution particulière qui satisfait aux conditions $y(0) = 1$ et $y'(0) = 0$.

3-79. (a) Trouver la solution générale de l'équation différentielle

$$2y''(t) - y'(t) + \frac{13}{4}y(t) = 0$$

pour $t \geq 0$.

(b) Déterminer (si elle existe) la limite lorsque t tend vers l'infini de la fonction $y(t)$ si $y(0) = 1$ et $y'(0) = -1$.

3-80. Obtenir toutes les solutions de l'équation différentielle

$$y'''(x) + 4y''(x) + 4y'(x) = 0 \quad \text{pour } x \geq 0$$

qui satisfont aux conditions $u(0) = u'(0) = 1$, où $u(x) := y'(x)$.

3-81. On considère l'équation différentielle

$$y''(x) + xy(x) = 0 \quad \text{pour } x \in \mathbb{R}.$$

On définit la fonction $z(x) = xy(x)$.

(a) Donner l'équation différentielle à laquelle satisfait la fonction $z(x)$.

(b) Quel type de point l'origine est-elle pour l'équation en (a)?

3-82. Trouver une solution particulière $y_p(x)$ de

$$y''(x) - y(x) = (x + 1)^3$$

par la méthode des coefficients indéterminés.

3-83. Une solution particulière de l'équation différentielle

$$ty''(t) - (t + 2)y'(t) + y(t) = 0 \quad \text{pour } t \geq 0$$

est $y_1(t) = t + 2$. Pour obtenir la solution générale $y_g(t)$ de

$$ty''(t) - (t + 2)y'(t) + y(t) = t^3$$

par la méthode de réduction d'ordre, on définit $y_g(t) = u(t)(t + 2)$. Obtenir la fonction $v(t) := u'(t)$.

3-84. Le courant $I(t)$ dans un certain circuit électrique satisfait à l'équation différentielle du deuxième ordre

$$8\frac{d^2I(t)}{dt^2} + \frac{1}{C}I(t) = \cos(2t) \quad \text{pour } t \geq 0,$$

où C est la capacitance d'un condensateur. Supposons que $C = 2$, et que $I(0) = 1$ et $I'(0) = 0$.

(a) Quelle est la valeur du courant à l'instant $t = 2\pi$?

Indication. Une solution particulière de l'équation ci-dessus est $I(t) = -\frac{2}{63}\cos(2t)$.

(b) Quelle est la réponse en (a) si on retire le condensateur du circuit?

3-85. Dans le cas des oscillations non amorties d'un ressort, sa position $y(t)$ par rapport à son point d'équilibre satisfait à l'équation différentielle

$$my''(t) + ky(t) = 0,$$

où m est la masse de l'objet suspendu au ressort, et k (> 0) est le coefficient de raideur du ressort. Supposons que la force d'amortissement F_a, dans un certain milieu, est proportionnelle au carré de la vitesse du ressort. C'est-à-dire que $F_a = -c\,[y'(t)]^2$, où $c > 0$.

(a) Obtenir une équation différentielle pour la vitesse $v(t)$ [$= y'(t)$] du ressort.

(b) Trouver une solution de la forme $v(t) = v_0 t$ de l'équation en (a), où v_0 est une constante (non nulle) à déterminer.

3-86. Résoudre l'équation différentielle non linéaire

$$y''(t) = e^{-y'(t)} \quad \text{pour } t \geq 1,$$

sous la condition $y'(1) = 0$.

3-87. Trouver la solution générale de l'équation différentielle

$$y''(t) - 2ay'(t) + y(t) = 0,$$

où a est une constante réelle.

3-88. Trouver la limite lorsque t tend vers l'infini de la fonction $y(t)$ qui satisfait à l'équation différentielle

$$y''(t) + 2ay'(t) - y(t) = 0,$$

où a est une constante réelle.

3-89. Une solution particulière de l'équation différentielle

$$y''(t) - \frac{2}{t^2}y(t) = 0 \quad \text{pour } t > 0$$

est $y_1(t) = t^2$. Utiliser la technique de réduction d'ordre pour obtenir la solution générale de l'équation.

3-90. On considère l'équation différentielle

$$x^2y''(x) - xy'(x) + y(x) = 0$$

dans l'intervalle $(0, \infty)$. Trouver la solution $y(x)$ qui est telle que $y(1) = y'(1) = 1$.

3-91. Utiliser la méthode de variation des paramètres pour obtenir une solution particulière $y_p(x)$ de

$$y''(x) + y(x) = \operatorname{tg} x \quad \text{pour } 0 < x < \pi/2.$$

Indication. On a: $\int \sec x\, dx = \ln |\sec x + \operatorname{tg} x|$.

3-92. Trouver la solution générale de l'équation différentielle d'ordre six

$$y^{(6)}(t) - 4y^{(5)}(t) + 6y^{(4)}(t) - 4y'''(t) + y''(t) = 0.$$

3-93. On considère les oscillations non amorties d'un objet de masse $m = 20$ suspendu à un ressort dont le coefficient de raideur est $k = 5$. À l'instant initial $t = 0$, l'objet a été déplacé vers le bas de 3 unités par rapport à son point d'équilibre. Quelle était la vitesse initiale de l'objet, si son accélération à l'instant $t = \pi$ est égale à -1?

3-94. Utiliser la méthode de solution en série pour obtenir la solution générale de l'équation différentielle

$$(t+1)y''(t) - y'(t) = 0 \quad \text{pour } t \geq 0.$$

3-95. Trouver la solution de l'équation différentielle ordinaire

$$y'''(t) + y'(t) = t + e^t \quad \text{pour } t \geq 0$$

qui satisfait aux conditions initiales suivantes: $y(0) = 1$, $y'(0) = 1$ et $y''(0) = 0$.

3-96. Trouver la solution générale de

$$x^2 y''(x) - 2y(x) = x^3 \quad \text{pour } x > 0.$$

3-97. On désire résoudre l'équation différentielle linéaire d'ordre deux à coefficients constants

$$y''(x) - y'(x) = 0$$

en utilisant la méthode de solution en série entière. C'est-à-dire que l'on pose

$$y(x) = \sum_{n=0}^{\infty} a_n x^n.$$

(a) Quelle est la relation de récurrence entre les coefficients a_n?

(b) Obtenir la solution générale de l'équation.

3-98. Trouver une solution $y(t)$ (qui n'est pas une constante) de l'équation différentielle non linéaire

$$y'' y^2 = -y'.$$

Indications. (i) Utiliser le fait que la variable indépendante t n'apparaît pas explicitement dans l'équation.

(ii) Choisir les constantes arbitraires égales à zéro.

3-99. Trouver l'ensemble fondamental $\{y_1(t), y_2(t)\}$ de solutions de l'équation différentielle

$$y''(t) = y(t)$$

qui satisfait aux conditions initiales

$$\begin{aligned} y_1(0) &= 1; \quad y_1'(0) = 0; \\ y_2(0) &= 1; \quad y_2'(0) = 1. \end{aligned}$$

3-100. Trouver la solution générale de

$$a^2 y''(t) + 2a y'(t) + y(t) = 0,$$

où a est une constante réelle.

3-101. Déterminer si l'origine est un point ordinaire, un point singulier régulier, ou un point singulier irrégulier des équations différentielles suivantes:

(a) $x y''(x) + y(x) = 0$;

(b) $x^2 y''(x) + (x+1) y'(x) = 0$;

(c) $y''(x) + \dfrac{x}{x+1} y'(x) + y(x) = 0$;

(d) $x y''(x) + y'(x) + (\sin x) y(x) = 0$.

3-102. Pour chacune des équations différentielles suivantes, donner la forme générale de la solution particulière $y_p(t)$ obtenue par la méthode des coefficients indéterminés:

(a) $y''(t) - 2y'(t) + y(t) = \cos t + e^t$;

(b) $y''(t) - y'(t) - 2y(t) = te^{-t}$.

Remarque. Vous n'avez pas à trouver les coefficients dans les fonctions $y_p(t)$.

3-103. Trouver la solution générale de l'équation différentielle

$$y^{(4)}(t) + 4y'''(t) + 6y''(t) + 4y'(t) + y(t) = 0.$$

3-104. Utiliser la méthode de variation des paramètres pour trouver une solution particulière et, de là, la solution générale de

$$x^2 y'''(x) - 2y'(x) = x \quad \text{pour } x > 0.$$

3-105. La charge $Q(t)$ dans un certain circuit électrique avec $E(t) \equiv 0$ satisfait à l'équation différentielle ordinaire

$$Q''(t) + 10Q'(t) + 250Q(t) = 0.$$

La charge initiale est $Q(0) = 3$ et le courant initial $I(0)$ est nul.

(a) Trouver la valeur de $Q(t)$ et de $I(t)$ pour $t > 0$.

Rappel. On a: $Q'(t) = I(t)$.

(b) Pour quelle valeur de t la valeur absolue du courant est-elle la plus grande?

Indication. On a: $\operatorname{arctg}(3) \simeq 1{,}25$.

3-106. On considère l'équation différentielle non linéaire d'ordre deux

$$y''(t) + y'(t) = [y'(t)]^2.$$

(a) (i) En utilisant un changement de variable approprié, transformer l'équation ci-dessus en une équation différentielle d'ordre un dont la variable indépendante est t.

(ii) En réécrivant au besoin l'équation obtenue en (i) sous une autre forme, identifier parmi les méthodes présentées au chapitre 2 celles qui nous permettent de résoudre cette équation d'ordre un.

(b) En utilisant un changement de variable approprié, transformer l'équation non linéaire d'ordre deux en une équation différentielle d'ordre un dont la variable indépendante est y.

3-107. On suppose que les fonctions $p(t)$ et $q(t)$ dans l'équation différentielle

$$y''(t) + p(t)y'(t) + q(t)y(t) = 1$$

sont continues dans un intervalle ouvert I. Soit $y_1(t)$ et $y_2(t)$ deux solutions de cette équation. Sachant qu'il existe un point $t_0 \in I$ pour lequel le wronskien des solutions $y_1(t)$ et $y_2(t)$ évalué en t_0 est non nul, quelles conclusions peut-on tirer de ce résultat?

3-108. Trouver la solution générale de l'équation différentielle

$$y^{(4)}(t) + 3y'''(t) + 3y''(t) + y'(t) = 0.$$

3-109. Pour chacune des équations différentielles ci-dessous, donner la forme générale de la solution que l'on obtiendrait par la méthode des coefficients indéterminés (si l'on peut appliquer cette méthode):

(a) $y''(t) - 4y'(t) + 4y(t) = 2e^{2t} + \cos(2t)$;

(b) $2y''(t) + 2y'(t) + 5y(t) = 4e^{t^3}\cos(t)$;

(c) $x^2y''(x) - x(x+2)y'(x) + (x+2)y(x) = x$.

Dans le cas où la méthode des coefficients indéterminés ne serait pas applicable, expliquer brièvement pourquoi et donner le nom d'une méthode que l'on pourrait appliquer.

3-110. Est-ce que les fonctions $y_1(x) = x$ et $y_2(x) = e^{-2x}$ forment un ensemble fondamental de solutions de l'équation différentielle

$$(1+2x)y''(x) + 4xy'(x) - 4y(x) = 0 \quad \text{pour } 0 < x < 1?$$

3-111. Soit

$$y''(t) - \frac{1}{2}[y'(t)]^2 + y(t) = 1.$$

(a) (i) En utilisant un changement de variable approprié, montrer que l'équation différentielle ci-dessus peut être transformée en l'équation différentielle d'ordre un

$$u\frac{du}{dy} - \frac{u^2}{2} + y = 1.$$

(ii) Trouver la solution de l'équation différentielle en (i) qui satisfait à la condition initiale $u(1) = \sqrt{2}$.

(b) En utilisant les résultats obtenus en (a), trouver la solution de l'équation différentielle pour $y(t)$ qui satisfait aux conditions initiales $y(0) = 1$ et $y'(0) = \sqrt{2}$.

3-112. Sachant que $y_1(t) = e^t \cos(2t)$ et $y_2(t) = te^t \cos(2t)$ sont des solutions de l'équation différentielle

$$y^{(4)}(t) - 4y'''(t) + 14y''(t) - 20y'(t) + 25y(t) = 0,$$

trouver la solution générale de cette équation.

3-113. Trouver la solution du problème de valeurs initiales

$$\begin{cases} y''(t) + 9y'(t) = 18e^{3t} + 6\sin(3t), \\ y(0) = 1 \text{ et } y'(0) = -1. \end{cases}$$

3-114. (a) Utiliser le fait que la variable indépendante t n'apparaît pas explicitement dans l'équation différentielle non linéaire

$$y''(t) = y'(t)y(t) - y(t)$$

pour la transformer en une équation d'ordre un.

(b) Trouver <u>une</u> solution (non nulle) $y(t)$ de l'équation différentielle ci-dessus à l'aide de votre réponse en (a).

3-115. (a) Trouver l'ensemble fondamental $\{y_1(t), y_2(t)\}$ de solutions de l'équation différentielle

$$y''(t) + y(t) = 0$$

qui satisfait aux conditions initiales

$$\begin{aligned} y_1(0) &= 1; \quad y_1'(0) = 1; \\ y_2(0) &= 0; \quad y_2'(0) = 1. \end{aligned}$$

(b) Calculer le déterminant wronskien des fonctions $y_1(t)$ et $y_2(t)$ obtenues en (a) au point $t = \pi/2$.

3-116. Utiliser la technique de réduction d'ordre pour trouver la solution générale de l'équation non homogène

$$x^2 y''(x) - 2xy'(x) + 2y(x) = x \quad \text{pour } x > 0.$$

3-117. Pour chacune des équations différentielles suivantes, donner la forme générale de la solution particulière $y_p(t)$ obtenue par la méthode des coefficients indéterminés:

(a) $y''(t) - y'(t) - 2y(t) = e^{-t} + \cos(2t)$;

(b) $y''(t) + 3y'(t) + 2y(t) = \sin(2t) + t^2 e^{-t}$.

Remarque. Vous n'avez pas à trouver les coefficients dans les fonctions $y_p(t)$.

3-118. Trouver toutes les solutions de l'équation différentielle

$$y^{(6)}(t) + 4y^{(5)}(t) + 6y^{(4)}(t) + 4y'''(t) + y''(t) = 0$$

qui satisfont à la condition $y(0) = 1$.

3-119. Utiliser la méthode des coefficients indéterminés pour trouver une solution particulière $y_p(t)$ de l'équation différentielle

$$y''(t) - y'(t) = t + e^t \quad \text{pour } t \geq 0.$$

3-120. Donner la solution générale de l'équation différentielle

$$y^{(4)}(t) = y'(t) \quad \text{pour } t \geq 0.$$

3-121. Dans le problème des oscillations non amorties d'un objet de masse m suspendu à un ressort vertical, on a trouvé que la position $y(t)$ de l'objet à l'instant t satisfait à l'équation différentielle

$$y''(t) + \frac{k}{m} y(t) = 0,$$

où $k > 0$ est le coefficient de raideur du ressort. De plus, la solution de cette équation qui satisfait aux conditions initiales $y(0) = y_0$ et $y'(0) = 0$ est

$$y(t) = y_0 \cos(\omega_0 t) \quad \text{pour } t \geq 0,$$

où $\omega_0 = \sqrt{k/m}$.

(a) Soit $T(m)$ le temps requis pour que l'objet de masse m retourne à sa position initiale pour la première fois. Si l'on double la masse de l'objet, quelle sera la valeur de $T(2m)$ en fonction de $T(m)$?

(b) Donner l'équation différentielle à laquelle satisfait la vitesse $v(t)$ de l'objet.

3-122. Trouver la solution générale de l'équation différentielle ordinaire

$$y''(t) + 2ay'(t) + ay(t) = 0,$$

où a est une constante non négative.

3-123. Trouver la solution générale de

$$y''(t) - y'(t) = t \cos t$$

à l'aide de la méthode des coefficients indéterminés.

3-124. Utiliser la technique de réduction d'ordre pour obtenir la solution générale de l'équation différentielle non homogène

$$x^2 y''(x) - 6y(x) = x^2 \quad \text{pour } x > 0.$$

3-125. Obtenir la solution générale de l'équation différentielle d'ordre quatre

$$y^{(4)}(x) - y(x) = 0.$$

3-126. Selon la loi du refroidissement de Newton, le taux de perte de chaleur d'un corps est proportionnel à la différence de température entre le corps et le milieu. Supposons que la température du milieu est maintenue à la valeur constante T_m. Soit $T(t)$ la température du corps à l'instant t.

(a) Donner l'équation différentielle à laquelle la fonction $T(t)$ satisfait.

(b) Un corps dont la température initiale est $T(0) = 100$ est placé dans un milieu maintenu à la température nulle. Si la température du corps à l'instant $t = 1$ est $T(1) = 80$, pour quelle valeur t^* aura-t-on $T(t^*) = 50$?

3-127. Utiliser la méthode de solution en série entière pour obtenir la solution générale de l'équation différentielle ordinaire du troisième ordre

$$y'''(x) - y''(x) = 0.$$

3-128. Trouver l'ensemble fondamental $\{y_1(x), y_2(x)\}$ de solutions de l'équation différentielle

$$x^2 y''(x) - 2y(x) = 0 \quad \text{pour } x > 0$$

qui satisfait aux conditions

$$y_1(1) = 1; \quad y_1'(1) = 0;$$
$$y_2(1) = 0; \quad y_2'(1) = 1.$$

3-129. Donner la solution générale de l'équation différentielle

$$y''(t) + \frac{2}{a}y'(t) + ay(t) = 0,$$

où a est une constante non nulle.

3-130. Trouver une solution particulière $y_p(t)$ de l'équation différentielle non homogène

$$y''(t) + y'(t) = e^t$$

(a) par la méthode des coefficients indéterminés, et (b) par la méthode de variation des paramètres.

3-131. Trouver la solution générale de l'équation différentielle d'ordre quatre

$$y^{(4)}(t) - 2y'''(t) + 2y''(t) - 2y'(t) + y(t) = 0.$$

3-132. Soit l'équation différentielle

$$y''(x) - xy'(x) - y(x) = 0.$$

On cherche des solutions de cette équation sous la forme d'une série entière centrée en $x_0 = 1$:

$$y(x) = \sum_{n=0}^{\infty} a_n (x-1)^n.$$

(a) Trouver la relation de récurrence qui relie les coefficients a_n pour $n \geq 0$.

(b) Trouver les trois premiers termes non nuls de chacune des deux solutions linéairement indépendantes $y_1(x)$ et $y_2(x)$.

3-133. Trouver la solution de l'équation différentielle

$$(x+1)y''(x) - y'(x) = 0 \quad \text{pour } x > -1$$

sous la forme d'une série entière centrée en $x_0 = 0$.

3-134. Soit

$$x^2y''(x) - x(x+1)y'(x) + y(x) = 0.$$

(a) Quel type de point (ordinaire, singulier régulier ou singulier irrégulier) est l'origine pour cette équation? Justifier.

(b) Une solution de cette équation est $y(x) = xe^x$. Utiliser la technique de réduction d'ordre pour trouver sa solution générale pour $x > 0$.

Remarque. Exprimer votre réponse en fonction de $\text{Ei}(1, x) := \int \frac{-e^{-x}}{x}\, dx$. Cette fonction est appelée *exponentielle intégrale.*

3-135. La position $y(t)$ d'un objet attaché à l'extrémité d'un ressort vertical et soumis à une force externe $F = F_0 \sin(\omega t)$, où $\omega > 0$, satisfait (en négligeant la force d'amortissement) à l'équation différentielle

$$my''(t) + ky(t) = F_0 \sin(\omega t) \quad \text{pour } t \geq 0.$$

(a) Donner la solution générale de l'équation différentielle si $m = k = 1$.

(b) Calculer la limite lorsque t tend vers l'infini de la fonction obtenue en (a) dans le cas où $\omega = 1$.

3-136. L'équation

$$y'(x) = y^2(x) + 2y(x) + 1$$

est une *équation de Riccati* particulière.

(a) Montrer que l'équation de Riccati est transformée en l'équation différentielle linéaire du deuxième ordre

$$u''(x) - 2u'(x) + u(x) = 0$$

en posant $y(x) = -u'(x)/u(x)$.

(b) Utiliser le résultat en (a) pour trouver la solution de l'équation qui satisfait à la condition $y(0) = 0$.

3-137. Soit p_0, q_0 et r_0 des constantes réelles. On trouve que l'équation différentielle d'ordre trois

$$t^3y'''(t) + p_0t^2y''(t) + q_0ty'(t) + r_0y(t) = 0 \quad \text{pour } t > 0$$

est transformée en une équation différentielle à coefficients constants en posant que $y(t) = z(s)$, où $s = \ln t$.

(a) Donner l'équation à laquelle satisfait la fonction $z(s)$.

(b) Dans le cas où $p_0 = 4$, $q_0 = -1$ et $r_0 = 1$, on trouve que $z(s)$ satisfait à l'équation

$$z'''(s) + z''(s) - 3z'(s) + z(s) = 0.$$

Donner la solution générale de cette équation.

3-138. On suppose qu'une certaine population augmente à un taux qui est proportionnel à sa taille $x(t)$, plus un terme k qui est dû à l'immigration ou à l'émigration, de sorte que

$$x'(t) = k_0 x(t) + k,$$

où $k_0 > 0$ et k sont des constantes.

(a) Soit $k_0 = 1$ et $x(0) = x_0 > 0$.

(i) Quelle est la taille de la population à l'instant t?

(ii) Pour quelle valeur de k la taille de la population demeurera-t-elle stable? Justifier.

(b) Supposons que, pour une autre population, on a:

$$x'(t) = x(t) + t^2 + 1,$$

de sorte que

$$x''(t) = x'(t) + 2t.$$

(i) Trouver une solution particulière de l'équation d'ordre deux ci-dessus à l'aide de la méthode des coefficients indéterminés, et donner sa solution générale.

(ii) Utiliser la solution de l'équation d'ordre deux obtenue ci-dessus pour déterminer la valeur de $x(t)$ si $x(0) = 100$.

3-139. On désire trouver la solution de l'équation différentielle

$$y''(x) - 2xy'(x) = 0$$

sous la forme d'une série entière centrée en 0: $y(x) = \sum_{n=0}^{\infty} a_n x^n$.

(a) Quelle est la relation de récurrence entre les coefficients a_n?

(b) Donner les coefficients $a_0, a_1, \ldots, a_7$ de la série.

3-140. Résoudre le problème de valeurs initiales

$$\begin{cases} (1+t^2)y''(t) + 2ty'(t) + \dfrac{3}{t^2} = 0 \quad \text{pour } t > 0, \\ y(1) = 2 \ \text{ et } \ y'(1) = -1. \end{cases}$$

Indications. On a:

$$\frac{1}{t(1+t^2)} = \frac{1}{t} - \frac{t}{1+t^2}, \quad \frac{d}{dt}\operatorname{arctg}(t) = \frac{1}{1+t^2} \quad \text{et} \quad \operatorname{arctg}(1) = \frac{\pi}{4}.$$

3-141. Expliquer, avec preuves à l'appui, pourquoi les fonctions $y_1(x) = x$ et $y_2(x) = xe^x$ forment un ensemble fondamental de solutions de l'équation différentielle

$$x^2y''(x) - x(x+2)y'(x) + (x+2)y(x) = 0 \quad \text{pour } x > 0.$$

3-142. Soit l'équation différentielle

$$x^2y'' + \alpha y = 0 \quad \text{pour } x > 0,$$

où $\alpha < 1/4$ est un paramètre. Trouver toutes les valeurs de α pour lesquelles toutes les solutions de cette équation différentielle s'approchent de zéro lorsque x décroît vers zéro.

3-143. On cherche une solution particulière de l'équation différentielle

$$x^2y'' - xy' + (x^2 - 0{,}25)y = 3x^{3/2}\sin(x) \quad \text{pour } x > 0.$$

(a) Expliquer pourquoi la méthode des coefficients indéterminés n'est pas applicable. Donner deux raisons pour justifier votre réponse.

(b) Donner le nom d'une méthode qu'on pourrait utiliser et préciser les conditions nécessaires pour l'utiliser.

3-144. Trouver la solution générale de l'équation différentielle d'ordre trois

$$y'''(t) - 3y'(t) + 2y(t) = 0.$$

3-145. Trouver la solution du problème de valeurs initiales

$$y'' + 4y = 3\cos(2t) - 5\sin(2t), \quad y(0) = 1, \quad y'(0) = 1,$$

et décrire le comportement de la solution lorsque t tend vers l'infini.

3-146. Soit le problème de valeur initiale

$$(2x^2 - 3)y''(x) - 2xy'(x) + xy(x) = 0, \quad y(0) = -1, \quad y'(0) = 5.$$

On cherche des solutions de l'équation différentielle sous la forme de la série autour de $x_0 = 0$

$$y(x) = \sum_{n=0}^{\infty} a_n x^n.$$

Trouver les trois premiers termes non nuls de la solution du problème de valeur initiale.

4
SYSTÈMES D'ÉQUATIONS DIFFÉRENTIELLES

4.1 Introduction

Plusieurs problèmes pratiques peuvent être modélisés par un système d'équations différentielles (non linéaires, en général). Par exemple, considérons le problème classique proie-prédateur en écologie. Plus précisément, soit $x(t)$ [respectivement $y(t)$] le nombre de lapins (resp. renards) dans une certaine région à l'instant t. Supposons que les renards se nourrissent exclusivement de lapins, et qu'en l'absence de renards, les lapins disposent de suffisamment de nourriture pour que la taille de leur population augmente de façon exponentielle:

$$\frac{dx(t)}{dt} = a_1 x(t), \tag{4.1}$$

où a_1 est une constante positive. Dans le cas de la population de renards, s'il n'y a plus de lapins, sa taille diminuera exponentiellement:

$$\frac{dy(t)}{dt} = -a_2 y(t), \tag{4.2}$$

où $a_2 > 0$. De plus, on suppose que le nombre de rencontres entre les lapins et les renards est proportionnel au produit des variables $x(t)$ et $y(t)$. Ainsi, si l'on admet que lors d'une proportion donnée de ces rencontres entre les deux espèces un lapin est mangé par un renard, on obtient que

$$\frac{dx(t)}{dt} = a_1 x(t) - b_1 x(t) y(t). \tag{4.3}$$

Finalement, si l'on accepte que le taux d'augmentation (instantané) de la taille de la population de renards est aussi proportionnel au produit $x(t)y(t)$, on peut écrire que

$$\frac{dy(t)}{dt} = -a_2 y(t) + b_2 x(t) y(t). \tag{4.4}$$

Les constantes b_1 et b_2 sont positives. On a donc un système de deux équations différentielles non linéaires:

$$\left.\begin{aligned} \frac{dx(t)}{dt} &= \quad x(t)\left[a_1 - b_1 y(t)\right], \\ \frac{dy(t)}{dt} &= -y(t)\left[a_2 - b_2 x(t)\right]. \end{aligned}\right\} \tag{4.5}$$

Ces équations sont appelées *équations proie-prédateur* de Volterra.

Dans ce chapitre, nous allons étudier les systèmes d'équations différentielles d'ordre un. De plus, notons que toute équation différentielle d'ordre n peut facilement être transformée en un système de n équations différentielles d'ordre un. En effet, soit l'équation

$$\frac{d^n y(t)}{dt^n} = f\left(t, y, y', \ldots, y^{(n-1)}\right). \tag{4.6}$$

Il suffit de définir n nouvelles variables comme suit:

$$x_i(t) = y^{(i-1)}(t) \quad \text{pour } i = 1, \ldots, n. \tag{4.7}$$

On peut alors écrire que

$$\left.\begin{aligned} x_1'(t) &= x_2(t), \\ x_2'(t) &= x_3(t), \\ \vdots\ &\vdots\ \vdots \\ x_{n-1}'(t) &= x_n(t), \\ x_n'(t) &= f\left(t, x_1, x_2, \ldots, x_n\right). \end{aligned}\right\} \tag{4.8}$$

Exemple 4.1.1. L'équation différentielle non linéaire d'ordre trois

$$y'''(t) - t y''(t) + [y'(t)]^2 + t^2 y(t) = e^t$$

est transformée, en posant que $x_1(t) = y(t)$, $x_2(t) = y'(t)$ et $x_3(t) = y''(t)$, en le système suivant de trois équations différentielles d'ordre un:

$$\begin{aligned} x_1'(t) &= x_2(t), \\ x_2'(t) &= x_3(t), \\ x_3'(t) &= t x_3(t) - x_2^2(t) - t^2 x_1(t) + e^t. \end{aligned}$$

En général, un système de n équations différentielles d'ordre un pour n variables, $x_1(t), \ldots, x_n(t)$, est de la forme

$$\left.\begin{aligned} x_1'(t) &= f_1(t, x_1, x_2, \ldots, x_n), \\ x_2'(t) &= f_2(t, x_1, x_2, \ldots, x_n), \\ \vdots\ &\vdots\ \vdots \\ x_n'(t) &= f_n(t, x_1, x_2, \ldots, x_n). \end{aligned}\right\} \tag{4.9}$$

On peut montrer le théorème d'existence et d'unicité suivant.

Théorème 4.1.1. *Supposons que les f_i, pour $i = 1, \ldots, n$, sont des fonctions continues dont les dérivées partielles $\partial f_i / \partial x_j$ existent et sont continues, $\forall i, j$, dans la région*

$$R := \{(t, x_1, x_2, \ldots, x_n) \colon t \in (a, b), x_i \in (a_i, b_i), i = 1, \ldots, n\}. \tag{4.10}$$

Si $(t_0, x_{1,0}, \ldots, x_{n,0}) \in R$, alors il existe un intervalle défini par $|t - t_0| < \delta$ dans lequel le système (4.9) possède une unique *solution qui satisfait aux conditions initiales*

$$x_i(t_0) = x_{i,0} \quad \textit{pour } i = 1, \ldots, n. \tag{4.11}$$

Remarque. En particulier, les variables $x_i(t)$ peuvent être définies par (4.7), avec les conditions initiales correspondantes.

Nous allons en fait nous limiter, dans la majeure partie de ce chapitre, au cas où les systèmes d'équations différentielles considérés sont linéaires, de sorte que

$$\left.\begin{aligned} x_1'(t) &= p_{1,1}(t)x_1(t) + \ldots + p_{1,n}(t)x_n(t) + q_1(t), \\ x_2'(t) &= p_{2,1}(t)x_1(t) + \ldots + p_{2,n}(t)x_n(t) + q_2(t), \\ \vdots\ &\vdots\ \vdots \\ x_n'(t) &= p_{n,1}(t)x_1(t) + \ldots + p_{n,n}(t)x_n(t) + q_n(t). \end{aligned}\right\} \tag{4.12}$$

Remarque. Si $q_i(t) \equiv 0$ pour tout i, alors le système d'équations différentielles est *homogène*; sinon, le système est *non homogène.*

Dans le cas d'un système d'équations différentielles linéaires, on peut démontrer le théorème d'existence et d'unicité qui suit.

Théorème 4.1.2. *Si les fonctions $p_{i,j}(t)$, pour $i, j = 1, \ldots, n$, sont continues dans l'intervalle $I := (a, b)$, alors il* existe *une solution du système (4.12) dans cet intervalle. De plus, il y a une* unique *solution qui satisfait aux conditions initiales (4.11), où $t_0 \in I$.*

Exemple 4.1.2. (Voir Boyce et DiPrima, p. 359, nº 21.) On considère deux réservoirs. Le premier contient 30 litres d'eau et 25 grammes de sel, tandis que le deuxième contient 20 litres d'eau et 15 grammes de sel. On suppose que de l'eau, venant de l'extérieur, entre dans le réservoir I (respectivement II) au taux de 1,5 (resp. 1) litre par minute; cette eau contient 1 (resp. 3) gramme(s) de sel par litre. De plus, le mélange est constamment remué, de sorte que la distribution du sel dans les réservoirs est uniforme.

Supposons maintenant que le mélange se déverse du réservoir I au réservoir II au taux de 3 litres par minute. Enfin, le mélange quitte le réservoir II au taux de 4 litres par minute; 1,5 de ces 4 litres par minute retourne au réservoir I, et le reste (soit 2,5 litres par minute) s'échappe à l'extérieur.

Soit $Q_1(t)$ [respectivement $Q_2(t)$] la quantité de sel dans le réservoir I (resp. II) à l'instant t. Le taux μ_1 auquel le sel entre dans le réservoir I est donné par

$$\begin{aligned}\mu_1 &= \left[1\,\frac{\text{gramme}}{\text{litre}} \times 1{,}5\,\frac{\text{litre}}{\text{minute}}\right] + \left[\frac{Q_2(t)}{20}\,\frac{\text{gramme(s)}}{\text{litre}} \times 1{,}5\,\frac{\text{litre}}{\text{minute}}\right]\\ &= \left(1{,}5 + \frac{3Q_2(t)}{40}\right)\frac{\text{gramme(s)}}{\text{minute}},\end{aligned}$$

tandis que le taux ν_1 auquel le sel sort de ce réservoir est

$$\nu_1 = \left[\frac{Q_1(t)}{30}\,\frac{\text{gramme(s)}}{\text{litre}} \times 3\,\frac{\text{litres}}{\text{minute}}\right] = \frac{Q_1(t)}{10}\,\frac{\text{gramme(s)}}{\text{minute}}.$$

En utilisant le principe selon lequel le taux de variation de la quantité de sel dans un réservoir doit être égal au taux auquel le sel entre dans le réservoir, moins le taux auquel le sel sort de ce réservoir, on peut écrire que

$$\frac{dQ_1(t)}{dt} = 1{,}5 + \frac{3Q_2(t)}{40} - \frac{Q_1(t)}{10}. \tag{4.13}$$

De même, on obtient que

$$\frac{dQ_2(t)}{dt} = 3 + \frac{Q_1(t)}{10} - \frac{Q_2(t)}{5}. \tag{4.14}$$

On a donc le système suivant de deux équations différentielles linéaires non homogènes:

$$Q_1'(t) = 1{,}5 - \frac{1}{10}Q_1(t) + \frac{3}{40}Q_2(t),$$

$$Q_2'(t) = 3 + \frac{1}{10}Q_1(t) - \frac{1}{5}Q_2(t).$$

Les conditions initiales sont les suivantes:

$$Q_1(0) = 25 \quad \text{et} \quad Q_2(0) = 15.$$

Remarque. Notons que, dans cet exemple, la quantité de liquide dans chacun des réservoirs demeure constante.

On obtient les valeurs Q_1^e et Q_2^e de $Q_1(t)$ et $Q_2(t)$ pour lesquelles le système est en *équilibre* (de sorte que les quantités de sel dans les réservoirs ne varient plus avec t) en résolvant le système d'équations linéaires

$$0 = 1{,}5 - \frac{1}{10}Q_1^e + \frac{3}{40}Q_2^e,$$

$$0 = 3 + \frac{1}{10}Q_1^e - \frac{1}{5}Q_2^e.$$

On trouve facilement que

$$Q_1^e = 42 \quad \text{et} \quad Q_2^e = 36.$$

Si l'on définit

$$R_i(t) = Q_i(t) - Q_i^e,$$

pour $i = 1, 2$, alors on obtient un système de deux équations différentielles linéaires *homogènes* du premier ordre:

$$R_1'(t) = -\frac{1}{10}R_1(t) + \frac{3}{40}R_2(t),$$

$$R_2'(t) = \frac{1}{10}R_1(t) - \frac{1}{5}R_2(t).$$

En effet, on a:

$$\frac{dQ_i(t)}{dt} = \frac{dR_i(t)}{dt}$$

et

$$Q_i(t) = R_i(t) + Q_i^e,$$

pour $i = 1, 2$. Notons que l'on a bien:

$$1{,}5 - \frac{1}{10} \times 42 + \frac{3}{40} \times 36 = 0$$

(et de même pour l'autre équation).

Finalement, les conditions initiales sont alors

$$R_1(0) = 25 - 42 = -17 \quad \text{et} \quad R_2(0) = -21.$$

◇

Exemple 4.1.3. Un système de deux équations différentielles d'ordre un *à coefficients constants* pour les fonctions $x_1(t)$ et $x_2(t)$ peut parfois être résolu en isolant d'abord $x_2(t)$ dans la première équation, puis en calculant $x_2'(t)$, et enfin en substituant les résultats obtenus dans la deuxième équation. Cette deuxième équation devient alors une équation différentielle d'ordre *deux* pour la fonction $x_1(t)$. Si on peut la résoudre en utilisant les résultats du chapitre 3, alors on peut déduire la valeur de $x_2(t)$ à partir de la première équation du système.

Par exemple, on déduit de l'équation (4.13) dans l'exemple 4.1.2 que

$$Q_2(t) = \frac{40}{3}Q_1'(t) - 20 + \frac{4}{3}Q_1(t). \tag{4.15}$$

Il s'ensuit que

$$Q_2'(t) = \frac{40}{3}Q_1''(t) + \frac{4}{3}Q_1'(t).$$

En substituant ces résultats dans l'équation (4.14), on obtient que

$$\frac{40}{3}Q_1''(t) + \frac{4}{3}Q_1'(t) = 3 + \frac{1}{10}Q_1(t) - \left[\frac{8}{3}Q_1'(t) - 4 + \frac{4}{15}Q_1(t)\right].$$

C'est-à-dire que

$$Q_1''(t) + \frac{3}{10}Q_1'(t) + \frac{1}{80}Q_1(t) - \frac{21}{40} = 0.$$

La solution générale de cette équation différentielle linéaire d'ordre deux à coefficients constants est donnée par

$$Q_1(t) = c_1 e^{-t/4} + c_2 e^{-t/20} + 42.$$

De là, on peut écrire que

$$Q_1'(t) = -\frac{1}{4}c_1 e^{-t/4} - \frac{1}{20}c_2 e^{-t/20}.$$

L'équation (4.15) implique alors que

$$\begin{aligned} Q_2(t) &= -\frac{10}{3}c_1 e^{-t/4} - \frac{2}{3}c_2 e^{-t/20} - 20 + \frac{4}{3}\left(c_1 e^{-t/4} + c_2 e^{-t/20}\right) + 56 \\ &= -2c_1 e^{-t/4} + \frac{2}{3}c_2 e^{-t/20} + 36. \end{aligned}$$

Finalement, on trouve que la solution du système qui satisfait aux conditions initiales $Q_1(0) = 25$ et $Q_2(0) = 15$ est

$$Q_1(t) = \frac{29}{8}e^{-t/4} - \frac{165}{8}e^{-t/20} + 42$$

et

$$Q_2(t) = -\frac{29}{4}e^{-t/4} - \frac{55}{4}e^{-t/20} + 36.$$

Notons que

$$\lim_{t\to\infty} Q_1(t) = 42 \quad \text{et} \quad \lim_{t\to\infty} Q_2(t) = 36,$$

ce qui correspond bien aux solutions d'équilibre obtenues dans l'exemple précédent.

Remarques. i) Cette technique fonctionne bien dans le cas des systèmes de deux équations différentielles *linéaires* d'ordre un à coefficients constants. Cependant, elle serait difficile à appliquer pour trouver la solution des équations proie-prédateur de Volterra [voir (4.5)], par exemple. De même, pour des systèmes de deux équations différentielles linéaires d'ordre un *à coefficients non constants*, on peut obtenir une équation différentielle d'ordre deux pour l'une ou l'autre des fonctions que l'on cherche. Toutefois, l'équation en question sera généralement aussi à coefficients non constants, de sorte qu'il ne sera probablement pas aisé de la résoudre explicitement.

ii) Dans le cas général du système homogène à coefficients constants

$$\begin{aligned} x_1'(t) &= a_{1,1}x_1(t) + a_{1,2}x_2(t), \\ x_2'(t) &= a_{2,1}x_1(t) + a_{2,2}x_2(t), \end{aligned} \tag{4.16}$$

on trouve que

$$x_1''(t) - (a_{1,1} + a_{2,2})x_1'(t) + (a_{1,1}a_{2,2} - a_{1,2}a_{2,1})x_1(t) = 0. \tag{4.17}$$

Si l'on dénote par **A** la matrice des coefficients $a_{i,j}$, alors on peut écrire que $a_{1,1} + a_{2,2}$ est la *trace* de **A**, et $a_{1,1}a_{2,2} - a_{1,2}a_{2,1}$ son *déterminant*. ♢

Exercices

4-1. (a) Donner la ou les solutions d'équilibre des équations proie-prédateur de Volterra [voir l'équation (4.5)].

(b) Peut-on avoir une solution de ces équations telle que $x(t) = x_0 e^t$, où $x_0 = x(0) > 0$? Justifier.

4-2. Dériver (par rapport à t) l'équation différentielle ordinaire d'ordre deux

$$y''(t) + [y'(t)]^2 + y(t) = 1,$$

puis transformer l'équation obtenue en un système de trois équations différentielles d'ordre un.

4-3. (a) Déterminer le système d'équations auquel les fonctions $Q_1(t)$ et $Q_2(t)$ satisfont dans l'exemple 4.1.2 si le mélange quitte le réservoir II au taux de quatre litres par minute, mais que seulement un de ces quatre litres retourne au réservoir I (et trois litres s'échappent à l'extérieur).

(b) Pour quelles valeurs de t ces équations sont-elles valables?

4.2 Systèmes linéaires homogènes d'ordre un

Le système d'équations différentielles linéaires d'ordre un (4.12) peut être réécrit comme suit:

$$\mathbf{x}'(t) = \mathbf{P}(t)\mathbf{x}(t) + \mathbf{q}(t), \tag{4.18}$$

où $\mathbf{x}(t)$ et $\mathbf{q}(t)$ sont les vecteurs définis par

$$\mathbf{x}(t) = \begin{bmatrix} x_1(t) \\ x_2(t) \\ \vdots \\ x_n(t) \end{bmatrix} \quad \text{et} \quad \mathbf{q}(t) = \begin{bmatrix} q_1(t) \\ q_2(t) \\ \vdots \\ q_n(t) \end{bmatrix}, \tag{4.19}$$

et $\mathbf{P}(t)$ est la matrice des fonctions $p_{i,j}(t)$:

$$\mathbf{P}(t) = \begin{bmatrix} p_{1,1}(t) & p_{1,2}(t) & \ldots & p_{1,n}(t) \\ p_{2,1}(t) & p_{2,2}(t) & \ldots & p_{2,n}(t) \\ \vdots & \vdots & \vdots & \vdots \\ p_{n,1}(t) & p_{n,2}(t) & \ldots & p_{n,n}(t) \end{bmatrix}. \tag{4.20}$$

On suppose que les fonctions $q_i(t)$ et $p_{i,j}(t)$ sont continues dans l'intervalle (a, b). Alors le théorème 4.1.2 nous permet d'affirmer que le système (4.18) possède une solution dans cet intervalle.

Comme nous l'avons fait dans le cas des équations différentielles non homogènes, on commence par considérer les systèmes d'équations différentielles homogènes correspondants; c'est-à-dire que l'on pose $\mathbf{q}(t) \equiv \mathbf{0_n}$, où $\mathbf{0_n}$ dénote le vecteur colonne constitué de n zéros. On doit donc résoudre

$$\mathbf{x}'(t) = \mathbf{P}(t)\mathbf{x}(t). \tag{4.21}$$

Dans cette section, nous allons donner des résultats semblables à ceux de la section 3.2 pour les équations différentielles d'ordre deux. On démontre d'abord le lemme suivant.

Lemme 4.2.1. *Si* $\mathbf{x}_i(t)$, *pour* $i = 1, \ldots, k$, *sont des solutions du système (4.21), alors*

$$\mathbf{x}(t) := \sum_{i=1}^{k} c_i \mathbf{x}_i(t) \tag{4.22}$$

est aussi une solution de ce système d'équations différentielles.

Preuve. Il suffit de dériver $\mathbf{x}(t)$ et d'utiliser le fait que $\mathbf{x}_i(t)$ satisfait à (4.21) pour tout i. On a:

$$\mathbf{x}'(t) = \sum_{i=1}^{k} c_i \mathbf{x}_i'(t) \tag{4.23}$$

et

$$\mathbf{P}(t)\mathbf{x}(t) = \mathbf{P}(t) \sum_{i=1}^{k} c_i \mathbf{x}_i(t) = \sum_{i=1}^{k} c_i \mathbf{P}(t)\mathbf{x}_i(t) = \sum_{i=1}^{k} c_i \mathbf{x}_i'(t). \tag{4.24}$$

■

Supposons maintenant que l'on possède n solutions du système (4.21), soit $\mathbf{x}_i(t)$ pour $i = 1, \ldots, n$. Posons que

$$\mathbf{x}_i(t) = \begin{bmatrix} x_{1,i}(t) \\ x_{2,i}(t) \\ \vdots \\ x_{n,i}(t) \end{bmatrix} \quad \text{pour } i = 1, \ldots, n, \tag{4.25}$$

et définissons la matrice $\mathbf{X}(t)$ par

$$\mathbf{X}(t) = \begin{bmatrix} \mathbf{x}_1(t) \; \mathbf{x}_2(t) \ldots \mathbf{x}_n(t) \end{bmatrix} = \begin{bmatrix} x_{1,1}(t) & x_{1,2}(t) & \ldots & x_{1,n}(t) \\ x_{2,1}(t) & x_{2,2}(t) & \ldots & x_{2,n}(t) \\ \vdots & \vdots & \vdots & \vdots \\ x_{n,1}(t) & x_{n,2}(t) & \ldots & x_{n,n}(t) \end{bmatrix}. \quad (4.26)$$

Définition 4.2.1. *Les vecteurs* $\mathbf{x}_i(t)$, $i = 1, \ldots, n$, *sont dits* **linéairement dépendants** *s'il existe une liaison linéaire entre eux; c'est-à-dire s'il existe des constantes* c_i, *dont au moins une est différente de zéro, telles que*

$$\sum_{i=1}^{n} c_i \mathbf{x}_i(t) = \mathbf{0}_n. \quad (4.27)$$

Si l'équation précédente est vérifiée seulement dans le cas où $c_i = 0 \ \forall i$, *alors les vecteurs sont dits* **linéairement indépendants**.

En utilisant la théorie des systèmes d'équations linéaires, on obtient la proposition suivante.

Proposition 4.2.1. *Les* n *solutions* $\mathbf{x}_i(t)$ *du système (4.21) sont linéairement indépendantes si et seulement si*

$$\det \mathbf{X}(t) \neq 0. \quad (4.28)$$

Le déterminant de $\mathbf{X}(t)$ est, par définition, le *wronskien* des n solutions $\mathbf{x}_i(t)$ de (4.21), que l'on dénote par $W[\mathbf{x}_1, \ldots, \mathbf{x}_n](t)$. On peut donc écrire que ces solutions sont linéairement indépendantes si et seulement si

$$W[\mathbf{x}_1, \ldots, \mathbf{x}_n](t) \neq 0. \quad (4.29)$$

Théorème 4.2.1. *Le wronskien* $W[\mathbf{x}_1, \ldots, \mathbf{x}_n](t)$ *des* n *solutions* $\mathbf{x}_i(t)$ *du système (4.21) dans l'intervalle* (a, b) *est soit identique à zéro, soit différent de zéro pour tout* $t \in (a, b)$.

(Idée de la) Preuve. On montre que le wronskien W est en fait une fonction exponentielle, car il satisfait à l'équation différentielle

$$\frac{d}{dt} W[\mathbf{x}_1, \ldots, \mathbf{x}_n](t) = [p_{1,1}(t) + p_{2,2}(t) + \ldots + p_{n,n}(t)] \, W[\mathbf{x}_1, \ldots, \mathbf{x}_n](t), \quad (4.30)$$

dont la solution est

$$W[\mathbf{x}_1, \ldots, \mathbf{x}_n](t) = c \exp\left\{\int [p_{1,1}(t) + p_{2,2}(t) + \ldots + p_{n,n}(t)]\, dt\right\}. \tag{4.31}$$

Le wronskien est donc soit identiquement nul (si $c = 0$), soit jamais égal à zéro. ■

Soit $\mathbf{z}(t)$ une solution *quelconque* du système (4.21) dans l'intervalle (a, b). Supposons que les conditions initiales arbitraires sont $\mathbf{x}(t_0) = \mathbf{x}_0$, où t_0 est un point quelconque dans l'intervalle (a, b). On pose

$$\mathbf{z}(t) = \sum_{i=1}^{n} c_i \mathbf{x}_i(t). \tag{4.32}$$

On peut trouver des constantes $c_1, \ldots, c_n$ pour lesquelles

$$\sum_{i=1}^{n} c_i \mathbf{x}_i(t_0) = \mathbf{x}_0 \tag{4.33}$$

ssi $W[\mathbf{x}_1, \ldots, \mathbf{x}_n](t_0) \neq 0$. Or, par le théorème 4.1.2, il existe une seule solution de (4.21) dans (a, b) qui satisfait à $\mathbf{x}(t_0) = \mathbf{x}_0$. Par conséquent, on peut écrire que $\mathbf{x}(t) \equiv \mathbf{z}(t)$; c'est-à-dire que toute solution de (4.21) peut être exprimée comme une combinaison linéaire des fonctions $\mathbf{x}_i(t)$.

À partir de ce qui précède, on peut énoncer le théorème suivant.

Théorème 4.2.2. *Si le wronskien $W[\mathbf{x}_1, \ldots, \mathbf{x}_n](t)$ des n solutions $\mathbf{x}_i(t)$ du système (4.21) dans l'intervalle (a, b) est différent de zéro pour au moins un point $t_0 \in (a, b)$, alors toute solution $\mathbf{z}(t)$ de ce système peut être exprimée comme suit:*

$$\mathbf{z}(t) = \sum_{i=1}^{n} c_i \mathbf{x}_i(t), \tag{4.34}$$

et ce, pour un choix approprié (unique) des constantes $c_1, \ldots, c_n$ correspondant à des conditions initiales $\mathbf{x}(t_0) = \mathbf{x}_0$ données.

Définition 4.2.2. *Soit $\mathbf{x}_i(t)$, $i = 1, \ldots, n$, des solutions linéairement indépendantes du système (4.21) dans l'intervalle $I := (a, b)$. La* **solution générale** *de ce sytème est*

$$\mathbf{x}(t) = \sum_{i=1}^{n} c_i \mathbf{x}_i(t), \tag{4.35}$$

où les constantes $c_1, \ldots, c_n$ sont arbitraires. De plus, tout ensemble de n solutions linéairement indépendantes dans I constitue un **ensemble fondamental** *de solutions du système dans I.*

Pour terminer cette section, nous donnons un résultat qui permet de trouver un ensemble fondamental de solutions de (4.21).

Proposition 4.2.2. *Soit $\mathbf{x}_i(t)$, $i = 1, \ldots, n$, des solutions du système (4.21) qui satisfont aux conditions*

$$\mathbf{x}_1(t_0) = \begin{bmatrix} 1 \\ 0 \\ 0 \\ \vdots \\ 0 \end{bmatrix}, \quad \mathbf{x}_2(t_0) = \begin{bmatrix} 0 \\ 1 \\ 0 \\ \vdots \\ 0 \end{bmatrix}, \quad \ldots, \quad \mathbf{x}_n(t_0) = \begin{bmatrix} 0 \\ 0 \\ \vdots \\ 0 \\ 1 \end{bmatrix}, \tag{4.36}$$

pour un $t_0 \in (a, b)$. Alors ces solutions constituent un ensemble fondamental de solutions de (4.21).

Preuve. Le théorème 4.1.2 nous permet d'affirmer qu'il existe effectivement des solutions (uniques) qui satisfont aux conditions ci-dessus. Il suffit alors de calculer le wronskien de ces solutions en $t = t_0$. On trouve directement que ce wronskien est égal à $1 \neq 0$, d'où l'on déduit que les solutions sont linéairement indépendantes. ■

Exercices

4-4. Supposons que les vecteurs suivants:

$$\mathbf{x}_1(t) := \begin{bmatrix} e^t \\ e^t \\ -e^t \end{bmatrix}, \quad \mathbf{x}_2(t) := \begin{bmatrix} e^{2t} \\ 2e^{2t} \\ -e^{2t} \end{bmatrix} \quad \text{et} \quad \mathbf{x}_3(t) := \begin{bmatrix} e^{-t} \\ -e^{-t} \\ 2e^{-t} \end{bmatrix}$$

sont trois solutions du système d'équations différentielles (4.21) pour une certaine matrice $\mathbf{P}(t)$ de dimension 3×3. Les vecteurs sont-ils linéairement indépendants? Justifier.

4-5. Les vecteurs

$$\mathbf{x}_1(t) := \begin{bmatrix} e^t \\ e^t \end{bmatrix} \quad \text{et} \quad \mathbf{x}_2(t) := \begin{bmatrix} e^{-3t/2} \\ -4e^{-3t/2} \end{bmatrix}$$

sont des solutions linéairement indépendantes du système

$$x_1'(t) = \frac{1}{2}\left[x_1(t) + x_2(t)\right],$$

$$x_2'(t) = 2x_1(t) - x_2(t).$$

Trouver la solution particulière du système pour laquelle $\begin{bmatrix} x_1(0) \\ x_2(0) \end{bmatrix} =$ (a) $\begin{bmatrix} 0 \\ 5 \end{bmatrix}$; (b) $\begin{bmatrix} 3 \\ -2 \end{bmatrix}$.

4-6. (a) Calculer le wronskien des deux solutions du système considéré dans la question précédente.

(b) Vérifier que le wronskien calculé en (a) est de la forme donnée dans l'équation (4.31).

4-7. Expliquer pourquoi, en utilisant la définition 4.2.1, on peut affirmer que les vecteurs

$$\mathbf{x}_1(t) := \begin{bmatrix} e^t \\ e^t \\ -e^t \end{bmatrix}, \quad \mathbf{x}_2(t) := \begin{bmatrix} -e^t \\ -e^t \\ e^t \end{bmatrix} \quad \text{et} \quad \mathbf{x}_3(t) := \begin{bmatrix} e^t \\ -e^t \\ e^t \end{bmatrix}$$

ne sont pas linéairement indépendants.

4.3 Systèmes linéaires homogènes à coefficients constants

4.3.1 Solutions d'équilibre et champs de directions

Si les fonctions $p_{i,j}(t)$ dans le système (4.12) sont toutes des constantes (réelles) $a_{i,j}$, alors le système d'équations différentielles homogènes (4.21) devient

$$\mathbf{x}'(t) = \mathbf{A}\mathbf{x}(t), \tag{4.37}$$

où $\mathbf{A}$ est la matrice des $a_{i,j}$. Dans le cas où $n = 1$, cette équation matricielle se réduit à

$$x'(t) = a_{1,1}x(t), \tag{4.38}$$

de sorte que

$$x(t) = ce^{a_{1,1}t}, \tag{4.39}$$

où c est une constante arbitraire.

Au chapitre 1, nous avons appelé *solution d'équilibre* la solution obtenue en posant que $x'(t) = 0$. On voit que, sauf si $a_{1,1} = 0$, il n'y a qu'une solution d'équilibre de (4.38), soit $x(t) \equiv 0$. De plus, si $a_{1,1} < 0$, alors

$$\lim_{t\to\infty} x(t) = \lim_{t\to\infty} ce^{a_{1,1}t} = 0, \tag{4.40}$$

tandis que si $a_{1,1} > 0$, on a:

$$\lim_{t\to\infty} x(t) = \operatorname{sgn}(c)\infty \quad (\text{si } c \neq 0). \tag{4.41}$$

Ainsi, si $a_{1,1} < 0$ (respectivement $a_{1,1} > 0$), alors les autres solutions de (4.38) s'approchent (resp. s'éloignent) de la solution d'équilibre. On dit que $x(t) \equiv 0$ est une solution d'équilibre *asymptotiquement stable* (resp. *instable*).

On s'intéresse maintenant au cas où $n = 2$. On peut alors écrire le système (4.37) comme suit:

$$\left.\begin{aligned} x_1'(t) &= a_{1,1}x_1(t) + a_{1,2}x_2(t), \\ x_2'(t) &= a_{2,1}x_1(t) + a_{2,2}x_2(t). \end{aligned}\right\} \tag{4.42}$$

D'abord, les solutions d'équilibre de ce système sont obtenues en posant que

$$\begin{aligned} a_{1,1}x_1(t) + a_{1,2}x_2(t) &= 0, \\ a_{2,1}x_1(t) + a_{2,2}x_2(t) &= 0 \end{aligned} \quad\Longleftrightarrow\quad \begin{bmatrix} a_{1,1} & a_{1,2} \\ a_{2,1} & a_{2,2} \end{bmatrix} \begin{bmatrix} x_1(t) \\ x_2(t) \end{bmatrix} = \begin{bmatrix} 0 \\ 0 \end{bmatrix}. \tag{4.43}$$

Si on suppose que

$$\det \begin{bmatrix} a_{1,1} & a_{1,2} \\ a_{2,1} & a_{2,2} \end{bmatrix} \neq 0, \tag{4.44}$$

alors la seule solution d'équilibre est

$$\begin{bmatrix} x_1(t) \\ x_2(t) \end{bmatrix} \equiv \begin{bmatrix} 0 \\ 0 \end{bmatrix}. \tag{4.45}$$

Nous reviendrons plus loin sur le problème de déterminer les types de solution d'équilibre que nous pouvons avoir.

Définition 4.3.1. *On appelle* **trajectoire** *la représentation graphique d'une solution* $(x_1(t), x_2(t))$ *dans le plan* x_1x_2*. De plus, le plan* x_1x_2 *est appelé* **plan de phase**. *Finalement, un* **portrait de phase** *est un graphique de plusieurs trajectoires correspondant à diverses conditions initiales dans le même plan de phase.*

Exemple 4.3.1. Le système

$$x_1'(t) = x_1(t) - 2x_2(t),$$
$$x_2'(t) = 3x_1(t) - 4x_2(t)$$

possède la solution particulière suivante:

$$x_1(t) = x_2(t) = e^{-t}.$$

Ainsi, cette solution se trouve sur la droite $x_2 = x_1$ dans le plan de phase. De même, la solution particulière

$$x_1(t) = 2e^{-2t} \quad \text{et} \quad x_2(t) = 3e^{-2t}$$

se trouve sur la droite $x_2 = 3x_1/2$ dans le plan x_1x_2 Ces solutions et d'autres solutions particulières sont illustrées dans le portrait de phase présenté dans la figure 4.1. ◇

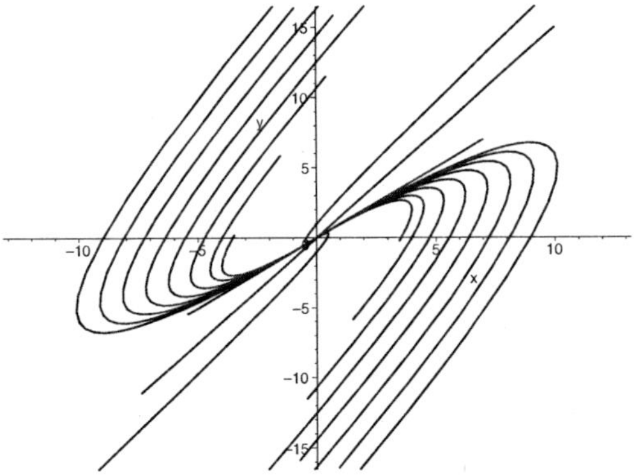

Fig. 4.1. Portrait de phase pour le système dans l'exemple 4.3.1.

Sans résoudre explicitement le système (4.42), on peut avoir une bonne idée de ses solutions en traçant un *champ de directions*, comme nous l'avons fait au chapitre 1: on évalue $\mathbf{A}\mathbf{x}$ en plusieurs points d'une grille rectangulaire et, pour chacun de ces points, on trace un petit segment dont la direction est déterminée par le vecteur $\mathbf{A}\mathbf{x}$. On peut aussi superposer les solutions particulières d'un portrait de phase sur le champ de directions. Ainsi, on voit dans quelle direction les solutions de (4.42) se déplacent quand t augmente.

Exemple 4.3.2. Un champ de directions pour le système dans l'exemple 4.3.1 est présenté dans la figure 4.2. Ensuite, le portrait de phase de la figure 4.1 est superposé sur le champ de directions (voir la figure 4.3). On voit que les solutions tendent vers zéro lorsque t augmente. ♢

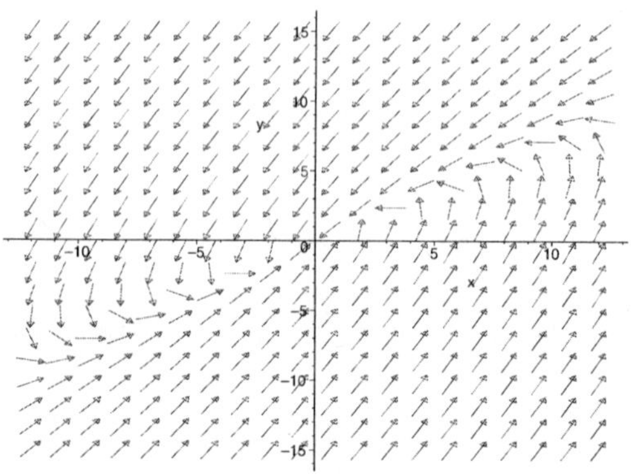

Fig. 4.2. Champ de directions pour le système dans l'exemple 4.3.1.

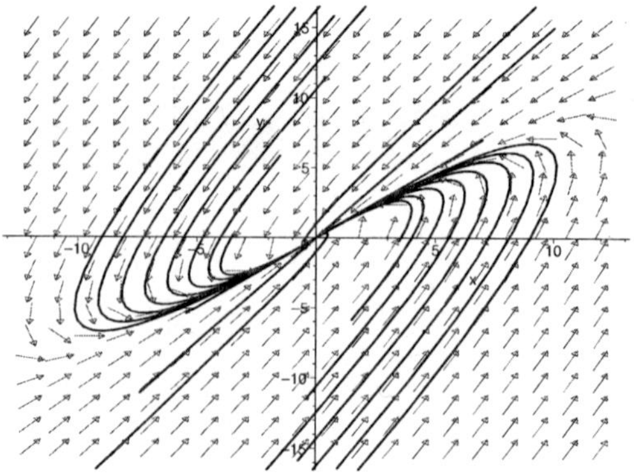

Fig. 4.3. Portrait de phase superposé sur un champ de directions pour le système dans l'exemple 4.3.1.

Une autre façon de déterminer qualitativement le comportement des solutions de (4.42) est de tracer le graphique de diverses solutions $x_1(t)$ ou $x_2(t)$ en fonction de t. Les figures 4.4 et 4.5 (obtenues à l'aide de *Maple*) présentent respectivement des solutions $x_1(t)$ et $x_2(t)$ du système dans l'exemple 4.3.1. On voit que toutes ces solutions tendent vers zéro lorsque t augmente, ce qui correspond à ce que nous avons observé dans la figure 4.3.

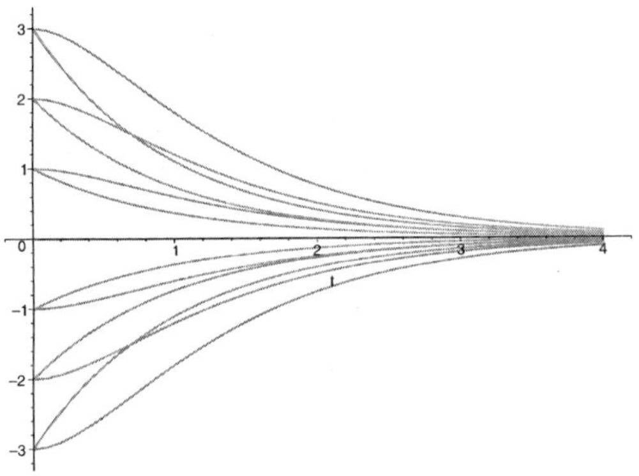

Fig. 4.4. Solutions $x_1(t)$ en fonction de t pour le système dans l'exemple 4.3.1.

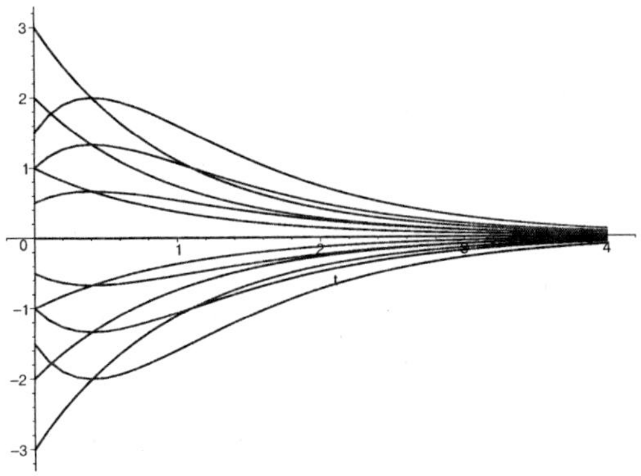

Fig. 4.5. Solutions $x_2(t)$ en fonction de t pour le système dans l'exemple 4.3.1.

4.3.2 Solution générale

Pour trouver la solution générale du système d'équations différentielles linéaires (4.42), on suppose que

$$\left.\begin{aligned} x_1(t) &= k_1 e^{mt}, \\ x_2(t) &= k_2 e^{mt}, \end{aligned}\right\} \tag{4.46}$$

où k_i, $i = 1, 2$, est une constante à déterminer. Si l'on substitue ces fonctions dans (4.42), on trouve que

$$\left.\begin{aligned} k_1 m e^{mt} &= a_{1,1} k_1 e^{mt} + a_{1,2} k_2 e^{mt}, \\ k_2 m e^{mt} &= a_{2,1} k_1 e^{mt} + a_{2,2} k_2 e^{mt}. \end{aligned}\right\} \tag{4.47}$$

C'est-à-dire qu'il faut que

$$\left.\begin{aligned} k_1 m &= a_{1,1} k_1 + a_{1,2} k_2, \\ k_2 m &= a_{2,1} k_1 + a_{2,2} k_2. \end{aligned}\right\} \tag{4.48}$$

Ce système peut être réécrit comme suit:

$$\begin{bmatrix} m - a_{1,1} & -a_{1,2} \\ -a_{2,1} & m - a_{2,2} \end{bmatrix} \begin{bmatrix} k_1 \\ k_2 \end{bmatrix} = \begin{bmatrix} 0 \\ 0 \end{bmatrix}. \tag{4.49}$$

La seule façon d'obtenir une solution autre que la solution triviale $k_1 = k_2 = 0$ est de poser que

$$\begin{vmatrix} m - a_{1,1} & -a_{1,2} \\ -a_{2,1} & m - a_{2,2} \end{vmatrix} = 0. \tag{4.50}$$

Ainsi, on obtient l'*équation caractéristique*

$$(m - a_{1,1})(m - a_{2,2}) - a_{1,2} a_{2,1} = 0 \tag{4.51}$$

$\Longleftrightarrow$

$$m^2 - (a_{1,1} + a_{2,2}) m + a_{1,1} a_{2,2} - a_{1,2} a_{2,1} = 0. \tag{4.52}$$

Une fois que les deux racines, m_1 et m_2, de l'équation caractéristique ont été trouvées, on remplace m par ces valeurs dans le système (4.48). On obtient alors, pour chaque valeur de m, un système de deux équations linéaires pour les paramètres k_1 et k_2 qui se réduit en fait à une seule équation (si $a_{1,2} a_{2,1} \neq 0$). Il y a donc une infinité de solutions dans les deux cas. Soit $k_{1,i}$ et $k_{2,i}$ une solution particulière de cette équation qui correspond à m_i, pour $i = 1, 2$. Alors

$$\left.\begin{aligned} x_1(t) &= k_{1,i} e^{m_i t}, \\ x_2(t) &= k_{2,i} e^{m_i t}, \end{aligned}\right\} \tag{4.53}$$

pour $i = 1$ et 2, sont deux solutions non triviales du système (4.42). Pour obtenir la solution générale de (4.42), nous avons besoin de deux solutions *linéairement indépendantes* de ce système. Or, il est possible que les deux solutions particulières ci-dessus soient linéairement dépendantes (si $m_1 = m_2$). Nous allons donc considérer les trois cas possibles pour ces racines.

Remarques. i) Si $a_{1,2}a_{2,1} = 0$, alors au moins une des deux équations est de la forme $x_i'(t) = a_{i,i}x_i(t)$. Il s'ensuit que $x_i(t) = c_i\, e^{a_{i,i}t}$, où c_i est une constante arbitraire. On peut alors remplacer $x_i(t)$ par cette fonction dans l'autre équation (si nécessaire), puis résoudre cette équation différentielle linéaire d'ordre un.

ii) On peut réécrire le système (4.49) ainsi:

$$(\mathbf{A} - m\mathbf{I}_2)\,\mathbf{k} = \mathbf{0}_2, \tag{4.54}$$

où $\mathbf{I}_2$ est la *matrice identité* d'ordre 2 et

$$\mathbf{k} = \begin{bmatrix} k_1 \\ k_2 \end{bmatrix}.$$

Il faut alors que

$$\det(\mathbf{A} - m\mathbf{I}_2) = 0. \tag{4.55}$$

Les racines m_1 et m_2 de l'équation caractéristique sont les *valeurs propres* de la matrice $\mathbf{A}$, et les vecteurs (non nuls)

$$\mathbf{k}_i := \begin{bmatrix} k_{1,i} \\ k_{2,i} \end{bmatrix} \tag{4.56}$$

sont des *vecteurs propres* correspondants.

Cas I: Racines réelles et distinctes. Si m_1 et m_2 sont des nombres réels et $m_1 \neq m_2$, alors les deux solutions

$$\mathbf{x}_i(t) := \mathbf{k}_i\, e^{m_i t} \tag{4.57}$$

pour $i = 1, 2$, où $\mathbf{k}_i$ est défini ci-dessus, sont linéairement indépendantes. En effet, leur wronskien est

$$W[\mathbf{x}_1, \mathbf{x}_2](t) = \begin{vmatrix} k_{1,1}\, e^{m_1 t} & k_{1,2}\, e^{m_2 t} \\ k_{2,1}\, e^{m_1 t} & k_{2,2}\, e^{m_2 t} \end{vmatrix} = e^{(m_1+m_2)t} \begin{vmatrix} k_{1,1} & k_{1,2} \\ k_{2,1} & k_{2,2} \end{vmatrix}. \tag{4.58}$$

Or, on peut montrer que les vecteurs propres correspondant à deux valeurs propres distinctes sont linéairement indépendants, ce qui implique que le déterminant dans le membre droit de l'équation précédente est non nul. Par conséquent, le wronskien $W[\mathbf{x}_1, \mathbf{x}_2](t)$ ne peut pas être égal à zéro.

Remarque. En fait, il est clair que les deux solutions $\mathbf{x}_1(t)$ et $\mathbf{x}_2(t)$ sont linéairement indépendantes, car on ne peut pas obtenir une solution à partir de l'autre en la multipliant par une constante.

On déduit de ce qui précède que la solution générale du système (4.42) peut être exprimée comme suit:

$$\mathbf{x}(t) = c_1 \mathbf{x}_1(t) + c_2 \mathbf{x}_2(t), \tag{4.59}$$

où c_1 et c_2 sont des constantes arbitraires.

Cas II: Racines complexes conjuguées. Supposons qu'on peut écrire que

$$m_1 = \alpha + i\beta \quad \text{et} \quad m_2 = \alpha - i\beta, \tag{4.60}$$

où α et $\beta(\neq 0)$ sont des nombres réels. Une solution de (4.42) est alors

$$\left.\begin{aligned} x_1(t) &= k_{1,1}\, e^{m_1 t}, \\ x_2(t) &= k_{2,1}\, e^{m_1 t}, \end{aligned}\right\} \tag{4.61}$$

où $k_{j,1}$ est une constante à déterminer, pour $j = 1, 2$. En posant que

$$k_{j,1} = \lambda_{j,1} + i\,\mu_{j,1} \tag{4.62}$$

pour $j = 1, 2$, on peut réécrire la solution comme suit:

$$\left.\begin{aligned} x_1(t) &= (\lambda_{1,1} + i\,\mu_{1,1})\, e^{\alpha t}\left[\cos(\beta t) + i\,\sin(\beta t)\right], \\ x_2(t) &= (\lambda_{2,1} + i\,\mu_{2,1})\, e^{\alpha t}\left[\cos(\beta t) + i\,\sin(\beta t)\right]. \end{aligned}\right\} \tag{4.63}$$

On peut vérifier que les parties réelles et les parties imaginaires des fonctions $x_1(t)$ et $x_2(t)$ constituent des solutions réelles de (4.42). C'est-à-dire que

$$\left.\begin{aligned} x_1(t) &= e^{\alpha t}\left[\lambda_{1,1}\cos(\beta t) - \mu_{1,1}\sin(\beta t)\right], \\ x_2(t) &= e^{\alpha t}\left[\lambda_{2,1}\cos(\beta t) - \mu_{2,1}\sin(\beta t)\right] \end{aligned}\right\} \tag{4.64}$$

et

$$\left.\begin{aligned} x_1(t) &= e^{\alpha t}\left[\lambda_{1,1}\sin(\beta t) + \mu_{1,1}\cos(\beta t)\right], \\ x_2(t) &= e^{\alpha t}\left[\lambda_{2,1}\sin(\beta t) + \mu_{2,1}\cos(\beta t)\right] \end{aligned}\right\} \tag{4.65}$$

sont deux solutions particulières du système (4.42). De plus, on peut montrer qu'elles sont linéairement indépendantes. Il s'ensuit que la solution générale de ce système est obtenue en multipliant les termes entre les crochets ci-dessus par des constantes arbitraires c_1 et c_2, et en additionnant les deux solutions:

$$\left.\begin{aligned} x_1(t) &= e^{\alpha t}\left\{c_1\left[\lambda_{1,1}\cos(\beta t) - \mu_{1,1}\sin(\beta t)\right]\right.\\ &\qquad \left.+ c_2\left[\lambda_{1,1}\sin(\beta t) + \mu_{1,1}\cos(\beta t)\right]\right\},\\ x_2(t) &= e^{\alpha t}\left\{c_1\left[\lambda_{2,1}\cos(\beta t) - \mu_{2,1}\sin(\beta t)\right]\right.\\ &\qquad \left.+ c_2\left[\lambda_{2,1}\sin(\beta t) + \mu_{2,1}\cos(\beta t)\right]\right\}. \end{aligned}\right\} \tag{4.66}$$

Remarques. i) On voit qu'il suffit de considérer une seule des deux racines complexes pour obtenir la solution générale du système (4.42).

ii) La solution (4.66) peut être simplifiée. Par exemple, si $a_{1,2} \neq 0$, alors on peut choisir $k_{1,1} = 1$, de sorte que $\lambda_{1,1} = 1$ et $\mu_{1,1} = 0$. Il s'ensuit que

$$\lambda_{2,1} = \frac{\alpha - a_{1,1}}{a_{1,2}} \quad \text{et} \quad \mu_{2,1} = \frac{\beta}{a_{1,2}}. \tag{4.67}$$

De plus, dans le cas où $a_{1,2} = 0$, on peut résoudre directement l'équation différentielle à laquelle $x_1(t)$ satisfait puisqu'elle ne dépend pas de $x_2(t)$. On pourrait aussi donner des résultats semblables lorsque la constante $a_{2,1}$ est différente de 0.

Cas III: Racine réelle double. Si $m = m_1 = m_2$, alors on dispose d'une seule solution de (4.42), soit

$$\left.\begin{aligned} x_1(t) &= k_1 e^{mt},\\ x_2(t) &= k_2 e^{mt}. \end{aligned}\right\} \tag{4.68}$$

On trouve qu'une deuxième solution linéairement indépendante de la première est donnée par

$$\left.\begin{aligned} x_1(t) &= (\eta_1 + \xi_1 t)\, e^{mt},\\ x_2(t) &= (\eta_2 + \xi_2 t)\, e^{mt}. \end{aligned}\right\} \tag{4.69}$$

Pour déterminer la valeur des constantes η_i et ξ_i, pour $i = 1, 2$, il faut remplacer cette solution dans (4.42) et résoudre le système d'équations ainsi obtenu.

La solution générale du système (4.42) est de la forme [voir toutefois la remarque ii) ci-dessous]

$$\left.\begin{aligned} x_1(t) &= \left[c_1 k_1 + c_2(\eta_1 + \xi_1 t)\right] e^{mt},\\ x_2(t) &= \left[c_1 k_2 + c_2(\eta_2 + \xi_2 t)\right] e^{mt}. \end{aligned}\right\} \tag{4.70}$$

En fait, on trouve qu'on peut choisir $\xi_i = k_i$, pour $i = 1, 2$, sans perte de généralité.

Remarques. i) Si nous essayons plus simplement une deuxième solution de la forme

$$\left.\begin{aligned} x_1(t) &= k_1 t\, e^{mt}, \\ x_2(t) &= k_2 t\, e^{mt}, \end{aligned}\right\} \tag{4.71}$$

comme nous l'avons fait dans le cas des équations différentielles linéaires homogènes d'ordre deux à coefficients constants, nous obtenons que les constantes k_1 et k_2 doivent être nulles.

ii) Si $a_{1,1} = a_{2,2} := a_3$ et $a_{1,2} = a_{2,1} = 0$ dans le système (4.42), de sorte que

$$\left.\begin{aligned} x_1'(t) &= a_3 x_1(t), \\ x_2'(t) &= a_3 x_2(t), \end{aligned}\right\} \tag{4.72}$$

alors les équations sont *non couplées* et on trouve que $m = a_3$ est une racine double de l'équation caractéristique. Cependant, il est facile de vérifier que la solution générale du système ci-dessus est en fait

$$\left.\begin{aligned} x_1(t) &= c_1 e^{a_3 t}, \\ x_2(t) &= c_2 e^{a_3 t}, \end{aligned}\right\} \tag{4.73}$$

où c_1 et c_2 sont des constantes arbitraires.

Les résultats précédents peuvent être généralisés au cas de n dimensions. Pour chaque racine réelle de multiplicité un de l'équation caractéristique, laquelle sera une équation polynomiale d'ordre n, il y aura un terme comme dans le cas I ci-dessus dans la solution générale du système (4.37). De même, pour chaque paire de racines complexes conjuguées, des termes correspondant à ceux obtenus dans le cas II apparaîtront dans la solution générale. Enfin, pour les racines réelles doubles de l'équation caractéristique, nous retrouverons des termes comme dans le cas III. Il peut cependant y avoir des racines (réelles ou imaginaires) de multiplicité supérieure à deux. Nous ne traiterons pas ce cas ici.

Exemple 4.3.3. Pour trouver la solution générale du système

$$\begin{aligned} x_1'(t) &= -x_2(t), \\ x_2'(t) &= -x_1(t), \end{aligned}$$

on considère la matrice des coefficients

$$\mathbf{A} = \begin{bmatrix} 0 & -1 \\ -1 & 0 \end{bmatrix}.$$

On pose que

$$0 = \det(\mathbf{A} - m\mathbf{I}_2) = \begin{vmatrix} -m & -1 \\ -1 & -m \end{vmatrix} = m^2 - 1.$$

Donc, les deux racines sont $m_1 = -1$ et $m_2 = 1$.

En remplaçant m par -1 dans la première équation de (4.48), on obtient que

$$-k_1 = -k_2,$$

de sorte que l'on peut prendre $k_1 = k_2 = 1$. De même, avec $m = 1$, l'équation devient

$$k_1 = -k_2.$$

Ainsi, on peut choisir $k_1 = -k_2 = 1$.

On peut maintenant écrire que la solution générale du système considéré est donnée par

$$\mathbf{x}(t) = c_1 \begin{bmatrix} 1 \\ 1 \end{bmatrix} e^{-t} + c_2 \begin{bmatrix} 1 \\ -1 \end{bmatrix} e^{t}.$$

◇

Remarque. La solution générale du système (4.37) peut aussi être exprimée comme suit:

$$\mathbf{x}(t) = \exp\{\mathbf{A}t\} \begin{bmatrix} c_1 \\ \vdots \\ c_n \end{bmatrix} = \sum_{k=0}^{\infty} \frac{\mathbf{A}^k t^k}{k!} \begin{bmatrix} c_1 \\ \vdots \\ c_n \end{bmatrix}, \tag{4.74}$$

où $\mathbf{A}^0$ est la matrice identité d'ordre n. Ainsi, dans l'exemple précédent, on doit calculer

$$\mathbf{A}^k = \begin{bmatrix} 0 & -1 \\ -1 & 0 \end{bmatrix}^k. \tag{4.75}$$

On trouve que

$$\mathbf{A}^2 = \begin{bmatrix} 1 & 0 \\ 0 & 1 \end{bmatrix}. \tag{4.76}$$

Il s'ensuit que $\mathbf{A}^{2k-1} = \mathbf{A}$ et $\mathbf{A}^{2k} = \mathbf{I}_2$, pour $k = 1, 2, \ldots$. Alors

$$\exp\{\mathbf{A}t\} = \begin{bmatrix} 1 & 0 \\ 0 & 1 \end{bmatrix} + \begin{bmatrix} 0 & -t \\ -t & 0 \end{bmatrix} + \frac{1}{2}\begin{bmatrix} t^2 & 0 \\ 0 & t^2 \end{bmatrix} + \ldots = \begin{bmatrix} \text{ch}(t) & -\text{sh}(t) \\ -\text{sh}(t) & \text{ch}(t) \end{bmatrix}. \tag{4.77}$$

De là, on déduit que

$$\mathbf{x}(t) = \begin{bmatrix} c_1\,\text{ch}(t) - c_2\,\text{sh}(t) \\ -c_1\,\text{sh}(t) + c_2\,\text{ch}(t) \end{bmatrix}.$$

Étant donné que

$$\text{ch}(t) := \frac{e^t + e^{-t}}{2} \quad \text{et} \quad \text{sh}(t) := \frac{e^t - e^{-t}}{2}, \tag{4.78}$$

la solution ci-dessus peut être réécrite de la façon suivante:

$$\mathbf{x}(t) = \begin{bmatrix} c_1^* e^{-t} + c_2^* e^t \\ c_1^* e^{-t} - c_2^* e^t \end{bmatrix}, \tag{4.79}$$

avec $c_1^* := (c_1 + c_2)/2$ et $c_2^* := (c_1 - c_2)/2$. On retrouve donc la solution obtenue dans l'exemple 4.3.3. Notons toutefois que, en général, il n'est pas facile de calculer explicitement $\exp\{\mathbf{A}t\}$.

4.3.3 Points critiques et stabilité

Revenons maintenant au problème de déterminer le type de solution d'équilibre du système (4.42) que la solution

$$\begin{bmatrix} x_1(t) \\ x_2(t) \end{bmatrix} = \begin{bmatrix} 0 \\ 0 \end{bmatrix}$$

peut être. Notons d'abord que l'origine est ce que l'on appelle un *point critique* du système (4.42).

Définition 4.3.2. *Un* **point critique** *du système d'équations différentielles*

$$\left.\begin{aligned} x_1'(t) &= f_1\left(x_1(t), x_2(t)\right), \\ x_2'(t) &= f_2\left(x_1(t), x_2(t)\right) \end{aligned}\right\} \tag{4.80}$$

est un point $(x_{1,0}, x_{2,0})$ *pour lequel*

$$f_1\left(x_{1,0}, x_{2,0}\right) = f_2\left(x_{1,0}, x_{2,0}\right) = 0. \tag{4.81}$$

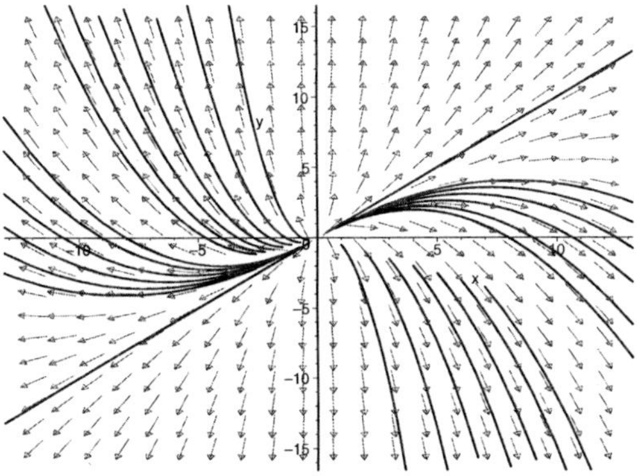

Fig. 4.6. Exemple de nœud.

Remarque. Le système (4.80) est dit *autonome*. Si on le réécrit ainsi:

$$\left.\begin{aligned} \frac{dx_1}{dt} &= f_1(x_1, x_2), \\ \frac{dx_2}{dt} &= f_2(x_1, x_2), \end{aligned}\right\} \tag{4.82}$$

alors la variable indépendante t n'apparaît pas (explicitement) dans les fonctions f_1 et f_2.

Dans le cas particulier où le système (4.80) est de la forme (4.42) et la condition dans l'équation (4.44) est vérifiée, on trouve directement que le seul point critique possible est l'origine $\mathbf{0}_2$ [ou $(0,0)$]. Il y a plusieurs possibilités pour décrire le type de point critique qu'est l'origine dans un problème donné. On peut en premier lieu distinguer quatre types principaux de points critiques.

Définition 4.3.3. *Un point critique est appelé respectivement* **nœud, point de selle, centre,** *ou* **point spirale** *si les trajectoires se comportent comme dans les figures 4.6 à 4.9.*

Remarque. Les types de points critiques peuvent être définis de façon mathématique. Cependant, nous nous contenterons de la description graphique de ces divers types.

On considère l'équation caractéristique (4.52):

$$m^2 - (a_{1,1} + a_{2,2})m + a_{1,1}a_{2,2} - a_{1,2}a_{2,1} = 0.$$

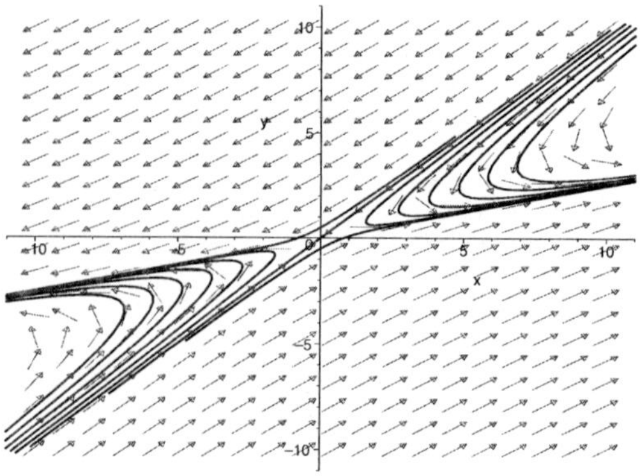

Fig. 4.7. Exemple de point de selle.

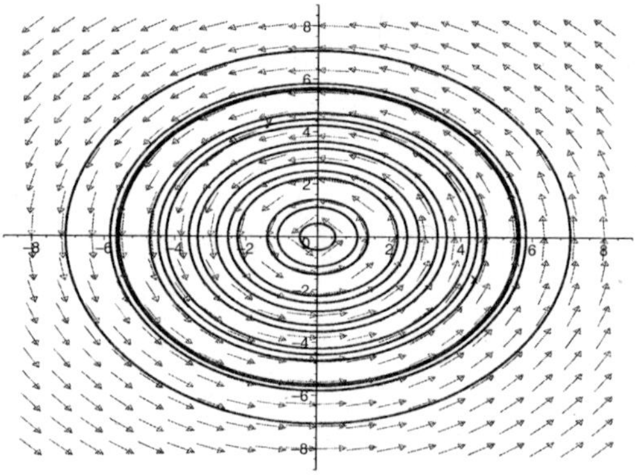

Fig. 4.8. Exemple de centre.

Posons que

$$\Phi = a_{1,1} + a_{2,2} \quad \text{et} \quad \Psi = a_{1,1}a_{2,2} - a_{1,2}a_{2,1}. \tag{4.83}$$

C'est-à-dire que Φ est la trace de la matrice $\mathbf{A}$ et Ψ est son déterminant.

On peut montrer la proposition suivante.

Proposition 4.3.1. *Le point critique* $(0,0)$ *est un*

$$\left.\begin{array}{rl} \textit{nœud} & \textit{si } \Psi > 0 \textit{ et } \Phi^2 - 4\Psi \geq 0, \\ \textit{point de selle} & \textit{si } \Psi < 0, \\ \textit{centre} & \textit{si } \Phi = 0 \textit{ et } \Psi > 0, \\ \textit{point spirale} & \textit{si } \Phi \neq 0 \textit{ et } \Phi^2 - 4\Psi < 0. \end{array}\right\} \tag{4.84}$$

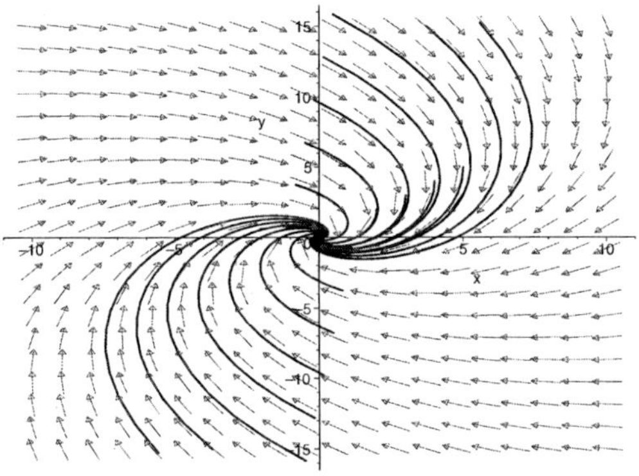

Fig. 4.9. Exemple de point spirale.

En fonction des racines m_1 et m_2 de l'équation caractéristique, on peut écrire, dans le cas du système (4.42), que l'origine est

- un *nœud* si m_1 et m_2 sont réelles, distinctes et de même signe, ou encore réelles et $m_1 = m_2$;
- un *point de selle* si m_1 et m_2 sont réelles, distinctes et de signes opposés;
- un *centre* si m_1 et m_2 sont des nombres purement imaginaires;
- un *point spirale* si m_1 et m_2 sont des nombres complexes conjugués, mais non pas des nombres purement imaginaires.

Finalement, on s'intéresse à la *stabilité* (au sens de Lyapunov) des points critiques, donc à la stabilité de l'origine dans le cas du système (4.42).

Définition 4.3.4. *L'origine est un point critique* **stable** *si pour tout* $\epsilon > 0$, *il existe un nombre réel* $\delta \in (0, \epsilon]$ *tel que toute trajectoire qui se trouve à l'intérieur du cercle*

$$x_1^2(t) + x_2^2(t) = \delta^2 \tag{4.85}$$

pour un certain $t = t_0$ *demeurera à l'intérieur de ce cercle pour tout* $t > t_0$. *Si l'origine n'est pas un point critique stable, on dit qu'il s'agit d'un point critique* **instable**.

Remarques. i) Un point critique est stable si, en quelque sorte, toute trajectoire qui s'approche suffisamment de ce point demeurera ensuite près de ce point.

ii) On dit aussi que l'origine est un point critique *asymptotiquement stable* si c'est un point critique stable et s'il existe un δ_0 tel que si une trajectoire se trouve à l'intérieur du cercle

$$x_1^2(t) + x_2^2(t) = \delta_0^2 \tag{4.86}$$

pour un certain $t = t_0$, alors cette trajectoire tendra vers l'origine lorsque $t \to \infty$.

On a la proposition suivante.

Proposition 4.3.2. *L'origine est un point critique* stable *(respectivement* asymptotiquement stable*) du système (4.42) si et seulement si les racines m_1 et m_2 ont des parties réelles inférieures ou égales à zéro (resp. négatives).*

On peut donc écrire que l'origine est un point critique

$$\left.\begin{array}{cl} \text{stable} & \text{si } \Phi \leq 0 \text{ et } \Psi \geq 0, \\ \text{asymptotiquement stable} & \text{si } \Phi < 0 \text{ et } \Psi > 0, \\ \text{instable} & \text{si } \Phi > 0 \text{ ou } \Psi < 0. \end{array}\right\} \tag{4.87}$$

De plus, on déduit de ce qui précède que tous les points de selle sont instables, et que les centres sont stables, mais pas asymptotiquement stables.

Exemple 4.3.4. L'origine est un point critique asymptotiquement stable dans l'exemple 4.3.1, tandis qu'il s'agit d'un point critique instable dans la figure 4.6. ♢

Exercices

4-8. Donner les trajectoires qui correspondent aux solutions $\mathbf{x}_1(t)$ et $\mathbf{x}_2(t)$ dans l'exercice 4-5, p. 164, et tracer ces trajectoires dans le plan de phase.

4-9. Trouver la solution générale des systèmes suivants:

(a)

$$x_1'(t) = 2x_2(t),$$
$$x_2'(t) = 2x_1(t);$$

(b)

$$x_1'(t) = 4x_1(t) - x_2(t),$$
$$x_2'(t) = 4x_1(t);$$

(c)

$$x_1'(t) = x_2(t),$$
$$x_2'(t) = -2x_1(t).$$

Remarque. Choisir la constante k_1 (ou $k_{1,1}$) égale à 1 dans tous les cas.

4-10. Trouver tous les points critiques du système

$$\frac{dx_1}{dt} = x_1 x_2,$$

$$\frac{dx_2}{dt} = x_1^2 - x_2^2.$$

4-11. Déterminer le type de point critique qu'est l'origine pour chacun des systèmes suivants:

(a)

$$x_1'(t) = x_1(t) - 2x_2(t),$$
$$x_2'(t) = x_1(t) - x_2(t);$$

(b)

$$x_1'(t) = x_2(t),$$
$$x_2'(t) = x_1(t) - x_2(t);$$

(c)

$$x_1'(t) = x_1(t) - x_2(t),$$
$$x_2'(t) = x_1(t);$$

(d)

$$x_1'(t) = x_1(t) - x_2(t),$$
$$x_2'(t) = -x_1(t) + 2x_2(t).$$

4-12. Déterminer la stabilité de l'origine pour chacun des systèmes suivants:

(a)

$$x_1'(t) = x_1(t) - x_2(t),$$
$$x_2'(t) = 2x_1(t) - x_2(t);$$

(b)

$$x_1'(t) = x_1(t) - x_2(t),$$
$$x_2'(t) = 3x_1(t) - 2x_2(t);$$

(c)

$$x_1'(t) = x_1(t) - 3x_2(t),$$
$$x_2'(t) = x_1(t) + x_2(t).$$

4.4 Systèmes linéaires non homogènes; méthode de la diagonalisation

Comme nous l'avons mentionné dans la section précédente (dans le cas bidimensionnel), les racines de l'équation caractéristique (4.52) sont les valeurs propres de la matrice $\mathbf{A}$, c'est-à-dire les valeurs de m pour lesquelles

$$(\mathbf{A} - m\mathbf{I}_n)\,\mathbf{k} = \mathbf{0}_n, \tag{4.88}$$

où $\mathbf{I}_n$ est la matrice identité d'ordre n, et

$$\mathbf{k} = \begin{bmatrix} k_1 \\ k_2 \\ \vdots \\ k_n \end{bmatrix} \quad \text{et} \quad \mathbf{0}_n = \begin{bmatrix} 0 \\ 0 \\ \vdots \\ 0 \end{bmatrix}. \tag{4.89}$$

Une fois que les valeurs propres m_i ont été trouvées, on obtient les vecteurs propres (qui sont non nuls, par définition) $\mathbf{k}_i$ correspondants en remplaçant m par m_i dans le système (4.88). Étant donné que

$$(\mathbf{A} - m\mathbf{I}_n)\,\mathbf{k} = \mathbf{0}_n \quad \Longrightarrow \quad (\mathbf{A} - m\mathbf{I}_n)\,c\mathbf{k} = \mathbf{0}_n \tag{4.90}$$

pour tout $c \in \mathbb{R}$, si un vecteur donné $\mathbf{k}$ est un vecteur propre de $\mathbf{A}$, alors tout multiple (non nul) de ce vecteur est aussi un vecteur propre de $\mathbf{A}$. Ainsi, il y a une infinité de vecteurs propres qui correspondent à une valeur propre.

Remarque. Notons que 0 ne peut pas être une valeur propre de $\mathbf{A}$, à moins que $\det \mathbf{A}$ soit nul.

Exemple 4.4.1. Soit la matrice

$$\mathbf{A} = \begin{bmatrix} -2 & 1 \\ 1 & -2 \end{bmatrix}.$$

On a:

$$\det(\mathbf{A} - m\mathbf{I}_2) = 0$$

$\Longleftrightarrow$

$$\begin{vmatrix} -2-m & 1 \\ 1 & -2-m \end{vmatrix} = 0$$

$\Longleftrightarrow$

$$(2+m)^2 - 1 = 0 \quad \Longleftrightarrow \quad m = -1 \quad \text{ou} \quad m = -3.$$

En remplaçant m par -1 dans le système

$$(\mathbf{A} - m\mathbf{I}_2)\,\mathbf{k} = \mathbf{0}_2,$$

on obtient:

$$\begin{bmatrix} -1 & 1 \\ 1 & -1 \end{bmatrix} \begin{bmatrix} k_1 \\ k_2 \end{bmatrix} = \begin{bmatrix} 0 \\ 0 \end{bmatrix}.$$

On voit que le système d'équations linéaires ci-dessus se réduit à une seule équation:

$$k_1 - k_2 = 0.$$

On peut choisir $k_1 = 1$; alors un vecteur propre qui correspond à la valeur propre $m = -1$ est $[1\ 1]^T$, où T dénote la *transposée*. De même, on trouve que $[1\ -1]^T$ est un vecteur propre qui correspond à $m = -3$. ◊

Maintenant, une façon de résoudre un système d'équations linéaires

$$\mathbf{A}\mathbf{x} = \mathbf{0}_n \tag{4.91}$$

consiste à *diagonaliser* la matrice $\mathbf{A}$. Pour ce faire, nous supposons que la matrice $\mathbf{A}$ possède n vecteurs propres $\mathbf{k}_i$, $i = 1, \ldots, n$, linéairement indépendants.

Remarque. Si les valeurs propres m_i de $\mathbf{A}$ sont toutes distinctes, alors les vecteurs propres correspondants sont effectivement linéairement indépendants.

On pose

$$\mathbf{K} = \begin{bmatrix} k_{1,1} & k_{1,2} & \ldots & k_{1,n} \\ k_{2,1} & k_{2,2} & \ldots & k_{2,n} \\ \vdots & \vdots & & \vdots \\ k_{n,1} & k_{n,2} & \ldots & k_{n,n} \end{bmatrix}. \tag{4.92}$$

C'est-à-dire que $\mathbf{K}$ est la matrice dont les colonnes sont les vecteurs propres $\mathbf{k}_1, \ldots, \mathbf{k}_n$. Puisque les vecteurs $\mathbf{k}_i$ sont linéairement indépendants, on peut écrire que

$$\det \mathbf{K} \neq 0. \tag{4.93}$$

Il s'ensuit que la matrice inverse $\mathbf{K}^{-1}$ existe.

Ensuite, on calcule

$$\mathbf{A}\mathbf{K} = \left[\mathbf{A}\mathbf{k}_1\ \mathbf{A}\mathbf{k}_2 \ldots \mathbf{A}\mathbf{k}_n\right] = \left[m_1\mathbf{k}_1\ m_2\mathbf{k}_2 \ldots m_n\mathbf{k}_n\right], \tag{4.94}$$

car $\mathbf{A}\mathbf{k}_i = m_i \mathbf{k}_i$ pour tout i (par définition des valeurs propres). Alors on peut écrire que

$$\mathbf{A}\mathbf{K} = \mathbf{K}\mathbf{D}, \tag{4.95}$$

où

$$\mathbf{D} := \begin{bmatrix} m_1 & 0 & 0 \ldots 0 & 0 \\ 0 & m_2 & 0 \ldots 0 & 0 \\ \vdots & \vdots & \vdots \quad\; \vdots & \vdots \\ 0 & 0 & 0 \ldots 0 & m_n \end{bmatrix}. \tag{4.96}$$

Notons que les éléments non nuls de la matrice diagonale $\mathbf{D}$ sont les valeurs propres de la matrice $\mathbf{A}$.

Finalement, on déduit de (4.95) que

$$\mathbf{K}^{-1}\mathbf{A}\mathbf{K} = \mathbf{D}. \tag{4.97}$$

Définition 4.4.1. *La matrice* $\mathbf{A}$ *qui satisfait à l'équation précédente est dite* **diagonalisable**. *De plus, on dit que* $\mathbf{A}$ *est* **semblable** *à la matrice diagonale* $\mathbf{D}$.

Exemple 4.4.2. La matrice $\mathbf{K}$ dans l'exemple 4.4.1 est

$$\mathbf{K} = \begin{bmatrix} 1 & 1 \\ 1 & -1 \end{bmatrix}.$$

On calcule

$$\mathbf{K}^{-1} = \begin{bmatrix} 1/2 & 1/2 \\ 1/2 & -1/2 \end{bmatrix}.$$

On peut vérifier que

$$\mathbf{K}^{-1}\mathbf{A}\mathbf{K} = \begin{bmatrix} -1 & 0 \\ 0 & -3 \end{bmatrix} = \mathbf{D}.$$

◇

Considérons maintenant le système d'équations différentielles linéaires non homogènes (4.18):

$$\mathbf{x}'(t) = \mathbf{P}(t)\mathbf{x}(t) + \mathbf{q}(t).$$

On peut affirmer que sa *solution générale* est donnée par

$$\mathbf{x}(t) = \sum_{i=1}^{n} c_i \mathbf{x}_i(t) + \mathbf{z}(t), \tag{4.98}$$

où $\mathbf{z}(t)$ est une solution particulière de (4.18) et la somme $\sum_{i=1}^{n} c_i \mathbf{x}_i(t)$ est la solution générale du système homogène correspondant.

Nous allons montrer que si $\mathbf{P}(t)$ est une matrice (constante) diagonalisable $\mathbf{A}$, alors on peut trouver la solution générale de

$$\mathbf{x}'(t) = \mathbf{A}\mathbf{x}(t) + \mathbf{q}(t) \tag{4.99}$$

en diagonalisant $\mathbf{A}$.

Soit $\mathbf{K}$ la matrice définie en (4.92). On pose

$$\mathbf{x}(t) = \mathbf{K}\mathbf{y}(t). \tag{4.100}$$

On a alors (car $\mathbf{K}$ est une matrice constante):

$$\mathbf{x}'(t) = \mathbf{K}\mathbf{y}'(t). \tag{4.101}$$

Il s'ensuit que l'équation (4.99) peut être réécrite ainsi:

$$\mathbf{K}\mathbf{y}'(t) = \mathbf{A}\mathbf{K}\mathbf{y}(t) + \mathbf{q}(t). \tag{4.102}$$

On sait que la matrice inverse $\mathbf{K}^{-1}$ existe. On peut alors écrire que

$$\mathbf{K}^{-1}\mathbf{K}\mathbf{y}'(t) = \mathbf{K}^{-1}\left[\mathbf{A}\mathbf{K}\mathbf{y}(t) + \mathbf{q}(t)\right], \tag{4.103}$$

ce qui implique que

$$\mathbf{y}'(t) = \mathbf{D}\mathbf{y}(t) + \mathbf{K}^{-1}\mathbf{q}(t). \tag{4.104}$$

Puisque $\mathbf{D}$ est une matrice diagonale, dont les éléments sont les valeurs propres m_1, …, m_n, on trouve que le système ci-dessus est de la forme

$$y_i'(t) = m_i y_i(t) + r_i(t) \tag{4.105}$$

pour $i = 1, \ldots, n$, où $r_i(t)$ est une combinaison linéaire des fonctions $q_1(t)$, …, $q_n(t)$. On peut donc résoudre les n équations du système séparément. En fait, en utilisant les résultats du chapitre 2, on obtient [voir l'équation (2.56)] que

$$y_i(t) = e^{m_i t}\left(\int e^{-m_i t} r_i(t)\,dt + c_i\right), \tag{4.106}$$

où c_i est une constante arbitraire, pour $i = 1, \ldots, n$. Une fois qu'on a calculé les n fonctions $y_i(t)$, il suffit d'utiliser l'équation (4.100) pour obtenir la solution générale $\mathbf{x}(t)$.

Remarques. i) La solution générale du système homogène est donnée par

$$\mathbf{x}_h(t) = \mathbf{K} \begin{bmatrix} c_1 e^{m_1 t} \\ c_2 e^{m_2 t} \\ \vdots \\ c_n e^{m_n t} \end{bmatrix}, \tag{4.107}$$

tandis que la solution particulière de (4.99) est

$$\mathbf{x}_p(t) = \mathbf{K} \begin{bmatrix} e^{m_1 t} \int e^{-m_1 t} r_1(t) dt \\ e^{m_2 t} \int e^{-m_2 t} r_2(t)\, dt \\ \vdots \\ e^{m_n t} \int e^{-m_n t} r_n(t)\, dt \end{bmatrix}. \tag{4.108}$$

ii) Si des valeurs propres m_i sont des nombres complexes, alors la solution $\mathbf{x}_h(t)$ du système homogène donnée ci-dessus contiendra des fonctions à valeurs complexes. Pour obtenir des solutions à valeurs réelles, on peut utiliser les résultats de la section 4.3 (Cas II). Cependant, dans le cas de la solution particulière $\mathbf{x}_p(t)$ du système non homogène, il faut généralement manipuler l'expression obtenue pour la rendre réelle.

Exemple 4.4.3. Considérons le système bidimensionnel

$$\mathbf{x}'(t) = \begin{bmatrix} 3 & -4 \\ -4 & -3 \end{bmatrix} \mathbf{x}(t) + \begin{bmatrix} 1 \\ e^t \end{bmatrix}.$$

On trouve que les valeurs propres de la matrice ci-dessus sont $m_1 = 5$ et $m_2 = -5$. De plus, des vecteurs propres correspondants sont

$$\mathbf{k}_1 := \begin{bmatrix} 2 \\ -1 \end{bmatrix} \quad \text{et} \quad \mathbf{k}_2 := \begin{bmatrix} 1 \\ 2 \end{bmatrix}.$$

Alors la matrice $\mathbf{K}$ est donnée par

$$\mathbf{K} = \begin{bmatrix} 2 & 1 \\ -1 & 2 \end{bmatrix}$$

et son inverse par

$$\mathbf{K}^{-1} = \frac{1}{5} \begin{bmatrix} 2 & -1 \\ 1 & 2 \end{bmatrix}.$$

Remarques. i) Puisque les valeurs propres sont réelles et distinctes, on peut affirmer, comme on l'a vu précédemment, que la solution générale du système homogène

$$\mathbf{x}'(t) = \begin{bmatrix} 3 & -4 \\ -4 & -3 \end{bmatrix} \mathbf{x}(t)$$

est

$$\mathbf{x}_h(t) = c_1 \begin{bmatrix} 2 \\ -1 \end{bmatrix} e^{5t} + c_2 \begin{bmatrix} 1 \\ 2 \end{bmatrix} e^{-5t}.$$

ii) Si on avait choisi les vecteurs propres

$$\begin{bmatrix} 2/\sqrt{5} \\ -1/\sqrt{5} \end{bmatrix} \quad \text{et} \quad \begin{bmatrix} 1/\sqrt{5} \\ 2/\sqrt{5} \end{bmatrix},$$

alors on aurait trouvé que la matrice inverse $\mathbf{K}^{-1}$ est simplement la matrice transposée $\mathbf{K}^T$. Ce résultat est vrai chaque fois que la matrice $\mathbf{A}$ dans le problème est (réelle et) symétrique et que la norme (ou la longueur) des vecteurs propres $\mathbf{k}_i$ est égale à 1; c'est-à-dire si

$$\sqrt{k_{i,1}^2 + k_{i,2}^2} = 1 \quad \text{pour } i = 1, 2.$$

On doit donc résoudre maintenant

$$\mathbf{y}'(t) = \begin{bmatrix} 5 & 0 \\ 0 & -5 \end{bmatrix} \mathbf{y}(t) + \frac{1}{5} \begin{bmatrix} 2 & -1 \\ 1 & 2 \end{bmatrix} \begin{bmatrix} 1 \\ e^t \end{bmatrix},$$

c'est-à-dire que

$$\begin{aligned} y_1'(t) &= 5\,y_1(t) + \frac{1}{5}\left(2 - e^t\right), \\ y_2'(t) &= -5\,y_2(t) + \frac{1}{5}\left(1 + 2e^t\right). \end{aligned}$$

On trouve que

$$\begin{aligned} y_1(t) &= e^{5t} \int e^{-5t} \frac{1}{5}\left(2 - e^t\right) dt + c_1\, e^{5t} \\ &= -\frac{2}{25} + \frac{1}{20} e^t + c_1\, e^{5t} \end{aligned}$$

et

$$\begin{aligned} y_2(t) &= e^{-5t} \int e^{5t} \frac{1}{5} \left(1 + 2e^t\right) dt + c_2 e^{-5t} \\ &= \frac{1}{25} + \frac{1}{15} e^t + c_2 e^{-5t}. \end{aligned}$$

Ainsi, la solution générale du système considéré est donnée par

$$\begin{bmatrix} x_1(t) \\ x_2(t) \end{bmatrix} = \begin{bmatrix} 2 & 1 \\ -1 & 2 \end{bmatrix} \begin{bmatrix} y_1(t) \\ y_2(t) \end{bmatrix},$$

soit

$$\begin{aligned} x_1(t) &= -\frac{3}{25} + \frac{1}{6} e^t + 2c_1 e^{5t} + c_2 e^{-5t}, \\ x_2(t) &= \frac{4}{25} + \frac{1}{12} e^t - c_1 e^{5t} + 2c_2 e^{-5t}. \end{aligned}$$

Finalement, la solution particulière du système non homogène est

$$\begin{aligned} x_{p_1}(t) &= -\frac{3}{25} + \frac{1}{6} e^t, \\ x_{p_2}(t) &= \frac{4}{25} + \frac{1}{12} e^t. \end{aligned}$$

On peut vérifier que cette solution satisfait effectivement aux équations non homogènes. ◊

Exercices

4-13. Trouver les valeurs propres et des vecteurs propres correspondants de la forme

$$\begin{bmatrix} 1 \\ k_2 \end{bmatrix} \quad \text{ou} \quad \begin{bmatrix} 1 \\ k_2 \\ k_3 \end{bmatrix}$$

(si possible) des matrices suivantes:

$$\mathbf{A} = \begin{bmatrix} 1 & 2 \\ 2 & 1 \end{bmatrix}; \quad \mathbf{B} = \begin{bmatrix} 1 & 2 & 0 \\ -1 & 0 & 1 \\ 1 & 1 & 0 \end{bmatrix}; \quad \mathbf{C} = \begin{bmatrix} 0 & 1 & -1 \\ 1 & -1 & 0 \\ 0 & -1 & 0 \end{bmatrix}.$$

4-14. Trouver les valeurs propres m_1, m_2 et m_3 de la matrice

$$\mathbf{A} = \begin{bmatrix} 0 & 1 & -1 \\ 1 & 0 & -1 \\ -1 & 1 & 0 \end{bmatrix}$$

et montrer que

$$\mathbf{K}^{-1}\mathbf{A}\mathbf{K} = \begin{bmatrix} m_1 & 0 & 0 \\ 0 & m_2 & 0 \\ 0 & 0 & m_3 \end{bmatrix},$$

où $\mathbf{K}$ est une matrice de vecteurs propres correspondant aux valeurs propres m_i, $i = 1, 2, 3$.

4-15. Obtenir la solution générale des systèmes suivants:

(a)

$$\mathbf{x}'(t) = \begin{bmatrix} 1 & 2 \\ 1 & 2 \end{bmatrix} \mathbf{x}(t) + \begin{bmatrix} e^t \\ e^{-t} \end{bmatrix};$$

(b)

$$\mathbf{x}'(t) = \begin{bmatrix} 0 & -1 \\ -1 & 0 \end{bmatrix} \mathbf{x}(t) + \begin{bmatrix} 1 \\ e^t \end{bmatrix}.$$

4.5 Systèmes non linéaires; linéarisation et stabilité des points critiques

Nous revenons à l'étude du système bidimensionnel d'équations différentielles non (nécessairement) linéaires (4.80):

$$x_1'(t) = f_1\left(x_1(t), x_2(t)\right),$$
$$x_2'(t) = f_2\left(x_1(t), x_2(t)\right).$$

Ce système est dit *autonome*, car la variable indépendante t n'apparaît pas autrement que comme *argument* des fonctions x_i dans les équations. On suppose que les fonctions $f_i\left(x_1(t), x_2(t)\right)$ sont continues et possèdent des dérivées partielles continues dans le plan cartésien.

Nous avons vu qu'un *point critique* (ou *point d'équilibre*) de ce système est un point $P_0 = (x_{1,0}, x_{2,0})$ pour lequel $f_1\left(x_{1,0}, x_{2,0}\right) = f_2\left(x_{1,0}, x_{2,0}\right) = 0$. De plus, on sait que dans le cas d'un système d'équations différentielles linéaires homogènes à coefficients constants, l'origine $(0, 0)$ est le seul point critique (si le déterminant de la matrice des coefficients est différent de zéro). Cependant, dans le cas général, il peut y avoir plusieurs points critiques.

Exemple 4.5.1. Les points critiques du système non linéaire

$$\begin{aligned} x_1'(t) &= x_2(t), \\ x_2'(t) &= -x_2(t) + x_1^3(t) + x_1^2(t) - 2x_1(t) \end{aligned}$$

sont les points $(x_{1,0}, x_{2,0})$ pour lesquels $x_{2,0} = 0$ et

$$x_{1,0}^3 + x_{1,0}^2 - 2x_{1,0} = 0 \quad \Longleftrightarrow \quad x_{1,0}\left(x_{1,0}^2 + x_{1,0} - 2\right) = 0.$$

L'équation polynomiale ci-dessus possède trois racines: $x_{1,0} = 0$, $x_{1,0} = -2$ et $x_{1,0} = 1$. Donc, le système a trois points critiques: $(-2, 0)$, $(0, 0)$ et $(1, 0)$. ◇

On s'intéresse maintenant au comportement des solutions du système non linéaire autour d'un point critique $P_0 = (x_{1,0}, x_{2,0})$. En supposant que les dérivées partielles d'ordre deux des fonctions $f_i(x_1, x_2)$ existent, le développement de Taylor de ces fonctions autour de P_0 est donné par

$$\begin{aligned} f_i(x_1, x_2) = f_i(x_{1,0}, x_{2,0}) &+ (x_1 - x_{1,0}) \frac{\partial}{\partial x_1} f_i(x_1, x_2)\bigg|_{(x_{1,0}, x_{2,0})} \\ &+ (x_2 - x_{2,0}) \frac{\partial}{\partial x_2} f_i(x_1, x_2)\bigg|_{(x_{1,0}, x_{2,0})} + R_{i,2} \end{aligned} \tag{4.109}$$

pour $i = 1, 2$. Si (x_1, x_2) est suffisamment proche de P_0, alors on peut négliger le terme $R_{i,2}$. Puisque $(x_{1,0}, x_{2,0})$ est un point critique, on obtient que

$$\begin{aligned} f_i(x_1, x_2) \simeq (x_1 - x_{1,0}) &\frac{\partial}{\partial x_1} f_i(x_1, x_2)\bigg|_{(x_{1,0}, x_{2,0})} \\ &+ (x_2 - x_{2,0}) \frac{\partial}{\partial x_2} f_i(x_1, x_2)\bigg|_{(x_{1,0}, x_{2,0})}. \end{aligned} \tag{4.110}$$

Ensuite, on a:

$$\frac{d}{dt}\left[x_i(t) - x_{i,0}\right] = x_i'(t) \quad \text{pour } i = 1, 2. \tag{4.111}$$

Posons que

$$\Delta x_i(t) = x_i(t) - x_{i,0} \tag{4.112}$$

et, pour simplifier l'écriture,

$$\frac{\partial f_i(x_{1,0},x_{2,0})}{\partial x_j} = \frac{\partial}{\partial x_j} f_i\left(x_1,x_2\right)\bigg|_{(x_{1,0},x_{2,0})} \tag{4.113}$$

pour $j=1,2$. Alors, à partir de (4.80), on déduit que

$$\frac{d\Delta x_i(t)}{dt} \simeq \Delta x_1(t)\frac{\partial f_i(x_{1,0},x_{2,0})}{\partial x_1} + \Delta x_2(t)\frac{\partial f_i(x_{1,0},x_{2,0})}{\partial x_2}. \tag{4.114}$$

Définition 4.5.1. *Le système d'équations différentielles linéaires du premier ordre*

$$\left.\begin{aligned} \xi_1'(t) &= \xi_1(t)\frac{\partial f_1(x_{1,0},x_{2,0})}{\partial x_1} + \xi_2(t)\frac{\partial f_1(x_{1,0},x_{2,0})}{\partial x_2}, \\ \xi_2'(t) &= \xi_1(t)\frac{\partial f_2(x_{1,0},x_{2,0})}{\partial x_1} + \xi_2(t)\frac{\partial f_2(x_{1,0},x_{2,0})}{\partial x_2} \end{aligned}\right\} \tag{4.115}$$

est appelé **linéarisation** *autour du point d'équilibre* $(x_{1,0},x_{2,0})$ *du système (4.80).*

Remarques. i) L'idée est de résoudre le système linéaire ci-dessus et d'utiliser le fait que

$$\xi_i(t) \simeq \Delta x_i(t) = x_i(t) - x_{i,0} \quad \text{pour } i=1,2, \tag{4.116}$$

car les $\xi_i(t)$ et $\Delta x_i(t)$ satisfont (approximativement) au même système d'équations différentielles d'ordre un. Ainsi, on pourra connaître le comportement de $(x_1(t),x_2(t))$ autour de son point critique P_0 en étudiant le comportement de $(\xi_1(t),\xi_2(t))$ près de l'origine.

ii) La matrice

$$\mathbf{J} := \begin{bmatrix} \dfrac{\partial f_1(x_{1,0},x_{2,0})}{\partial x_1} & \dfrac{\partial f_1(x_{1,0},x_{2,0})}{\partial x_2} \\ \dfrac{\partial f_2(x_{1,0},x_{2,0})}{\partial x_1} & \dfrac{\partial f_2(x_{1,0},x_{2,0})}{\partial x_2} \end{bmatrix} \tag{4.117}$$

est la *matrice jacobienne* du système évaluée en $(x_{1,0},x_{2,0})$.

Exemple 4.5.2. Nous allons trouver la linéarisation du système considéré dans l'exemple précédent autour de son point critique $(0,0)$. On calcule d'abord

$$\frac{\partial}{\partial x_1} f_1(x_1, x_2) \equiv 0, \qquad \frac{\partial}{\partial x_2} f_1(x_1, x_2) \equiv 1,$$

$$\frac{\partial}{\partial x_1} f_2(x_1, x_2) = 3x_1^2 + 2x_1 - 2, \quad \frac{\partial}{\partial x_2} f_2(x_1, x_2) \equiv -1.$$

Il s'ensuit que la matrice jacobienne évaluée en $(0, 0)$ est

$$\mathbf{J} = \begin{bmatrix} 0 & 1 \\ -2 & -1 \end{bmatrix},$$

de sorte que la linéarisation cherchée est donnée par

$$\begin{aligned} \xi_1'(t) &= \xi_2(t), \\ \xi_2'(t) &= -2\xi_1(t) - \xi_2(t). \end{aligned}$$

Notons qu'ici la linéarisation du système non linéaire est simplement le système obtenu en négligeant les termes non linéaires dans ce système. Par contre, si on calcule la linéarisation du système en question autour de $(1, 0)$, on obtient:

$$\begin{aligned} \xi_1'(t) &= \xi_2(t), \\ \xi_2'(t) &= 3\xi_1(t) - \xi_2(t), \end{aligned}$$

car

$$\mathbf{J} = \begin{bmatrix} 0 & 1 \\ 3 & -1 \end{bmatrix}.$$

Donc, dans ce cas, la linéarisation n'est pas le système original dans lequel les termes $x_1^3(t)$ et $x_1^2(t)$ sont éliminés. ◇

Finalement, pour déterminer si un point critique quelconque P_0 est stable, on peut utiliser la définition 4.3.4. En effet, si P_0 n'est pas l'origine, il suffit de faire le changement de variable

$$z_i(t) = x_i(t) - x_{i,0}, \tag{4.118}$$

$i = 1, 2$, pour que P_0 devienne l'origine. C'est-à-dire que l'on peut étudier la stabilité de l'origine pour le nouveau système d'équations différentielles (non linéaires). Notons qu'il s'agit du changement de variable qui définit également $\Delta x_i(t)$ [$\simeq \xi_i(t)$]. Puisque les solutions du système non linéaire autour d'un point critique sont approximativement les mêmes que celles de la linéarisation correspondante autour de l'origine, on peut affirmer que la stabilité du point P_0 sera semblable à celle de l'origine pour la linéarisation. Or, nous avons étudié la stabilité de l'origine pour des systèmes d'équations différentielles linéaires (à coefficients constants) dans la section 4.3.

Exemple 4.5.3. Étudions la stabilité de l'origine pour le système linéaire

$$\begin{aligned}\xi_1'(t) &= \xi_2(t),\\ \xi_2'(t) &= -2\xi_1(t) - \xi_2(t)\end{aligned}$$

obtenu dans l'exemple précédent. On trouve que les valeurs propres de la matrice

$$\mathbf{A} := \begin{bmatrix} 0 & 1 \\ -2 & -1 \end{bmatrix}$$

sont

$$m_1 = -\frac{1}{2} + i\frac{\sqrt{7}}{2} \quad \text{et} \quad m_2 = -\frac{1}{2} - i\frac{\sqrt{7}}{2}.$$

Puisque les parties réelles des deux valeurs propres sont strictement négatives, on déduit de la proposition 4.3.2 que l'origine est un point critique asymptotiquement stable pour le système linéaire ci-dessus. Il s'ensuit que l'origine est aussi un point critique asymptotiquement stable pour le système non linéaire dans l'exemple 4.5.1. ◇

Exercices

4-16. Trouver tous les points critiques des systèmes non linéaires

(a)

$$\begin{aligned}x_1'(t) &= x_1(t)x_2(t),\\ x_2'(t) &= \ln[x_1(t) + x_2(t)];\end{aligned}$$

(b)

$$\begin{aligned}x_1'(t) &= -x_1(t) + x_2(t),\\ x_2'(t) &= \sin[x_1(t)x_2(t)].\end{aligned}$$

4-17. Trouver la linéarisation des systèmes en (a) et (b) dans l'exercice précédent autour des points critiques $(1, 0)$ et $(0, 0)$, respectivement.

4-18. Étudier la stabilité de $P_0 = (1, 0)$ et de l'origine pour les systèmes en (a) et (b), respectivement, de l'exercice 4-16.

4.6 Exercices supplémentaires

4-19. Un réservoir contient 50 litres d'eau pure. On verse 25 kg de sel dans ce réservoir. De plus, à partir de $t = 0$, de l'eau pure entre dans le réservoir au taux de 2 litres par minute. Le mélange homogène sort du réservoir et entre dans un deuxième réservoir (de très grande capacité), également au taux de 2 l/min. Supposons qu'à l'instant $t = 0$ ce deuxième réservoir contient 50 litres d'eau pure. Quelle est la concentration $C(t)$ de sel dans le deuxième réservoir à l'instant $t \geq 0$?

4-20. En quel(s) point(s) $t \in \mathbb{R}$ les vecteurs

$$\mathbf{x}_1(t) = \begin{bmatrix} 1 \\ t \\ t \end{bmatrix}, \quad \mathbf{x}_2(t) = \begin{bmatrix} t \\ t \\ 1 \end{bmatrix} \quad \text{et} \quad \mathbf{x}_3(t) = \begin{bmatrix} t \\ 1 \\ t \end{bmatrix}$$

sont-ils linéairement dépendants? Justifier.

4-21. Trouver la solution générale du système

$$\begin{aligned} x_1'(t) &= -x_1(t) + 2x_2(t), \\ x_2'(t) &= 2x_1(t) - x_2(t). \end{aligned}$$

4-22. Trouver la solution particulière du système

$$\begin{aligned} x_1'(t) &= -x_1(t) + x_2(t), \\ x_2'(t) &= -4x_1(t) - x_2(t) \end{aligned}$$

qui satisfait aux conditions initiales $x_1(0) = 1$, $x_2(0) = 0$.

Indication. Une racine de l'équation caractéristique est $m = -1 + 2i$, et un vecteur propre correspondant est $\begin{bmatrix} 1 \\ 2i \end{bmatrix}$.

4-23. La matrice

$$\mathbf{A} = \begin{bmatrix} 1 & 0 & -1 \\ 1 & 2 & 1 \\ 2 & 2 & 3 \end{bmatrix}$$

possède les valeurs propres $m_1 = 1$, $m_2 = 2$ et $m_3 = 3$. Des vecteurs propres correspondants sont

$$\mathbf{k}_1 = \begin{bmatrix} 1 \\ -1 \\ 0 \end{bmatrix}, \quad \mathbf{k}_2 = \begin{bmatrix} 2 \\ -1 \\ -2 \end{bmatrix} \quad \text{et} \quad \mathbf{k}_3 = \begin{bmatrix} 1 \\ -1 \\ -2 \end{bmatrix}.$$

De plus, on a:

$$\begin{bmatrix} 1 & 2 & 1 \\ -1 & -1 & -1 \\ 0 & -2 & -2 \end{bmatrix}^{-1} = \begin{bmatrix} 0 & -1 & 1/2 \\ 1 & 1 & 0 \\ -1 & -1 & -1/2 \end{bmatrix}.$$

Utiliser ces résultats pour trouver une solution particulière du système

$$\begin{aligned} x_1'(t) &= x_1(t) - x_3(t), \\ x_2'(t) &= x_1(t) + 2x_2(t) + x_3(t) + e^t, \\ x_3'(t) &= 2x_1(t) + 2x_2(t) + 3x_3(t). \end{aligned}$$

4-24. Donner tous les points critiques (ou points d'équilibre) (x_0, y_0) du système non linéaire

$$\begin{aligned} \frac{d}{dt}x(t) &= e^x \sin y, \\ \frac{d}{dt}y(t) &= e^y \cos x. \end{aligned}$$

4-25. Déterminer la stabilité du point $(0, 0)$ pour le système non linéaire

$$\begin{aligned} x'(t) &= x^2(t) + y(t), \\ y'(t) &= x(t) - y(t). \end{aligned}$$

4-26. Considérons le système d'équations différentielles ordinaires du premier ordre

$$\begin{aligned} x_1'(t) &= x_1(t) - 4x_2(t) + 1, \\ x_2'(t) &= -2x_1(t) - x_2(t) + t. \end{aligned}$$

Effectuer une transformation de la forme

$$\begin{bmatrix} x_1(t) \\ x_2(t) \end{bmatrix} = \mathbf{K} \begin{bmatrix} y_1(t) \\ y_2(t) \end{bmatrix},$$

où $\mathbf{K}$ est une matrice constante, pour obtenir un système d'équations différentielles ordinaires *non couplées*, c'est-à-dire un système dans lequel $y_1'(t)$ ne dépend pas de $y_2(t)$, et $y_2'(t)$ ne dépend pas de $y_1(t)$.

4-27. Transformer l'équation différentielle d'ordre quatre suivante:

$$y^{(4)}(t) - y''(t) + y^2(t) = e^t$$

en un système de quatre équations différentielles d'ordre un.

4-28. Trouver la solution générale du système

$$x_1'(t) = 2x_1(t) - x_2(t),$$
$$x_2'(t) = -x_1(t) + 2x_2(t)$$

obtenue en choisissant les vecteurs propres de la forme $\begin{bmatrix} 1 \\ a \end{bmatrix}$ et $\begin{bmatrix} 1 \\ b \end{bmatrix}$.

4-29. Considérons le système

$$x_1'(t) = ax_1(t),$$
$$x_2'(t) = x_1(t) + bx_2(t),$$

où a et b sont des constantes réelles. Pour quelles valeurs de a et de b l'origine est-elle un nœud asymptotiquement stable pour ce système? Justifier.

4-30. Trouver la solution générale du système non homogène

$$x_1'(t) = 2x_1(t) + 3x_2(t) + 1,$$
$$x_2'(t) = x_1(t)$$

en diagonalisant ce système.

Indication. Les valeurs propres sont $m_1 = -1$ et $m_2 = 3$, et des vecteurs propres correspondants sont

$$\begin{bmatrix} 1 \\ -1 \end{bmatrix} \quad \text{et} \quad \begin{bmatrix} 1 \\ 1/3 \end{bmatrix}.$$

4-31. Transformer l'équation différentielle non homogène

$$y''(t) + y'(t) + y^2(t) = 2$$

en une équation homogène d'ordre trois, puis en un système de trois équations d'ordre un.

4-32. On considère les trois solutions suivantes d'un système de trois équations différentielles d'ordre un:

$$\mathbf{x}_1(t) = \begin{bmatrix} e^t \\ 2e^t \\ -e^t \end{bmatrix}, \quad \mathbf{x}_2(t) = \begin{bmatrix} -e^{2t} \\ e^{2t} \\ 2e^{2t} \end{bmatrix} \quad \text{et} \quad \mathbf{x}_3(t) = \begin{bmatrix} -e^{-t} \\ e^{-t} \\ -2e^{-t} \end{bmatrix}.$$

Calculer le wronskien de ces solutions.

4-33. Trouver la solution générale du système

$$\begin{aligned} x_1'(t) &= x_2(t), \\ x_2'(t) &= x_1(t). \end{aligned}$$

Remarque. Utiliser $k_1 = 1$ comme première composante des vecteurs propres.

4-34. Déterminer le type de point critique qu'est l'origine $(0, 0)$ pour le système

$$\begin{aligned} x_1'(t) &= 2x_2(t), \\ x_2'(t) &= 2x_1(t), \end{aligned}$$

et dire s'il s'agit d'un point critique stable, asymptotiquement stable, ou instable. Justifier votre réponse.

4-35. Trouver les valeurs propres de la matrice

$$\mathbf{A} = \begin{bmatrix} 1 & 0 & 1 \\ 1 & 0 & 0 \\ 1 & -1 & 1 \end{bmatrix}.$$

4-36. Transformer le système

$$\mathbf{x}'(t) = \mathbf{A}\,\mathbf{x}(t) + \begin{bmatrix} t \\ t^2 \end{bmatrix}, \quad \text{où } \mathbf{A} = \begin{bmatrix} 1 & -4 \\ -4 & 1 \end{bmatrix},$$

en un système de deux équations différentielles non couplées.

Indication. Les valeurs propres de la matrice **A** sont $m_1 = 5$ et $m_2 = -3$. Des vecteurs propres correspondants sont respectivement

$$\mathbf{k}_1 := \begin{bmatrix} 1 \\ -1 \end{bmatrix} \quad \text{et} \quad \mathbf{k}_2 := \begin{bmatrix} 1 \\ 1 \end{bmatrix}.$$

4-37. Trouver tous les points critiques $(x_{1,0}, x_{2,0})$ du système non linéaire

$$\begin{aligned} x_1'(t) &= \ln[x_2(t)], \\ x_2'(t) &= -2x_2(t) + x_1^2(t) + x_1(t). \end{aligned}$$

4-38. Trouver la solution générale du système d'équations différentielles suivant:

$$\begin{aligned} x_1'(t) &= x_1(t) - x_2(t) + t, \\ x_2'(t) &= -x_1(t) + x_2(t) + 1. \end{aligned}$$

Indication. Les valeurs propres de la matrice

$$\mathbf{A} := \begin{bmatrix} 1 & -1 \\ -1 & 1 \end{bmatrix}$$

sont $m_1 = 0$ et $m_2 = 2$; des vecteurs propres correspondants sont

$$\begin{bmatrix} 1 \\ 1 \end{bmatrix} \quad \text{et} \quad \begin{bmatrix} -1 \\ 1 \end{bmatrix}.$$

4-39. (a) Trouver la solution générale du système

$$\begin{aligned} x_1'(t) &= 2x_1(t) + 3x_2(t), \\ x_2'(t) &= 2x_1(t) + x_2(t). \end{aligned}$$

(b) (i) Quel est le point d'équilibre de ce système? (ii) Ce point est-il stable ou instable? (iii) De quel type de point d'équilibre s'agit-il? Justifier vos réponses.

4-40. Quatre solutions d'un certain système d'équations différentielles d'ordre un sont

$$\mathbf{x}_1 := \begin{bmatrix} 1 \\ 1 \\ 0 \\ -c \end{bmatrix}, \quad \mathbf{x}_2 := \begin{bmatrix} ce^t \\ 0 \\ -e^t \\ -e^t \end{bmatrix}, \quad \mathbf{x}_3 := \begin{bmatrix} 0 \\ -e^{-t} \\ ce^{-t} \\ -e^{-t} \end{bmatrix} \quad \text{et} \quad \mathbf{x}_4 := \begin{bmatrix} ce^{2t} \\ -e^{2t} \\ -e^{2t} \\ 0 \end{bmatrix},$$

où c est une constante réelle.

(a) Calculer le wronskien des quatre solutions.

(b) Pour quelle(s) valeur(s) de la constante c les solutions sont-elles linéairement dépendantes? Justifier.

4-41. On considère le système

$$\begin{aligned} x_1'(t) &= ax_1(t) + bx_2(t), \\ x_2'(t) &= cx_1(t) + dx_2(t), \end{aligned}$$

où a, b, c et d sont des constantes réelles.

(a) Soit $a = b = d = 1$. Pour quelle(s) valeur(s) de c l'origine est-elle un nœud pour le système considéré?

(b) Soit $a = d = -1$ et $b = 1$. Pour quelle(s) valeur(s) de c l'origine est-elle un point critique asymptotiquement stable pour le système considéré?

4-42. À partir du système non homogène

$$\begin{aligned} x_1'(t) &= -x_2(t), \\ x_2'(t) &= x_1(t) + x_2(t) + t, \end{aligned}$$

obtenir une équation différentielle d'ordre deux pour $x_1(t)$ (seulement).

(b) Trouver la solution générale de l'équation obtenue en (a).

4-43. Considérons le système non linéaire

$$\begin{aligned} x_1'(t) &= x_1(t)x_2(t), \\ x_2'(t) &= x_1^2(t). \end{aligned}$$

(a) Trouver la linéarisation du système ci-dessus autour de son point critique $(0, 1)$.

(b) Déterminer la stabilité du point critique $(0, 0)$ pour le système non linéaire. Si le point critique est stable, préciser s'il est asymptotiquement stable ou non.

4-44. Trouver la solution du système

$$\begin{aligned} x_1'(t) &= -2x_1(t) + x_2(t) - e^{-t}, \\ x_2'(t) &= x_1(t) - 2x_2(t) + 2e^{-t} \end{aligned}$$

qui satisfait à $x_1(0) = x_2(0) = 0$.

4-45. On considère le système d'équations différentielles non linéaires

$$x'(t) = x(t)\,[1 - y(t)] + t,$$
$$y'(t) = y(t)\,[1 + x(t)] + t$$

pour $t \geq 0$, avec $x(0) = 1$ et $y(0) = -1$. On définit $z(t) = x(t) + y(t)$. Trouver la fonction $z(t)$.

4-46. Résoudre le système linéaire

$$x_1'(t) = x_1(t) + x_2(t),$$
$$x_2'(t) = 2x_2(t),$$

sous les conditions $x_1(0) = 0$ et $x_2(0) = 1$.

4-47. On peut vérifier que l'origine est un point critique du système autonome non linéaire

$$x_1'(t) = \exp\{x_1(t)x_2(t)\} - 1,$$
$$x_2'(t) = x_1(t) - x_2(t).$$

(a) Trouver la linéarisation du système ci-dessus autour de $(0, 0)$.

(b) Déterminer si $(0, 0)$ est un point critique asymptotiquement stable, ou seulement stable, ou encore instable pour le système considéré.

4-48. Obtenir la solution particulière du système

$$\mathbf{x}'(t) = \begin{bmatrix} 2 & 1 \\ 4 & -1 \end{bmatrix} \mathbf{x}(t) + \begin{bmatrix} e^{-t} \\ e^{t} \end{bmatrix}$$

pour laquelle $\mathbf{x}(0) = \begin{bmatrix} 0 \\ 0 \end{bmatrix}$.

4-49. On considère l'équation différentielle du deuxième ordre

$$y''(t) - y(t) = e^t.$$

En posant $x_1(t) = y(t)$ et $x_2(t) = y'(t)$, cette équation est transformée en le système de deux équations différentielles du premier ordre

$$x_1'(t) = x_2(t),$$
$$x_2'(t) = x_1(t) + e^t.$$

Trouver la solution du système ci-dessus qui satisfait aux conditions initiales $x_1(0) = -1$ et $x_2(0) = 1$.

4-50. Déterminer si les points critiques du système non linéaire

$$x_1'(t) = -\frac{x_1(t)}{x_2(t)},$$
$$x_2'(t) = x_1(t) + x_2(t) - 1$$

sont stables (mais non asymptotiquement stables), asymptotiquement stables, ou instables.

4-51. (a) Déterminer le type de point critique qu'est $(0,0)$ pour le système

$$x_1'(t) = x_1(t) + x_2(t),$$
$$x_2'(t) = 2x_1(t)$$

ainsi que sa stabilité [soit stable (mais pas asymptotiquement), asymptotiquement stable, ou instable].

(b) Trouver tous les points critiques du système non linéaire

$$x_1'(t) = x_1(t)\ln[x_2(t)] \quad \text{pour } x_2(t) > 0,$$
$$x_2'(t) = x_1^2(t) + x_2^2(t) - 2x_1(t).$$

4-52. Trouver la solution du système linéaire non homogène

$$x_1'(t) = 2x_2(t),$$
$$x_2'(t) = x_1(t) + x_2(t) + 1$$

qui satisfait aux conditions initiales $x_1(0) = 1$ et $x_2(0) = 2$.

4-53. On considère le système d'équations différentielles suivant:

$$y_1'(t) = y_2(t) + t^2,$$
$$y_2'(t) = -y_1(t).$$

(a) Montrer que l'on peut affirmer à partir de ce système que la fonction $y_1(t)$ satisfait à l'équation différentielle d'ordre deux

$$y_1''(t) + y_1(t) = 2t.$$

(b) Résoudre l'équation différentielle en (a), et en déduire la solution du système d'équations différentielles qui satisfait aux conditions initiales $y_1(0) = -1$ et $y_2(0) = 1$.

4-54. À l'aide de la méthode basée sur les valeurs et les vecteurs propres, résoudre le problème de valeurs initiales

$$\mathbf{x}'(t) = \begin{bmatrix} 6 & -1 \\ 5 & 4 \end{bmatrix} \mathbf{x}(t) \quad \text{et} \quad \mathbf{x}(0) = \begin{bmatrix} 1 \\ -1 \end{bmatrix}.$$

4-55. On considère le problème de valeurs initiales suivant:

$$mx''(t) = -cx'(t)\sqrt{[x'(t)]^2 + [y'(t)]^2}, \qquad x(0) = 0, x'(0) = v_{x0},$$

$$my''(t) = -cy'(t)\sqrt{[x'(t)]^2 + [y'(t)]^2} - mg, \quad y(0) = 0, y'(0) = v_{y0},$$

où m, c, v_{x0} et v_{y0} sont des constantes.

(a) Transformer ce système d'équations différentielles d'ordre deux en un système équivalent d'équations différentielles d'ordre un.

(b) Donner les conditions initiales applicables au système obtenu en (a).

4-56. Trouver la solution générale du système d'équations différentielles

$$\mathbf{x}'(t) = \begin{bmatrix} -3 & 1 \\ 1 & -3 \end{bmatrix} \mathbf{x}(t) + \begin{bmatrix} e^{2t} \\ e^{2t} \end{bmatrix}.$$

4-57. Transformer l'équation différentielle du deuxième ordre suivante en deux équations du premier ordre:

$$y''(t) = [y'(t)]^2 - y(t) + t.$$

4-58. Deux solutions linéairement indépendantes du système

$$x_1'(t) = x_1(t) + x_2(t),$$
$$x_2'(t) = x_2(t) - x_1(t)$$

sont

$$\mathbf{x}_1(t) := \begin{bmatrix} e^t \sin t \\ e^t \cos t \end{bmatrix} \quad \text{et} \quad \mathbf{x}_2(t) := \begin{bmatrix} e^t \cos t \\ -e^t \sin t \end{bmatrix}.$$

Trouver la solution particulière du système pour laquelle $\begin{bmatrix} x_1(0) \\ x_2(0) \end{bmatrix} = \begin{bmatrix} 1 \\ 2 \end{bmatrix}$.

4-59. On considère le système

$$\begin{aligned} x_1'(t) &= x_2(t), \\ x_2'(t) &= a x_1^2(t) + 3x_1(t) - 2x_2(t). \end{aligned}$$

(a) Soit $a = 0$. On trouve que les valeurs propres de la matrice

$$\mathbf{A} := \begin{bmatrix} 0 & 1 \\ 3 & -2 \end{bmatrix}$$

sont $m_1 = 1$ et $m_2 = -3$. Donner alors la solution générale du système dans ce cas.

(b) Trouver tous les points critiques du système si $a = 1$.

(c) Donner la linéarisation du système avec $a = 3$ autour du point critique $(-1, 0)$.

(d) Supposons que l'on remplace la deuxième équation du système par

$$x_2'(t) = 3x_1(t) - 2x_2(t) + t.$$

Trouver une solution particulière du nouveau système de la forme

$$\begin{bmatrix} x_1(t) \\ x_2(t) \end{bmatrix} = \begin{bmatrix} k_0 + k_1 t \\ l_0 + l_1 t \end{bmatrix}.$$

4-60. Trouver la solution du système

$$\begin{aligned} x_1'(t) &= x_2(t), \\ x_2'(t) &= x_1(t) + 1, \\ x_3'(t) &= x_1(t) + x_2(t) + t \end{aligned}$$

qui satisfait aux conditions initiales $x_1(0) = -1$, $x_2(0) = 1$ et $x_3(0) = 0$.
Indication. On a:

$$\begin{bmatrix} 1 & 0 & 1 \\ -1 & 0 & 1 \\ 0 & 1 & 2 \end{bmatrix}^{-1} = \frac{1}{2} \begin{bmatrix} 1 & -1 & 0 \\ -2 & -2 & 2 \\ 1 & 1 & 0 \end{bmatrix}.$$

4-61. On considère un système de trois réservoirs, numérotés 1, 2 et 3. Le réservoir 1 contient 30 litres d'eau et 25 grammes de sel, le réservoir 2 comporte 20 litres d'eau et 15 grammes de sel, et le réservoir 3 renferme 10 litres d'eau et 5 grammes de sel. On suppose que de l'eau, venant de l'extérieur et contenant 3 grammes de sel par litre, entre dans le réservoir 2 au taux de 1 litre par minute.

De plus, le mélange se déverse du réservoir 1 au réservoir 2 au taux de 3 litres par minute. Ensuite, le mélange quitte le réservoir 2 au taux de 4 litres par minute: 1,5 litre par minute retourne au réservoir 1, et 2,5 litres par minute se déversent dans le réservoir 3. Finalement, 1 litre par minute s'échappe à l'extérieur du réservoir 3, et 1,5 litre par minute du mélange se déverse de ce réservoir au réservoir 1.

On suppose que le mélange est constamment remué dans chaque réservoir, de façon que la distribution du sel dans ces réservoirs est uniforme.

(a) Soit $Q_i(t)$ la quantité de sel dans le réservoir i à l'instant t, pour $i = 1, 2, 3$. Donner les équations différentielles auxquelles les fonctions $Q_i(t)$ satisfont.

(b) Trouver la valeur de la quantité Q_3^{e} de sel dans le réservoir 3 lorsque le système est en équilibre.

4-62. L'origine est un point critique du système non linéaire

$$\begin{aligned} x_1'(t) &= \ln\left[2e^{x_2(t)} - 1\right], \\ x_2'(t) &= x_1^3(t) - x_1(t) + 2x_2(t). \end{aligned}$$

(a) Trouver tous les autres points critiques du système.

(b) Quelle est la linéarisation du système autour du point critique $(0, 0)$?

4-63. Quelle est la solution du système

$$\begin{aligned} x_1'(t) &= -x_1(t), \\ x_2'(t) &= x_1(t) + x_2(t) + x_3(t), \\ x_3'(t) &= x_1(t) + x_2(t) + x_3(t) + t \end{aligned}$$

qui satisfait aux conditions initiales $x_1(0) = 1$, $x_2(0) = 0$ et $x_3(0) = 0$?

4-64. Transformer l'équation différentielle

$$\frac{d^2v}{dt^2} = -v'\,e^v - e^v$$

en un système d'équations différentielles d'ordre un dont les inconnues sont $v_1(t) = e^{v(t)}$ et $v_2(t) = v'(t)$.

4-65. Soit le système non homogène d'équations différentielles suivant:

$$\mathbf{y}'(t) = \begin{bmatrix} 0 & 1 \\ -1 & 2 \end{bmatrix} \mathbf{y}(t) + \begin{bmatrix} 0 \\ -2\cos(t) \end{bmatrix}.$$

(a) Vérifier que

$$\mathbf{y}(t) = \begin{bmatrix} \sin(t) \\ \cos(t) \end{bmatrix}$$

est une solution du système ci-dessus.

(b) Montrer que les fonctions vectorielles

$$\mathbf{y}_1(t) = \begin{bmatrix} e^t \\ e^t \end{bmatrix} \quad \text{et} \quad \mathbf{y}_2(t) = \begin{bmatrix} t\,e^t \\ (t+1)\,e^t \end{bmatrix}$$

forment un ensemble fondamental de solutions du système homogène associé au système considéré.

(c) Trouver la solution du système non homogène qui satisfait à la condition initiale

$$\mathbf{y}(0) = \begin{bmatrix} 1 \\ 1 \end{bmatrix}.$$

5
TRANSFORMÉES DE LAPLACE

5.1 Introduction

Jusqu'à maintenant, nous avons supposé que les fonctions qui apparaissent dans les équations différentielles considérées, comme $p(t)$, $q(t)$ et $r(t)$ dans l'équation (3.2), sont continues dans l'intervalle de temps (a, b). Cependant, parfois nous avons à résoudre des équations différentielles qui font intervenir des fonctions discontinues. Un cas important de fonctions non nécessairement continues est défini ci-dessous.

Définition 5.1.1. *Une fonction $f(t)$ définie sur l'intervalle fini $[a, b]$ est dite* **continue par morceaux** *dans cet intervalle si elle est continue pour tout $t \in [a, b]$, sauf peut-être en un nombre* fini *de points de saut (voir la figure 5.1).*

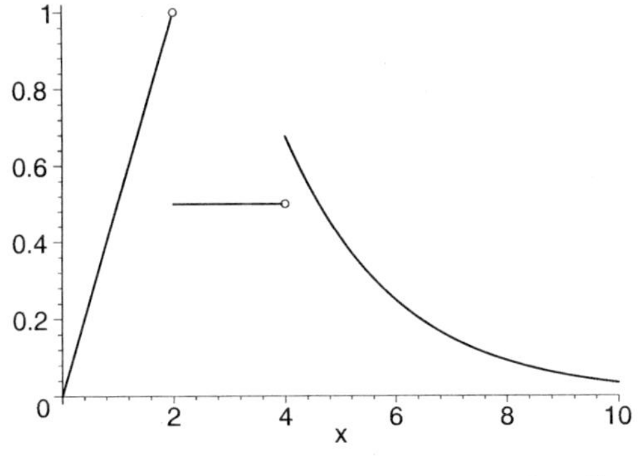

Fig. 5.1. Exemple de fonction continue par morceaux dans l'intervalle $[0, 10]$.

Remarques. i) Un *point de saut* est un point t_0 où la fonction f a une discontinuité, mais la limite à gauche $\lim_{t\uparrow t_0} f(t)$ et la limite à droite $\lim_{t\downarrow t_0} f(t)$ existent.

ii) Si f est continue par morceaux dans l'intervalle *fini* $a \leq t \leq b$, alors on peut affirmer que l'intégrale

$$I_{a,b} := \int_a^b f(t)\,dt \tag{5.1}$$

existe. En effet, cette intégrale est simplement la somme des intégrales sur les sous-intervalles où f est continue.

iii) Une fonction continue est donc un cas particulier des fonctions continues par morceaux.

iv) Ce type de fonctions discontinues est suffisant pour la grande majorité des problèmes rencontrés en pratique.

Pour résoudre des équations différentielles dans lesquelles une ou plusieurs fonctions sont continues par morceaux, on peut essayer de se servir d'une *transformée intégrale.*

Définition 5.1.2. *Une* **transformée intégrale** *(ou* **opérateur intégral***) est un opérateur mathématique T défini par*

$$T\{f(t)\} = \int_a^b K(s,t)\,f(t)\,dt := F(s), \tag{5.2}$$

où la fonction $K(s,t)$ est appelée **noyau** *de la transformation.*

Notation. Nous allons dénoter les fonctions de t par des lettres minuscules, et les transformées par les lettres majuscules correspondantes, comme $f(t)$ et $F(s)$ ci-dessus.

Remarques. i) Pour trouver la fonction $f(t)$ qui correspond à la fonction $F(s)$, il faut calculer la *transformée inverse.*

ii) Puisqu'une transformée intégrale est une intégrale particulière, on peut affirmer qu'une transformée intégrale quelconque est un *opérateur linéaire*; c'est-à-dire qu'on peut écrire que

$$T\{c_1 f_1(t) + c_2 f_2(t)\} = c_1 T\{f_1(t)\} + c_2 T\{f_2(t)\} \tag{5.3}$$

pour toutes constantes c_1 et c_2, et pour toutes fonctions f_1 et f_2 pour lesquelles la transformée en question existe. En particulier, on a:

$$T\{f_1(t) + f_2(t)\} = T\{f_1(t)\} + T\{f_2(t)\} \tag{5.4}$$

et

$$T\{c_1 f_1(t)\} = c_1 T\{f_1(t)\}. \tag{5.5}$$

Définition 5.1.3. *La* **transformée de Laplace** *de la fonction f est la transformée intégrale*

$$\mathcal{L}\{f(t)\} = \int_0^\infty e^{-st} f(t)\, dt := \lim_{b \to \infty} \int_0^b e^{-st} f(t)\, dt. \tag{5.6}$$

Remarques. i) La transformée de Laplace d'une fonction est donc une intégrale *impropre.* On dit que l'intégrale impropre *converge* (ou est *convergente*) si la limite dans l'équation (5.6) existe. Dans le cas contraire, l'intégrale impropre n'existe pas.

ii) En théorie, le paramètre s est un nombre complexe. Cependant, nous supposons que s est réel.

Nous allons maintenant obtenir des conditions *suffisantes* sur la fonction f pour que sa transformée de Laplace existe.

Définition 5.1.4. *Soit f une fonction définie pour $t \geq 0$. Si*

$$I := \int_0^\infty |f(t)|\, dt \tag{5.7}$$

existe, on dit que l'intégrale

$$I_f := \int_0^\infty f(t)\, dt \tag{5.8}$$

converge absolument.

Remarque. Si l'intégrale I_f converge absolument, alors elle est aussi convergente.

On peut également démontrer la proposition suivante, appelée *critère de comparaison* pour les intégrales.

Proposition 5.1.1. *Soit f et g des fonctions définies pour t non négatif. Si $|f(t)| \leq g(t)$, et si l'intégrale*

$$I_g := \int_0^\infty g(t)\, dt \tag{5.9}$$

converge, alors l'intégrale I_f converge absolument.

En utilisant cette proposition, nous allons démontrer le résultat qui suit.

Théorème 5.1.1. *Soit f une fonction définie et continue par morceaux dans tout intervalle fini $[0, b]$. Supposons qu'il existe des constantes M et c telles que*

$$|f(t)| \leq M e^{ct} \quad \textit{pour tout } t \geq 0. \tag{5.10}$$

Alors la transformée de Laplace de f existe pour tout $s > c$.

Preuve. On a:

$$\begin{aligned} \int_0^\infty \left|e^{-st} f(t)\right| dt &= \int_0^\infty e^{-st}\, |f(t)|\, dt \\ &\leq \int_0^\infty e^{-st} M e^{ct}\, dt \\ &\overset{s \neq c}{=} M \frac{1}{c-s} e^{(c-s)t} \Big|_0^\infty . \end{aligned} \tag{5.11}$$

On voit que l'intégrale qui définit la transformée de Laplace de f converge absolument si $s > c$. Ainsi, la transformée de Laplace existe si $s > c$. ■

Remarques. i) Une fonction qui satisfait à (5.10) est dite *d'ordre exponentiel* (ou *d'ordre exponentiel c*, pour être précis) sur l'intervalle $[0, \infty)$.

ii) Comme nous l'avons mentionné ci-dessus, les conditions dans le théorème précédent sont suffisantes, mais elles ne sont pas nécessaires. Par exemple, si $s > 0$, alors on trouve que

$$\mathcal{L}\{t^{-1/2}\} = \int_0^\infty e^{-st} \frac{1}{\sqrt{t}} dt = \sqrt{\frac{\pi}{s}}. \tag{5.12}$$

Or, la fonction $f(t) = t^{-1/2}$ n'est pas continue par morceaux dans l'intervalle $[0, b]$, car la limite à droite $\lim_{t \downarrow 0} f(t)$ n'existe pas. Cependant, elle est d'ordre exponentiel lorsque $t \to \infty$; c'est-à-dire que la relation (5.10) est valable pour tout t à partir d'un certain $t_0 > 0$. En fait, on peut prendre $t_0 = 1$.

iii) Si $\mathcal{L}\{f(t)\}$ existe, alors on peut montrer que

$$\lim_{s \to \infty} F(s) = 0. \tag{5.13}$$

Par exemple, dans le cas où f est d'ordre exponentiel c et $s > c$, on peut écrire que

$$|F(s)| = \left|\int_0^\infty e^{-st} f(t)\,dt\right| \le \int_0^\infty \left|e^{-st} f(t)\right| dt \le M\,\frac{1}{s-c}. \qquad (5.14)$$

On obtient:

$$\lim_{s\to\infty} |F(s)| = 0 \quad \Longrightarrow \quad \lim_{s\to\infty} F(s) = 0. \qquad (5.15)$$

Exemple 5.1.1. La transformée de Laplace de la fonction

$$f(t) = e^{t^2} \quad \text{pour } t \ge 0$$

est l'intégrale impropre

$$\begin{aligned}\mathcal{L}\{e^{t^2}\} &= \int_0^\infty e^{-st} e^{t^2}\,dt = e^{-s^2/4} \int_0^\infty \exp\left\{[t-(s/2)]^2\right\} dt \\ &\overset{u=t-\frac{s}{2}}{=} e^{-s^2/4} \int_{-s/2}^\infty e^{u^2}\,du.\end{aligned}$$

Or, l'intégrale ci-dessus diverge, car

$$\lim_{u\to\infty} e^{u^2} = \infty.$$

Par conséquent, la transformée de Laplace $\mathcal{L}\{e^{t^2}\}$ n'existe pas. Notons que la fonction $f(t) = e^{t^2}$ est continue dans l'intervalle $[0,\infty)$; cependant, elle n'est pas d'ordre exponentiel. ◇

Exercices

5-1. Déterminer si les fonctions suivantes sont continues par morceaux dans les intervalles considérés:

(a) $f(t) = \dfrac{\sin t}{t}$ pour $0 \le t \le \pi$;

(b) $f(t) = \ln t$ pour $0 \le t \le 1$;

(c) $f(t) = e^{1/t}$ pour $-1 \le t \le 1$.

5-2. Déterminer si les intégrales suivantes convergent absolument ou non:

(a) $\int_0^\infty e^{-t} \sin t\,dt$;

(b) $\int_0^\infty \cos t\,dt$;

(c) $\int_0^\infty e^{-t^2+2t}\,dt$.

Indication. On a:

$$\int_{-\infty}^{\infty} \frac{1}{\sqrt{2\pi}} \exp\left\{-\frac{(t-c)^2}{2d^2}\right\} dt = d$$

pour toutes constantes $c \in \mathbb{R}$ et $d > 0$.

5-3. Les fonctions ci-dessous sont-elles d'ordre exponentiel c sur les intervalles considérés? Justifier.

(a) $f(t) = e^{-t^2+t}$ pour $t \geq 0$;

(b) $f(t) = te^{2t}$ pour $t \geq 0$;

(c) $f(t) = \ln t$ pour $t \geq 1$.

5-4. Utiliser le fait que $\mathcal{L}\{t^{-1/2}\} = \sqrt{\pi/s}$ pour calculer $\mathcal{L}\{t^{1/2}\}$ pour $s > 0$.

5.2 Problèmes de valeur initiale

Nous avons étudié les équations différentielles d'ordre deux (et plus) à coefficients constants au chaptitre 3. Les transformées de Laplace peuvent aussi être utilisées pour résoudre l'équation différentielle (3.99):

$$y''(t) + p_0 y'(t) + q_0 y(t) = r(t).$$

En fait, les transformées de Laplace sont particulièrement utiles dans le cas où l'équation différentielle ci-dessus est non homogène, de sorte que $r(t)$ n'est pas identique à zéro, et que les valeurs de $y(0)$ et $y'(0)$ sont fixées; c'est-à-dire dans le cas d'un problème de valeur initiale pour l'équation différentielle (3.99).

Nous allons appliquer la transformée de Laplace à chaque membre de l'équation (3.99). Cependant, nous devons nous assurer que $\mathcal{L}\{y'(t)\}$ et $\mathcal{L}\{y''(t)\}$ existent.

Proposition 5.2.1. *Soit f une fonction d'ordre exponentiel c et continue pour $t \geq 0$. Supposons que f' est continue par morceaux dans tout intervalle fini $[0, b]$. Alors la transformée de Laplace $\mathcal{L}\{f'(t)\}$ existe et est donnée par*

$$\mathcal{L}\{f'(t)\} = s\mathcal{L}\{f(t)\} - f(0) \quad \textit{pour } s > c. \tag{5.16}$$

Preuve. Supposons que la fonction f' possède un seul point de saut dans l'intervalle $[0, b]$, en $t = t_1$. Alors on écrit:

$$\int_0^b e^{-st} f'(t)\,dt = \int_0^{t_1} e^{-st} f'(t)\,dt + \int_{t_1}^b e^{-st} f'(t)\,dt. \tag{5.17}$$

En intégrant par parties, on obtient:

$$\begin{aligned}\int_0^b e^{-st} f'(t)\,dt = e^{-st} f(t)\big|_0^{t_1} + s\int_0^{t_1} e^{-st} f(t)\,dt \\ + e^{-st} f(t)\big|_{t_1}^b + s\int_{t_1}^b e^{-st} f(t)\,dt.\end{aligned} \tag{5.18}$$

Puisque la fonction f est supposée continue dans l'intervalle de temps $[0, b]$, on peut écrire que

$$\lim_{t\uparrow t_1} e^{-st} f(t) = \lim_{t\downarrow t_1} e^{-st} f(t). \tag{5.19}$$

Il s'ensuit que

$$\int_0^b e^{-st} f'(t)\,dt = -f(0) + e^{-sb} f(b) + s\int_0^b e^{-st} f(t)\,dt. \tag{5.20}$$

Finalement, étant donné que f est, par hypothèse, d'ordre exponentiel c, on a:

$$\begin{aligned}\mathcal{L}\{f'(t)\} &\equiv \lim_{b\to\infty}\int_0^b e^{-st} f'(t)\,dt \\ &= -f(0) + \lim_{b\to\infty} e^{-sb} f(b) + s\lim_{b\to\infty}\int_0^b e^{-st} f(t)\,dt \\ &\overset{s\geq c}{=} -f(0) + s\mathcal{L}\{f(t)\},\end{aligned} \tag{5.21}$$

ce qui prouve le résultat dans le cas où f' a un seul point de saut dans l'intervalle $[0, b]$. La preuve dans le cas général où f' a un nombre m *fini* de points de saut dans $[0, b]$ est semblable. ■

Remarque. En fait, il n'est pas nécessaire que la fonction f soit d'ordre exponentiel c sur tout l'intervalle $[0, \infty)$. Il suffit qu'il existe un $t_0 \geq 0$ tel que la relation (5.10) soit valable à partir de t_0:

$$|f(t)| \leq M e^{ct} \quad \text{pour tout } t \geq t_0 \geq 0. \tag{5.22}$$

Pour utiliser les transformées de Laplace dans des problèmes d'équations différentielles d'ordre supérieur ou égal à deux, on peut se servir du résultat suivant, qui est un corollaire de la proposition précédente, car il suffit d'appliquer cette proposition en remplaçant f (respectivement f') par f' (resp. f''), puis par f'' (resp. f'''), etc.

Corollaire 5.2.1. *Supposons que les fonctions f, f', …, $f^{(n-1)}$ sont continues et que $f^{(n)}$ est continue par morceaux dans tout intervalle fini $[0, b]$. Si f, f', …, $f^{(n-1)}$ satisfont à la condition (5.22), alors la transformée de Laplace $\mathcal{L}\{f^{(n)}(t)\}$ existe et est donnée par*

$$\mathcal{L}\{f^{(n)}(t)\} = s^n \mathcal{L}\{f(t)\} - \sum_{k=1}^{n} s^{n-k} f^{(k-1)}(0) \quad \text{pour } s > c. \tag{5.23}$$

On a, en particulier:

$$\mathcal{L}\{f''(t)\} = s^2 \mathcal{L}\{f(t)\} - s f(0) - f'(0) \quad \text{pour } s > c. \tag{5.24}$$

Supposons maintenant que le corollaire ci-dessus est valable pour (au moins) $n = 2$ dans le cas de la fonction $y(t)$, et que la transformée de Laplace de $r(t)$ dans l'équation (3.99) existe. Alors on peut écrire, par linéarité de l'opérateur $\mathcal{L}$, que

$$\mathcal{L}\{r(t)\} = \mathcal{L}\{y''(t)\} + p_0 \mathcal{L}\{y'(t)\} + q_0 \mathcal{L}\{y(t)\}. \tag{5.25}$$

Il s'ensuit que

$$\mathcal{L}\{r(t)\} = s^2 \mathcal{L}\{y(t)\} - s y(0) - y'(0) + p_0 \left[s \mathcal{L}\{y(t)\} - y(0)\right] + q_0 \mathcal{L}\{y(t)\}, \tag{5.26}$$

que l'on réécrit ainsi:

$$R(s) = s^2 Y(s) - s y(0) - y'(0) + p_0 \left[s Y(s) - y(0)\right] + q_0 Y(s). \tag{5.27}$$

De là, on déduit que

$$Y(s) = \frac{R(s) + s y(0) + y'(0) + p_0 y(0)}{s^2 + p_0 s + q_0}. \tag{5.28}$$

Donc, si les valeurs de $y(0)$ et $y'(0)$ sont données, et si la fonction $R(s)$ a été calculée, nous avons obtenu une expression explicite pour la transformée de Laplace de $y(t)$. Nous devons alors calculer la transformée de Laplace inverse du membre droit de l'équation ci-dessus pour trouver la fonction $y(t)$ dont la transformée de Laplace est $Y(s)$.

Remarques. i) Un résultat important est que si f est une fonction *continue* dont la transformée de Laplace existe, alors on peut écrire que

$$f(t) = \mathcal{L}^{-1}\{F(s)\}. \tag{5.29}$$

C'est-à-dire que la *transformée de Laplace inverse* existe. Ainsi, la transformée de Laplace de f est *unique*. Notons que la fonction $y(t)$ dans l'équation (3.99) est nécessairement continue puisque $y'(t)$ et $y''(t)$ existent.

ii) Lorsqu'on cherche la transformée de Laplace inverse $\mathcal{L}^{-1}\{Y(s)\}$, on peut utiliser le fait que $\mathcal{L}^{-1}$ est aussi un opérateur mathématique *linéaire*:

$$\mathcal{L}^{-1}\{c_1 F_1(s) + c_2 F_2(s)\} = c_1 \mathcal{L}^{-1}\{F_1(s)\} + c_2 \mathcal{L}^{-1}\{F_2(s)\}. \tag{5.30}$$

iii) En utilisant les transformées de Laplace, nous n'avons pas à trouver d'abord la solution générale de l'équation différentielle (3.99), puis à déterminer les constantes pour lesquelles la fonction $y(t)$ satisfait aux conditions initiales. Par contre, il faut calculer la transformée de Laplace inverse $\mathcal{L}^{-1}\{Y(s)\}$, ce qui peut être très difficile.

iv) Notons que le dénominateur dans le membre droit de l'équation (5.28) est le *polynôme caractéristique* de l'équation différentielle (3.99). Une façon de procéder pour calculer $\mathcal{L}^{-1}\{Y(s)\}$ consiste à décomposer (si nécessaire) ce polynôme caractéristique et à utiliser le *développement en fractions partielles* de $Y(s)$, comme nous le ferons dans l'exemple ci-dessous.

v) L'avantage des transformées de Laplace est que l'on peut utiliser cette technique même si la fonction $r(t)$ n'est pas continue, pourvu que sa transformée de Laplace existe.

Avant de présenter un exemple, nous donnons, dans le tableau 5.1, une liste des transformées de Laplace les plus utiles dans les applications. Dans ce tableau, les fonctions $u_\alpha(t)$ et $\delta(t)$ sont respectivement la *fonction de Heaviside* et la *fonction delta de Dirac*, lesquelles sont définies comme suit:

$$u_\alpha(t) = \begin{cases} 0 \text{ si } t < \alpha, \\ 1 \text{ si } t \geq \alpha, \end{cases} \tag{5.31}$$

où $\alpha \geq 0$, et

$$\delta(t) = \begin{cases} 0 \text{ si } t \neq 0, \\ \infty \text{ si } t = 0, \end{cases} \tag{5.32}$$

de façon que

$$\int_{-\infty}^{\infty} \delta(t)\, dt = 1. \tag{5.33}$$

Nous reverrons ces deux fonctions dans les prochaines sections de ce chapitre.

Tableau 5.1. Transformées de Laplace

$f(t)$ pour $t \geq 0$	$F(s) = \mathcal{L}\{f(t)\}$	Condition sur s
1	$\dfrac{1}{s}$	$s > 0$
$e^{\alpha t}$	$\dfrac{1}{s-\alpha}$	$s > \alpha$
t^n, $n \in \mathbb{N}$	$\dfrac{n!}{s^{n+1}}$	$s > 0$
$\sin \alpha t$	$\dfrac{\alpha}{s^2+\alpha^2}$	$s > 0$
$\cos \alpha t$	$\dfrac{s}{s^2+\alpha^2}$	$s > 0$
$\text{sh } \alpha t$	$\dfrac{\alpha}{s^2-\alpha^2}$	$s > \lvert\alpha\rvert$
$\text{ch } \alpha t$	$\dfrac{s}{s^2-\alpha^2}$	$s > \lvert\alpha\rvert$
$u_\alpha(t)$	$\dfrac{e^{-\alpha s}}{s}$	$s > 0$
$\delta(t-\alpha)$, $\alpha \geq 0$	$e^{-\alpha s}$	
$f'(t)$	$s\mathcal{L}\{f(t)\} - f(0)$	
$f''(t)$	$s^2\mathcal{L}\{f(t)\} - sf(0) - f'(0)$	
$f^{(n)}(t)$, $n \in \mathbb{N}$	$s^n \mathcal{L}\{f(t)\} - \sum_{k=1}^{n} s^{n-k} f^{(k-1)}(0)$	
$e^{\alpha t} f(t)$	$F(s-\alpha)$	
$u_\alpha(t) f(t-\alpha)$	$e^{-\alpha s} F(s)$	

Exemple 5.2.1. Pour résoudre l'équation différentielle d'ordre deux à coefficients constants

$$y''(t) + y(t) = t \quad \text{pour } t \geq 0,$$

avec les conditions initiales

$$y(0) = 1 \quad \text{et} \quad y'(0) = 2,$$

on applique la transformée de Laplace aux deux côtés de l'équation. En supposant que ces transformées existent, on déduit de (5.28) que

$$Y(s) = \frac{R(s) + s + 2}{s^2 + 1},$$

où

$$R(s) = \mathcal{L}\{t\} \overset{\text{tab. 5.1}}{=} \frac{1}{s^2} \quad \text{pour } s > 0.$$

On a donc:

$$Y(s) = \frac{1 + s^2(s+2)}{s^2(s^2+1)}.$$

Pour trouver la transformée de Laplace inverse $\mathcal{L}^{-1}\{Y(s)\}$, on écrit:

$$\begin{aligned} \frac{1 + s^2(s+2)}{s^2(s^2+1)} &= \frac{As + B}{s^2} + \frac{Cs + D}{s^2 + 1} \\ &= \frac{(As + B)(s^2 + 1) + (Cs + D)(s^2)}{s^2(s^2+1)} \\ &= \frac{(A + C)s^3 + (B + D)s^2 + As + B}{s^2(s^2+1)}. \end{aligned}$$

Ainsi, les constantes A, B, C et D doivent être choisies de façon que

$$1 + s^2(s+2) = (A + C)s^3 + (B + D)s^2 + As + B. \tag{5.34}$$

Puisque les coefficients des puissances correspondantes doivent être égaux, on déduit (en procédant de s^0 à s^3) que

$$B = 1, \quad A = 0, \quad D = 1 \quad \text{et} \quad C = 1.$$

Par conséquent, on peut écrire que

$$Y(s) = \frac{1}{s^2} + \frac{s+1}{s^2+1} = \frac{1}{s^2} + \frac{s}{s^2+1} + \frac{1}{s^2+1}.$$

Remarque. Pour trouver les coefficients A, B, C et D, on peut aussi donner des valeurs à s dans l'équation (5.34). Par exemple, avec $s = 0$, on obtient directement que $B = 1$.

Finalement, à partir du tableau 5.1, on obtient que

$$y(t) = \mathcal{L}^{-1}\{Y(s)\} = t + \cos t + \sin t.$$

Notons que

$$y''(t) = -\cos t - \sin t,$$

de sorte que l'on a bien:

$$y''(t) + y(t) = (-\cos t - \sin t) + (t + \cos t + \sin t) = t.$$

De plus,

$$y(0) = 0 + \cos 0 + \sin 0 = 1 \quad \text{et} \quad y'(0) = 1 - \sin 0 + \cos 0 = 2.$$

Donc, la fonction $y(t)$ ci-dessus est effectivement la solution cherchée. $\diamondsuit$

Exercices

5-5. Trouver la transformée de Laplace $Y(s)$ des solutions des équations différentielles ordinaires suivantes:

(a) $y'(t) + 2y(t) = \cos(t-1)$ pour $t \geq 0$;

(b) $y''(t) - y'(t) + 2y(t) = t - e^{-t}$ pour $t \geq 0$;

(c) $y'''(t) + y''(t) - y'(t) - y(t) = u_1(t)e^{t-1}$ pour $t \geq 0$.

5-6. Développer les expressions suivantes en fractions partielles:

(a) $\dfrac{s}{(s+1)(s^2+1)}$;

(b) $\dfrac{(s+1)(s+2)}{s^2(s^2+1)}$;

(c) $\dfrac{s^2+1}{s^2(s+1)}$.

5-7. Trouver la transformée de Laplace inverse des fonctions suivantes:

(a) $F(s) = \dfrac{e^{-s}s}{(s+1)(s^2+1)}$;

(b) $F(s) = \dfrac{(s-1)^2+1}{s(s-1)^2}$.

Indication. Voir l'exercice précédent.

5-8. Utiliser les transformées de Laplace pour résoudre l'équation différentielle ordinaire

$$y''(t) + 2y(t) = t^2 \quad \text{pour } t \geq 0,$$

avec $y(0) = 0$ et $y'(0) = -1$.

5.3 Équations différentielles impliquant des fonctions discontinues

Comme nous l'avons mentionné dans la section précédente, la technique des transformées intégrales est particulièrement utile dans le cas où la fonction $r(t)$ dans l'équation différentielle (3.2) est discontinue. Un premier exemple de fonction discontinue qui est très importante est la fonction de Heaviside (ou *fonction échelon*), dénotée par $u_\alpha(t)$, où $\alpha \geq 0$, et définie par

$$u_\alpha(t) = \begin{cases} 0 \text{ si } t < \alpha, \\ 1 \text{ si } t \geq \alpha. \end{cases}$$

La transformée de Laplace de cette fonction est facile à calculer:

$$\begin{aligned} \mathcal{L}\{u_\alpha(t)\} &= \int_0^\infty e^{-st} u_\alpha(t)\, dt = \int_\alpha^\infty e^{-st}\, dt \\ &= \left.\frac{e^{-st}}{-s}\right|_\alpha^\infty = \frac{e^{-s\alpha}}{s} \quad \text{si } s > 0, \end{aligned} \tag{5.35}$$

ce qui correspond à la formule dans le tableau 5.1.

Remarques. i) Si l'on dénote la fonction $u_0(t)$ simplement par $u(t)$, alors on peut écrire que

$$u_\alpha(t) = u(t-\alpha). \tag{5.36}$$

ii) La fonction de Heaviside nous permet d'écrire en une seule expression, valable pour tout $t \geq 0$, une fonction dont la définition change lorsqu'on change de sous-intervalle. Par exemple, soit la fonction $f(t)$ définie comme suit:

$$f(t) = \begin{cases} f_1(t) \text{ si } 0 \leq t < t_1, \\ f_2(t) \text{ si } t_1 \leq t < t_2, \\ f_3(t) \text{ si } t \geq t_2. \end{cases}$$

On peut écrire que

$$\begin{aligned} f(t) &= f_1(t)\,[1 - u_{t_1}(t)] + f_2(t)\,[u_{t_1}(t) - u_{t_2}(t)] + f_3(t)\,u_{t_2}(t) \\ &= f_1(t) + [f_2(t) - f_1(t)]\,u_{t_1}(t) + [f_3(t) - f_2(t)]\,u_{t_2}(t) \qquad (5.37) \end{aligned}$$

pour tout $t \geq 0$. Ce résultat peut bien sûr être généralisé à un nombre quelconque de sous-intervalles.

La fonction de Heaviside est utile pour exprimer la *translation* d'une fonction f de α unité(s) vers la droite. Soit f une fonction définie sur l'intervalle $[0, \infty)$; posons que $f_\alpha(t) = u_\alpha(t)\, f(t - \alpha)$. On a:

$$f_\alpha(t) = \begin{cases} 0 & \text{si } t < \alpha, \\ f(t-\alpha) & \text{si } t \geq \alpha. \end{cases} \qquad (5.38)$$

De plus, on calcule

$$\begin{aligned} \mathcal{L}\{f_\alpha(t)\} &\equiv \int_0^\infty e^{-st} f_\alpha(t)\, dt = \int_\alpha^\infty e^{-st} f(t-\alpha)\, dt \\ &\overset{\tau = t - \alpha}{=} \int_0^\infty e^{-s(\tau+\alpha)} f(\tau)\, d\tau = e^{-s\alpha} \int_0^\infty e^{-s\tau} f(\tau)\, d\tau \\ &= e^{-s\alpha} \mathcal{L}\{f(t)\} = e^{-s\alpha} F(s). \qquad (5.39) \end{aligned}$$

Cette formule se trouve également dans le tableau 5.1.

On peut donc affirmer que la transformée de Laplace de la translation d'une fonction f de α unité(s) vers la droite est le produit de $e^{-s\alpha}$ par la transformée de Laplace de f (en supposant que cette transformée existe).

Une propriété des transformées de Laplace qui ressemble à l'équation (5.39) est la formule du tableau 5.1 obtenue en calculant

$$\begin{aligned} \mathcal{L}\{e^{\alpha t} f(t)\} &\equiv \int_0^\infty e^{-st} e^{\alpha t} f(t)\, dt \\ &= \int_0^\infty e^{-(s-\alpha)t} f(t)\, dt = F(s - \alpha). \qquad (5.40) \end{aligned}$$

Si $\mathcal{L}\{f(t)\}$ existe pour $s > \gamma$, alors la formule ci-dessus est valable pour $s > \gamma + \alpha$.

Exemple 5.3.1. Supposons que l'on modifie l'équation différentielle à résoudre dans l'exemple 5.2.1 de la façon suivante:

$$y''(t) + y(t) = r(t) \quad \text{pour } t \geq 0,$$

où

$$r(t) = \begin{cases} t \text{ si } 0 \leq t < 1, \\ 0 \text{ si } t \geq 1. \end{cases}$$

De plus, choisissons encore les conditions initiales

$$y(0) = 1 \quad \text{et} \quad y'(0) = 2.$$

Notons que l'on peut écrire $r(t)$, pour $t \geq 0$, sous la forme

$$r(t) = t[u_0(t) - u_1(t)] \overset{t \geq 0}{\equiv} t[1 - u_1(t)].$$

On calcule

$$\begin{aligned} R(s) &= \mathcal{L}\{t[1 - u_1(t)]\} = \mathcal{L}\{t\} - \mathcal{L}\{t u_1(t)\} \\ &= \frac{1}{s^2} - \mathcal{L}\{u_1(t)[(t-1)+1]\} \\ &\overset{\text{tab. 5.1}}{=} \frac{1}{s^2} - e^{-s}\mathcal{L}\{t\} - \mathcal{L}\{u_1(t)\} \\ &\overset{\text{tab. 5.1}}{=} \frac{1}{s^2} - \frac{e^{-s}}{s^2} - \frac{e^{-s}}{s} \quad \text{pour } s > 0. \end{aligned}$$

La formule (5.28) devient

$$\begin{aligned} Y(s) &= \frac{\left(\frac{1}{s^2} - \frac{e^{-s}}{s^2} - \frac{e^{-s}}{s}\right) + s + 2}{s^2 + 1} \\ &= \frac{1 + s^2(s+2)}{s^2(s^2+1)} - e^{-s}\frac{1}{s^2(s^2+1)} - e^{-s}\frac{1}{s(s^2+1)} \\ &:= Y_1(s) - Y_2(s) - Y_3(s). \end{aligned}$$

On connaît la transformée de Laplace inverse du terme $Y_1(s)$ dans l'équation ci-dessus (voir l'exemple 5.2.1):

$$y_1(t) := \mathcal{L}^{-1}\{Y_1(s)\} = t + \cos t + \sin t.$$

Pour obtenir la transformée de Laplace inverse de $Y_2(s)$, que nous dénotons par $y_2(t)$, on considère d'abord

$$\frac{1}{s^2(s^2+1)} = \frac{As+B}{s^2} + \frac{Cs+D}{s^2+1} = \frac{(A+C)s^3+(B+D)s^2+As+B}{s^2(s^2+1)}.$$

On trouve que

$$B = 1, \quad A = 0, \quad D = -1 \quad \text{et} \quad C = 0.$$

C'est-à-dire que

$$\frac{1}{s^2(s^2+1)} = \frac{1}{s^2} - \frac{1}{s^2+1}.$$

Il s'ensuit que

$$f(t) := \mathcal{L}^{-1}\left\{\frac{1}{s^2(s^2+1)}\right\} \stackrel{\text{tab. 5.1}}{=} t - \sin t.$$

On déduit alors également du tableau 5.1 que

$$\begin{aligned} y_2(t) = \mathcal{L}^{-1}\left\{e^{-s}\frac{1}{s^2(s^2+1)}\right\} &= u_1(t)f(t-1) \\ &= u_1(t)\left[(t-1) - \sin(t-1)\right]. \end{aligned}$$

Finalement, nous cherchons la transformée de Laplace inverse de $Y_3(s)$. Pour ce faire, on écrit:

$$\frac{1}{s(s^2+1)} = \frac{E}{s} + \frac{Fs+G}{s^2+1} = \frac{(E+F)s^2+Gs+E}{s(s^2+1)}.$$

On trouve que

$$E = 1, \quad G = 0 \quad \text{et} \quad F = -1.$$

Ainsi,

$$\frac{1}{s(s^2+1)} = \frac{1}{s} - \frac{s}{s^2+1},$$

et

$$\mathcal{L}^{-1}\left\{\frac{1}{s(s^2+1)}\right\} \stackrel{\text{tab. 5.1}}{=} 1 - \cos t.$$

Par conséquent,

$$y_3(t) := \mathcal{L}^{-1}\left\{e^{-s}\frac{1}{s(s^2+1)}\right\} \stackrel{\text{tab. 5.1}}{=} u_1(t)\left[1 - \cos(t-1)\right].$$

Donc, la solution cherchée est

$$\begin{aligned} y(t) &= y_1(t) - y_2(t) - y_3(t) \\ &= t + \cos t + \sin t + u_1(t)\left[-(t-1) + \sin(t-1) - 1 + \cos(t-1)\right] \\ &= t + \cos t + \sin t + u_1(t)\left[-t + \sin(t-1) + \cos(t-1)\right] \end{aligned}$$

pour $t \geq 0$.

Remarques. i) On aurait aussi pu écrire que

$$Y_2(s) + Y_3(s) = e^{-s}\left[\frac{1}{s^2(s^2+1)} + \frac{1}{s(s^2+1)}\right] = e^{-s}\frac{s+1}{s^2(s^2+1)}.$$

Ensuite, on utilise le développement en fractions partielles du quotient ci-dessus; on a:

$$\frac{s+1}{s^2(s^2+1)} = \frac{(A+C)s^3 + (B+D)s^2 + As + B}{s^2(s^2+1)}.$$

Cette fois-ci, on trouve que

$$B = 1, \quad A = 1, \quad D = -1 \quad \text{et} \quad C = -1.$$

Ainsi,

$$\frac{s+1}{s^2(s^2+1)} = \frac{s+1}{s^2} - \frac{s+1}{s^2+1} = \frac{1}{s} + \frac{1}{s^2} - \frac{s}{s^2+1} - \frac{1}{s^2+1}.$$

Remarque. On aurait pu obtenir ce résultat directement à partir du développement en fractions partielles de $[s^2(s^2+1)]^{-1}$ calculé précédemment.

La transformée de Laplace inverse du quotient $(s+1)/[s^2(s^2+1)]$ est donc donnée par

$$\mathcal{L}^{-1}\left\{\frac{s+1}{s^2(s^2+1)}\right\} = 1 + t - \cos t - \sin t.$$

Alors

$$\begin{aligned} y_2(t) + y_3(t) &= u_1(t)\left[1 + (t-1) - \cos(t-1) - \sin(t-1)\right] \\ &= u_1(t)\left[t - \cos(t-1) - \sin(t-1)\right], \end{aligned}$$

et on retrouve la formule pour $y(t)$ ci-dessus.

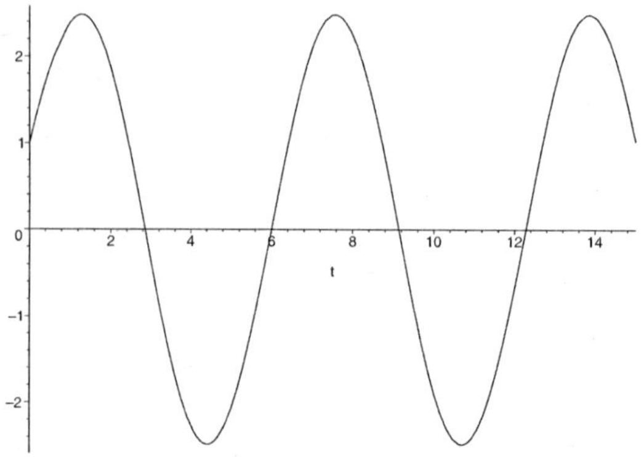

Fig. 5.2. Fonction $y(t)$ dans l'exemple 5.3.1.

ii) Notons que

$$y(t) = \begin{cases} t + \cos t + \sin t & \text{si } 0 \leq t < 1, \\ \cos t + \sin t + \cos(t-1) + \sin(t-1) & \text{si } t \geq 1. \end{cases} \tag{5.41}$$

Le graphique de la fonction $y(t)$, laquelle est continue, est présenté dans la figure 5.2. On calcule ensuite

$$y'(t) = \begin{cases} 1 - \sin t + \cos t & \text{si } 0 \leq t < 1, \\ -\sin t + \cos t - \sin(t-1) + \cos(t-1) & \text{si } t \geq 1. \end{cases}$$

Cette fonction aussi est continue (voir la figure 5.3), comme il le fallait, puisque $y''(t)$ existe. Cependant, la dérivée seconde de $y(t)$, elle, n'est pas continue partout; en effet, on a:

$$y''(t) = \begin{cases} -\cos t - \sin t & \text{si } 0 \leq t < 1, \\ -\cos t - \sin t - \cos(t-1) - \sin(t-1) & \text{si } t \geq 1, \end{cases}$$

de sorte que

$$\lim_{t \uparrow 1} y''(t) = -\cos 1 - \sin 1,$$

tandis que

$$\lim_{t \downarrow 1} y''(t) = -\cos 1 - \sin 1 - \cos 0 - \sin 0 = \lim_{t \uparrow 1} y''(t) - 1.$$

La raison pour laquelle $y''(t)$ possède un point de saut en $t = 1$ est que la fonction $r(t)$ possède également un point de saut en ce point. Ce

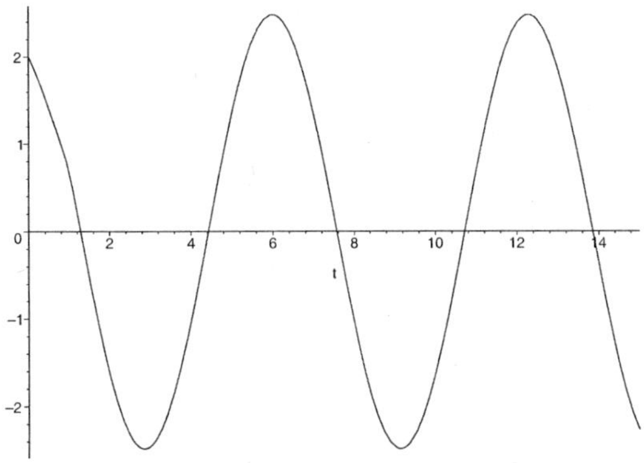

Fig. 5.3. Dérivée de la fonction $y(t)$ dans l'exemple 5.3.1.

résultat est vrai en général. C'est-à-dire que $y''(t)$ aura (le cas échéant) des points de saut aux mêmes endroits que $r(t)$. Notons aussi que la fonction $r(t)$ diminue de 1 en $t = 1$, tout comme $y''(t)$.

iii) Pour résoudre le problème considéré dans cet exemple en utilisant les résultats du chapitre 3, il aurait fallu décomposer ce problème en deux. D'abord, on peut trouver la fonction $y(t)$ pour laquelle

$$y''(t) + y(t) = t \quad \text{pour } 0 \leq t < 1,$$

avec les conditions initiales

$$y(0) = 1 \quad \text{et} \quad y'(0) = 2.$$

En effet, la solution générale de l'équation différentielle homogène

$$y''(t) + y(t) = 0 \quad \text{pour } 0 \leq t < 1$$

est

$$y(t) = c_1 \cos t + c_2 \sin t.$$

De plus, il est facile de voir que $y(t) = t$ est une solution particulière de l'équation différentielle non homogène. Ainsi, la solution générale de cette équation est

$$y(t) = t + c_1 \cos t + c_2 \sin t.$$

On trouve que les constantes c_1 et c_2 pour lesquelles $y(t)$ satisfait aux conditions initiales ci-dessus sont $c_1 = 1$ et $c_2 = 1$, de sorte que

$$y(t) = t + \cos t + \sin t,$$

ce qui correspond bien à la solution pour $t \in [0, 1)$ en (5.41) obtenue en utilisant les transformées de Laplace.

Ensuite, on doit résoudre l'équation différentielle (homogène)

$$y''(t) + y(t) = 0 \quad \text{pour } t \geq 1.$$

La solution générale de cette équation est donnée ci-dessus. Les conditions initiales deviennent

$$y(1) = \lim_{t \uparrow 1} (t + \cos t + \sin t) = 1 + \cos 1 + \sin 1$$

et

$$y'(1) = \lim_{t \uparrow 1} (1 - \sin t + \cos t) = 1 - \sin 1 + \cos 1.$$

On obtient que

$$\begin{aligned} y(t) &= (1 - \sin 1 + \cos 1) \cos t + (1 + \cos 1 + \sin 1) \sin t \\ &= \cos t + \sin t + (\cos 1 - \sin 1) \cos t + (\cos 1 + \sin 1) \sin t \end{aligned}$$

pour $t \geq 1$. À partir des formules

$$\cos(a - b) = \cos a \cos b + \sin a \sin b$$

et

$$\sin(a - b) = \sin a \cos b - \cos a \sin b,$$

on peut vérifier que la solution pour $t \geq 1$ en (5.41) est équivalente à celle présentée ci-dessus.

En général, plus la fonction $r(t)$ possède des discontinuités, plus il sera avantageux de se servir des transformées de Laplace pour résoudre le problème de valeur initiale, plutôt que de décomposer ce problème en plusieurs parties pour lesquelles $r(t)$ est continue. ◇

Exemple 5.3.2. Modifions encore une fois le problème de valeur initiale de l'exemple 5.2.1, soit

$$y''(t) + y(t) = r(t) \quad \text{pour } t \geq 0,$$

avec les conditions initiales

$$y(0) = 1 \quad \text{et} \quad y'(0) = 2,$$

en posant maintenant que

$$r(t) = \begin{cases} t \text{ si } 0 \leq t < 1, \\ 1 \text{ si } t \geq 1. \end{cases}$$

Notons que, cette fois-ci, la fonction $r(t)$ est continue. Cependant, sa dérivée première est discontinue en $t = 1$, puisque

$$r'(t) = \begin{cases} 1 \text{ si } 0 \leq t < 1, \\ 0 \text{ si } t \geq 1. \end{cases}$$

On peut écrire que

$$r(t) = t[1 - u_1(t)] + 1u_1(t) = t + (1-t)u_1(t) \quad \text{pour } t \geq 0.$$

En procédant comme dans l'exemple précédent, on trouve que le terme $Y_3(s)$ disparaît dans l'équation qui donne $Y(s)$. Par conséquent, la solution $y(t)$ devient

$$\begin{aligned} y(t) &= y_1(t) - y_2(t) \\ &= t + \cos t + \sin t + u_1(t)\,[1 - t + \sin(t-1)] \end{aligned}$$

pour $t \geq 0$, que l'on peut réécrire comme suit:

$$y(t) = \begin{cases} t + \cos t + \sin t & \text{si } 0 \leq t < 1, \\ 1 + \cos t + \sin t + \sin(t-1) & \text{si } t \geq 1. \end{cases}$$

On calcule

$$y'(t) = \begin{cases} 1 - \sin t + \cos t & \text{si } 0 \leq t < 1, \\ -\sin t + \cos t + \cos(t-1) & \text{si } t \geq 1 \end{cases}$$

et

$$y''(t) = \begin{cases} -\cos t - \sin t & \text{si } 0 \leq t < 1, \\ -\cos t - \sin t - \sin(t-1) & \text{si } t \geq 1. \end{cases}$$

Les fonctions $y(t)$, $y'(t)$ et $y''(t)$ sont continues (voir les figures 5.4, 5.5 et 5.6, respectivement). Cependant, $y'''(t)$ diminue de 1 en $t = 1$ [tout comme $r'(t)$], car

$$\lim_{t \uparrow 1} y'''(t) = \lim_{t \uparrow 1} (\sin t - \cos t) = \sin 1 - \cos 1,$$

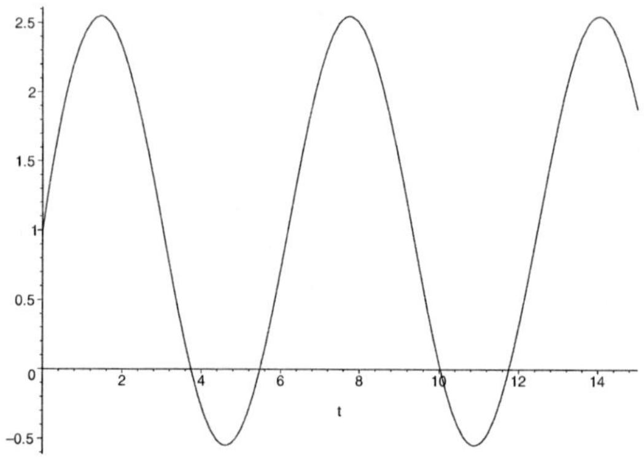

Fig. 5.4. Fonction $y(t)$ dans l'exemple 5.3.2.

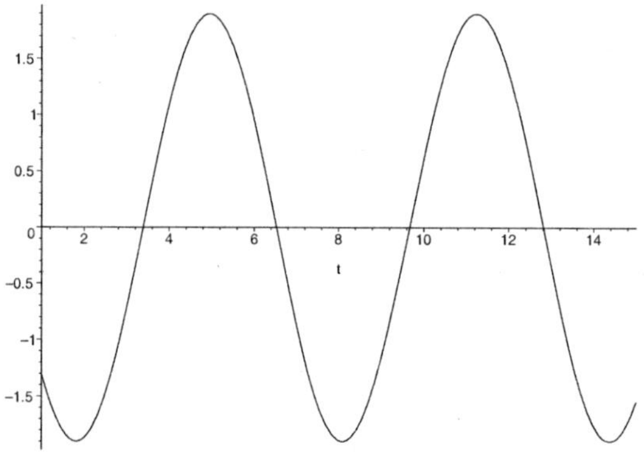

Fig. 5.5. Dérivée de la fonction $y(t)$ dans l'exemple 5.3.2.

tandis que

$$\lim_{t \downarrow 1} y'''(t) = \lim_{t \downarrow 1} [\sin t - \cos t - \cos(t-1)] = \sin 1 - \cos 1 - 1.$$

Remarque. Puisque la fonction $r(t)$ est continue, nous aurions pu utiliser la méthode de variation des paramètres de la section 3.7 pour trouver la solution générale de l'équation différentielle non homogène considérée dans cet exemple. Nous aurions aussi pu décomposer le problème en deux, comme nous l'avons fait dans la remarque iii) à la fin de l'exemple précédent. Une solution particulière, obtenue par la méthode des coefficients indéterminés (ou simplement par inspection), de l'équation non homogène

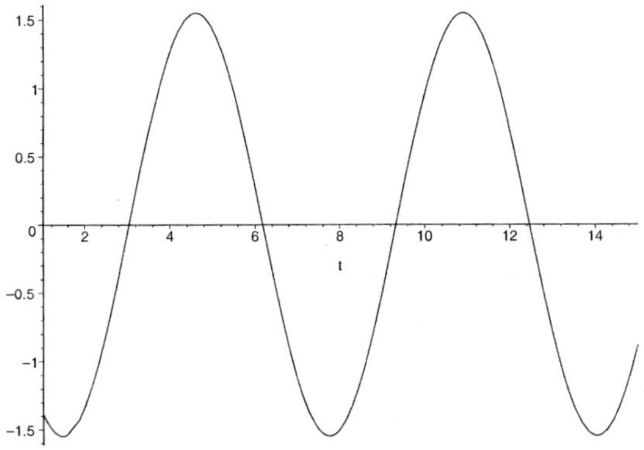

Fig. 5.6. Dérivée seconde de la fonction $y(t)$ dans l'exemple 5.3.2.

$$y''(t) + y(t) = 1 \quad \text{pour } t \geq 1$$

est $y_p(t) \equiv 1$. ◇

Exercices

5-9. Réécrire les fonctions suivantes en donnant une expression valable pour tout $t \geq 0$ à l'aide de la fonction de Heaviside:

(a)

$$f(t) = \begin{cases} 1 \text{ si } 0 \leq t < 1, \\ t \text{ si } 1 \leq t < 2, \\ 0 \text{ si } t \geq 2; \end{cases}$$

(b)

$$f(t) = \begin{cases} 0 & \text{si } 0 \leq t < 1, \\ t+1 & \text{si } 1 \leq t < 2, \\ t & \text{si } t \geq 2; \end{cases}$$

(c)

$$f(t) = \begin{cases} t+1 & \text{si } 0 \leq t < 1, \\ 0 & \text{si } 1 \leq t < 2, \\ t & \text{si } t \geq 2. \end{cases}$$

5-10. Calculer la transformée de Laplace $\mathcal{L}\{e^{\alpha t} u_\alpha(t) f(t-\alpha)\}$.

5-11. Résoudre (à l'aide des transformées de Laplace) les équations différentielles suivantes, sous les conditions $y(0) = 1$ et $y'(0) = -1$:

(a)

$$y''(t) - y(t) = r(t),$$

où

$$r(t) = \begin{cases} t & \text{si } 0 \leq t < 1, \\ t+1 & \text{si } t \geq 1; \end{cases}$$

(b)

$$y''(t) + y'(t) = r(t),$$

où

$$r(t) = \begin{cases} 1 \text{ si } 0 \leq t < 1, \\ t \text{ si } t \geq 1; \end{cases}$$

(c)

$$y''(t) + y(t) = r(t),$$

où

$$r(t) = \begin{cases} 1 & \text{si } 0 \leq t < 1, \\ t+1 & \text{si } 1 \leq t < 2, \\ t+2 & \text{si } t \geq 2. \end{cases}$$

5-12. Dans la partie (a) de l'exercice précédent, supposons que l'on essaie de résoudre l'équation différentielle ordinaire en décomposant le problème en deux sous-intervalles où la fonction $r(t)$ est continue, comme dans l'exemple 5.3.1. Quelles sont alors les conditions initiales pour l'équation différentielle dans l'intervalle $[1, \infty)$?

5.4 La fonction delta de Dirac

Rappel. La *fonction delta de Dirac*, ou *fonction impulsion (unitaire)*, est définie par

$$\delta(t) = \begin{cases} 0 & \text{si } t \neq 0, \\ \infty & \text{si } t = 0 \end{cases} \tag{5.42}$$

et

$$\int_{-\infty}^{\infty} \delta(t)\, dt = 1. \tag{5.43}$$

Remarque. En fait, la *fonction* delta de Dirac n'est pas véritablement une fonction, mais plutôt un exemple de *fonction généralisée* ou *distribution.* Par conséquent, même si la limite à gauche $\lim_{t \uparrow 0} \delta(t)$ et celle à droite $\lim_{t \downarrow 0} \delta(t)$ existent et sont toutes les deux égales à 0, on ne peut pas affirmer qu'elle est continue par morceaux dans un intervalle qui contient l'origine.

Pour motiver la définition ci-dessus, on considère

$$h_c(t) := \begin{cases} \frac{1}{2c} \text{ si } -c < t < c, \\ \\ 0 \text{ si } |t| \geq c, \end{cases} \tag{5.44}$$

où c est une constante positive. On a:

$$I(c) := \int_{-\infty}^{\infty} h_c(t)\,dt = \int_{-c}^{c} \frac{1}{2c}\,dt = 1 \quad \text{pour tout } c > 0. \tag{5.45}$$

Supposons maintenant que l'on prend la limite lorsque c décroît vers zéro. Puisque la valeur de l'intégrale $I(c)$ ne dépend pas de c, on peut écrire que

$$\lim_{c \downarrow 0} I(c) = 1. \tag{5.46}$$

De plus, on a:

$$\lim_{c \downarrow 0} h_c(t) = 0 \quad \text{pour tout } t \neq 0. \tag{5.47}$$

Ainsi, la limite $\lim_{c \downarrow 0} h_c(t)$ est nulle partout, sauf en $t = 0$. Comme la valeur de $h_c(0)$ lorsque c décroît vers zéro est clairement l'infini, on obtient la définition de $\delta(t)$.

Remarque. On a:

$$\int_{-\infty}^{t} \delta(x)\,dx = \begin{cases} 0 \text{ si } t < 0, \\ 1 \text{ si } t > 0. \end{cases} \tag{5.48}$$

De plus, en utilisant l'interprétation de la fonction de Dirac donnée ci-dessus, on obtient que

$$\int_{-\infty}^{0} \delta(x)\,dx = \lim_{c \downarrow 0} \int_{-\infty}^{0} h_c(x)\,dx = \frac{1}{2}. \tag{5.49}$$

Pour cette raison, plusieurs auteurs définissent la fonction de Heaviside comme suit:

$$u_\alpha(t) = \begin{cases} 0 \text{ si } t < \alpha, \\ \frac{1}{2} \text{ si } t = \alpha, \\ 1 \text{ si } t > \alpha. \end{cases} \tag{5.50}$$

On peut alors écrire que

$$\int_{-\infty}^{t} \delta(x)\,dx = u_0(t) \quad \Longrightarrow \quad \frac{d}{dt}u_0(t) = \delta(t). \tag{5.51}$$

D'autres auteurs ne définissent pas la fonction $u_\alpha(t)$ en $t = \alpha$, et d'autres encore posent que $u_\alpha(\alpha) = 0$.

Soit $\alpha > 0$; puisque la borne inférieure (respectivement supérieure) dans l'intégrale qui définit la transformée de Laplace est 0 (resp. ∞), on peut écrire, si $\alpha - c \geq 0$ et $s \neq 0$, que

$$\begin{aligned}
\mathcal{L}\{h_c(t-\alpha)\} &= \frac{1}{2c}\int_{\alpha-c}^{\alpha+c} e^{-st}\,dt = \frac{1}{2c}\left.\frac{e^{-st}}{-s}\right|_{\alpha-c}^{\alpha+c} \\
&= \frac{1}{2c}\left(\frac{e^{-s(\alpha-c)} - e^{-s(\alpha+c)}}{s}\right) \\
&= \frac{1}{2c}e^{-s\alpha}\left(\frac{e^{sc} - e^{-sc}}{s}\right).
\end{aligned} \tag{5.52}$$

Ensuite, en prenant la limite lorsque c décroît vers zéro (à l'aide de la règle de l'Hospital), on obtient que

$$\begin{aligned}
\lim_{c\downarrow 0}\mathcal{L}\{h_c(t-\alpha)\} &= \lim_{c\downarrow 0}\frac{1}{2c}e^{-s\alpha}\left(\frac{e^{sc} - e^{-sc}}{s}\right) \\
&= \lim_{c\downarrow 0}\frac{1}{2}e^{-s\alpha}\left(e^{sc} + e^{-sc}\right) \\
&= e^{-s\alpha}.
\end{aligned} \tag{5.53}$$

Remarques. i) Lorsque c décroît vers zéro, on peut effectivement affirmer que $\alpha - c \geq 0$.

ii) Dans le cas où $s = 0$, on calcule

$$\left.\frac{1}{2c}\int_{\alpha-c}^{\alpha+c} e^{-st}\,dt\right|_{s=0} = \frac{1}{2c}\int_{\alpha-c}^{\alpha+c} 1\,dt = 1. \tag{5.54}$$

Ainsi, la formule ci-dessus est en fait valable pour tout $s \in \mathbb{R}$.

iii) On a:

$$h_c(t-\alpha) = \begin{cases} \dfrac{1}{2c} \text{ si } -c < t-\alpha < c \Leftrightarrow \alpha - c < t < \alpha + c, \\[2ex] 0 \text{ si } |t-\alpha| \geq c. \end{cases} \tag{5.55}$$

En se basant sur ce qui précède, on définit la transformée de Laplace de la fonction $\delta(t-\alpha)$ par (voir le tableau 5.1)

$$\mathcal{L}\{\delta(t-\alpha)\} = \lim_{c\downarrow 0} \mathcal{L}\{h_c(t-\alpha)\} = e^{-s\alpha} \quad \text{pour } \alpha > 0. \tag{5.56}$$

Remarque. On déduit de la formule précédente que

$$\mathcal{L}\{\delta(t)\} = \lim_{\alpha\downarrow 0} \mathcal{L}\{\delta(t-\alpha)\} = \lim_{\alpha\downarrow 0} e^{-s\alpha} = 1. \tag{5.57}$$

Pour obtenir ce résultat, il faut en fait interpréter la transformée de Laplace comme suit:

$$\mathcal{L}\{f(t)\} = \int_{0^-}^{\infty} e^{-st} f(t)\,dt := \lim_{\epsilon\downarrow 0} \int_{-\epsilon}^{\infty} e^{-st} f(t)\,dt. \tag{5.58}$$

Maintenant, on peut écrire que

$$\delta(t-\alpha) = 0 \quad \text{si } t \neq \alpha, \tag{5.59}$$

et

$$\int_{-\infty}^{\infty} \delta(t-\alpha)\,dt = 1. \tag{5.60}$$

Nous allons calculer l'intégrale

$$I_f(t) := \int_{-\infty}^{\infty} \delta(t-\alpha) f(t)\,dt, \tag{5.61}$$

où f est une fonction *continue*. Étant donné que $\delta(t-\alpha) = 0$ pour tout $t \neq \alpha$, on a:

$$I_f(t) = \int_{\alpha-\epsilon}^{\alpha+\epsilon} \delta(t-\alpha) f(t)\,dt, \tag{5.62}$$

où $\epsilon > 0$ est petit. De plus, puisque f est continue, on peut écrire que

$$f(t) \simeq f(\alpha) \quad \text{pour } t \in [\alpha-\epsilon, \alpha+\epsilon] \tag{5.63}$$

(on obtient l'égalité en prenant la limite lorsque ϵ décroît vers zéro). Il s'ensuit que

$$I_f(t) \simeq f(\alpha) \int_{\alpha-\epsilon}^{\alpha+\epsilon} \delta(t-\alpha)\,dt = f(\alpha). \tag{5.64}$$

Comme la valeur de $I_f(t)$ calculée approximativement ci-dessus ne dépend pas de ϵ, on peut conclure que

$$\int_{-\infty}^{\infty} \delta(t-\alpha) f(t)\,dt = f(\alpha). \tag{5.65}$$

Remarques. i) Pour obtenir la formule précédente, on aurait pu commencer par calculer

$$\begin{aligned}\int_{-\infty}^{\infty} h_c(t-\alpha) f(t)\,dt &= \frac{1}{2c}\int_{\alpha-c}^{\alpha+c} f(t)\,dt \\ &= \frac{1}{2c}\left[(2c)\cdot f(t_c)\right] = f(t_c),\end{aligned} \tag{5.66}$$

où $t_c \in (\alpha-c, \alpha+c)$ (par le *théorème de la moyenne* pour des intégrales). En prenant ensuite la limite lorsque c décroît vers zéro, on retrouve la formule (5.65).

ii) On peut généraliser la formule (5.65) ainsi: si la fonction $g(t)$ possède les racines réelles simples $t_1, t_2, \ldots$, alors

$$\int_{-\infty}^{\infty} \delta[g(t)]\, f(t)\,dt = \frac{f(t_1)}{|g'(t_1)|} + \frac{f(t_2)}{|g'(t_2)|} + \ldots\,. \tag{5.67}$$

En particulier,

$$\int_{-\infty}^{\infty} \delta\left(t^2-\alpha^2\right) f(t)\,dt = \frac{1}{2|\alpha|}\left[f(-\alpha)+f(\alpha)\right]. \tag{5.68}$$

Nous allons finalement présenter un exemple de problème de valeur initiale dans lequel la fonction $r(t)$ est une fonction delta de Dirac.

Exemple 5.4.1. Considérons l'équation différentielle non homogène

$$y''(t) + y(t) = \delta(t-1) \quad \text{pour } t \geq 0.$$

Comme dans les exemples précédents, on choisit les conditions initiales

$$y(0) = 1 \quad \text{et} \quad y'(0) = 2.$$

En prenant la transformée de Laplace des deux membres de l'équation, on obtient (voir le tableau 5.1):

$$s^2 \mathcal{L}\{y(t)\} - s\,y(0) - y'(0) + \mathcal{L}\{y(t)\} = e^{-s}.$$

Cette équation se réduit à

$$Y(s) = \frac{e^{-s}+s+2}{s^2+1} = e^{-s}\frac{1}{s^2+1} + \frac{s}{s^2+1} + \frac{2}{s^2+1}.$$

On trouve que la transformée de Laplace inverse de $Y(s)$ est (pour $s > 0$)

$$y(t) = u_1(t)\sin(t-1) + \cos t + 2\sin t$$

pour $t \geq 0$. C'est-à-dire que

$$y(t) = \begin{cases} \cos t + 2\sin t & \text{si } 0 \leq t < 1, \\ \cos t + 2\sin t + \sin(t-1) & \text{si } t \geq 1 \end{cases} \tag{5.69}$$

(voir la figure 5.7).

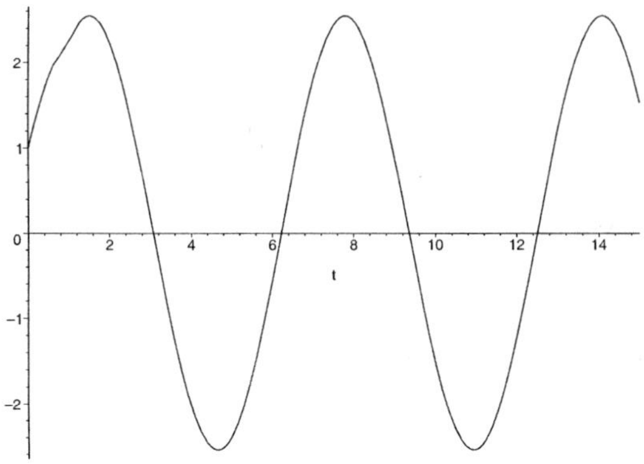

Fig. 5.7. Fonction $y(t)$ dans l'exemple 5.4.1.

On calcule

$$y'(t) = \begin{cases} -\sin t + 2\cos t & \text{si } 0 \leq t < 1, \\ -\sin t + 2\cos t + \cos(t-1) & \text{si } t \geq 1. \end{cases} \tag{5.70}$$

On constate que la fonction $y(t)$ est continue, mais que $y'(t)$ a un point de saut en $t = 1$. Étant donné que $y'(t)$ est discontinue en $t = 1$, la dérivée seconde a une discontinuité infinie en ce point, comme la fonction delta de Dirac. Ainsi, la fonction $y''(t)$ existe seulement *au sens des distributions.* ♢

Exercices

5-13. Soit

$$f(x) = \frac{1}{\sqrt{2\pi}\sigma} \exp\left\{-\frac{x^2}{2\sigma^2}\right\} \quad \text{pour } x \in \mathbb{R},$$

où σ est une constante positive. On peut montrer que

$$\int_{-\infty}^{\infty} f(x)\,dx = 1.$$

Utiliser ce résultat pour montrer que

$$\lim_{\sigma \downarrow 0} f(x) = \delta(x).$$

Remarque. En probabilités, la fonction $f(x)$ est la *fonction de densité* d'une *variable aléatoire* qui suit une *loi gaussienne* de moyenne nulle et de *variance* σ^2. De plus, on peut aussi montrer, de façon plus générale, que

$$\lim_{\sigma \downarrow 0} \frac{1}{\sqrt{2\pi}\,\sigma} \exp\left\{-\frac{(x-\mu)^2}{2\sigma^2}\right\} = \delta(x-\mu),$$

où $\mu \in \mathbb{R}$.

5-14. Calculer

(a) $\displaystyle\int_{-\infty}^{\infty} [\delta(t-2) + \delta(t+1)]\, e^t\, dt$;

(b) $\displaystyle\int_{-\infty}^{\infty} \delta\,[(t-2)(t+1)]\, e^t\, dt$.

5-15. Résoudre les équations différentielles ordinaires

(a) $y''(t) - 2y'(t) = \delta(t-2)$ pour $t \geq 0$, avec $y(0) = 0$ et $y'(0) = 1$;

(b) $y''(t) - 4y(t) = \delta(2t-1)$ pour $t \geq 0$, avec $y(0) = 1$ et $y'(0) = 0$.

5.5 Exercices supplémentaires

5-16. Calculer la transformée de Laplace de la fonction

$$f(t) = \begin{cases} t & \text{si } 0 \leq t < 1, \\ 2-t & \text{si } 1 \leq t \leq 2, \\ 0 & \text{si } t > 2. \end{cases}$$

5-17. Trouver la transformée de Laplace de la fonction $y(t)$ qui satisfait à l'équation différentielle ordinaire

$$y'''(t) + y'(t) = t^2 \quad \text{pour } t \geq 0,$$

avec les conditions initiales $y(0) = y'(0) = y''(0) = 1$.

Remarque. On supposera que la transformée de Laplace de $y^{(n)}(t)$ existe pour $n = 0, 1, 2$ et 3 si $s > 0$.

5-18. Trouver la transformée de Laplace inverse de

$$F(s) = e^{-s}\frac{(2-s)}{s^3} \quad \text{pour } s > 0.$$

5-19. Écrire la fonction

$$F(s) = \frac{s+2}{s^2(s^2-1)}$$

sous la forme

$$F(s) = \frac{As+B}{s^2} + \frac{C}{s+1} + \frac{D}{s-1}.$$

5-20. Trouver la fonction $y(t)$ qui satisfait à l'équation différentielle ordinaire

$$y''(t) + y'(t) = \delta(t-1) \quad \text{pour } t \geq 0,$$

avec $y(0) = 0$ et $y'(0) = 1$.

5-21. Utiliser le fait que

$$\mathcal{L}\left\{\cos^2 t\right\} = \frac{2+s^2}{s(s^2+4)}$$

pour obtenir $\mathcal{L}\{\sin(t)\cos(t)\}$.

5-22. Soit

$$r(t) = \begin{cases} t & \text{si } 0 \leq t < 1, \\ t-1 & \text{si } t \geq 1. \end{cases}$$

Pour résoudre le problème de valeur initiale

$$y''(t) - 4y(t) = r(t) \quad \text{pour } t \geq 0,$$

avec $y(0) = 0$ et $y'(0) = 1$, on décompose le problème en deux. On résout d'abord le problème

$$y''(t) - 4y(t) = t \quad \text{pour } 0 \leq t < 1,$$

avec $y(0) = 0$ et $y'(0) = 1$. Ensuite, on résout l'équation différentielle ordinaire

$$y''(t) - 4y(t) = t - 1 \quad \text{pour } t \geq 1. \tag{$*$}$$

Quelles sont les conditions initiales dans le cas de l'équation $(*)$?

5-23. Calculer $\mathcal{L}\left\{\delta\left(t^2 - 1\right)\right\}$.

5-24. Sachant que $\mathcal{L}\{t^{-1/2}\} = \sqrt{\pi/s}$ pour $s > 0$, calculer $\mathcal{L}\{t^{3/2}\}$ pour $s > 0$.

5-25. Utiliser le fait que

$$\mathcal{L}^{-1}\left\{\frac{s^2+1}{(s+1)\,s^2}\right\} = -1 + t + 2e^{-t}$$

pour calculer la transformée de Laplace inverse de

$$F(s) = e^{-s}\,\frac{(s+2)^2+1}{(s+3)\,(s+2)^2}.$$

5-26. Soit

$$f(x) = \begin{cases} 0 & \text{si } x < 0, \\ 1 & \text{si } 0 \leq x < 1, \\ x - 1 & \text{si } 1 \leq x < 2, \\ x & \text{si } x \geq 2. \end{cases}$$

Utiliser la fonction de Heaviside pour réécrire cette fonction en une (seule) expression valable pour tout $x \in \mathbb{R}$.

5-27. À l'aide des transformées de Laplace, résoudre l'équation différentielle

$$y''(t) = r(t),$$

où

$$r(t) = \begin{cases} t & \text{si } 0 \leq t < 1, \\ t - 1 & \text{si } t \geq 1, \end{cases}$$

sous les conditions $y(0) = 0$ et $y'(0) = 1$.

5-28. Si l'on définit $u_\alpha(\alpha) = 1/2$, alors on peut écrire que $u'_\alpha(t) = \delta(t - \alpha)$. Résoudre, avec ce choix pour $u_\alpha(\alpha)$, l'équation différentielle ordinaire

$$y''(t) = \delta(t - 1) \quad \text{pour } t \geq 0,$$

sous les conditions initiales $y(0) = 1$ et $y'(0) = 2$, en intégrant (deux fois) les deux membres de l'équation.

5-29. (a) En utilisant les transformées de Laplace, trouver la solution de l'équation différentielle

$$y''(x) + 4y(x) = 4x + \delta(x-1),$$

avec $y(0) = 1$ et $y'(0) = 5$.

(b) Donner la valeur de $y(\pi)$.

5-30. On a la formule suivante:

$$\mathcal{L}\left\{\frac{1}{t^{3/2}}e^{-1/t}\right\} = \sqrt{\pi}e^{-2\sqrt{s}} \quad \text{pour } s > 0.$$

En déduire la transformée de Laplace pour $s > 0$ de

(a)

$$f_1(t) = \begin{cases} 0 & \text{si } 0 < t \leq 1, \\ \dfrac{1}{(t-1)^{3/2}}e^{-1/(t-1)} & \text{si } t > 1; \end{cases}$$

(b) $f_2(t) = \dfrac{1}{t^{1/2}}e^{-1/t}$ pour $t > 0$.

5-31. Soit

$$F(s) = \frac{1+2s}{(s-1)(s+1)^2}.$$

(a) Écrire la fonction $F(s)$ sous la forme

$$F(s) = \frac{A}{s-1} + \frac{Bs+C}{(s+1)^2},$$

où A, B et C sont des constantes à déterminer.

(b) Utiliser le résultat de la partie (a) pour obtenir la transformée de Laplace inverse de $F(s)$.

5-32. (a) Calculer la transformée de Laplace (pour $s > 0$) de la fonction $f(t) = \sin^2 t$.

Indication. On a:

$$\int \sin^2 t\,dt = \frac{t}{2} - \frac{\sin(t)\cos(t)}{2}.$$

(b) Trouver la transformée de Laplace $Y(s)$, en $s = 1$, de la solution $y(t)$ de l'équation différentielle

$$y'(t) + 2y(t) = \sin^2 t \quad \text{pour } t \geq 0,$$

avec $y(0) = 1$.

5-33. Calculer la transformée de Laplace de

(a) $f_1(t) = u_1(t)\delta(t-2)$;

(b) $f_2(t) = u_1^2(t)\delta(t-1)$.

5-34. Calculer la transformée de Laplace de la fonction $f(t) = te^t u_1(t)$ pour $t \geq 0$.

5-35. Calculer la transformée de Laplace inverse de la fonction

$$F(s) = \frac{s+1}{s^2+2s+2}.$$

5-36. Résoudre le problème de valeur initiale

$$y''(t) - y(t) = u_1(t) + 3\delta(t-3) \quad \text{pour } t \geq 0,$$

avec $y(0) = y'(0) = 0$.

5-37. Calculer la transformée de Laplace de

$$f(t) = u_1(t)u_2(t)\left(t^2 - 4t + 4\right).$$

5-38. Utiliser les transformées de Laplace pour résoudre l'équation différentielle d'ordre un

$$y'(t) - y(t) = r(t),$$

où

$$r(t) = \begin{cases} -1 \text{ si } 0 \leq t < 1, \\ 1 \text{ si } t \geq 1. \end{cases}$$

De plus, $y(0) = 0$.

5-39. Soit

$$m(t) := \min\{\delta(t), \delta(t-1)\} \quad \text{et} \quad M(t) := \max\{\delta(t), \delta(t-1)\}.$$

C'est-à-dire que $m(t)$ est le minimum des fonctions $f_1(t) = \delta(t)$ et $f_2(t) = \delta(t-1)$, et $M(t)$ est le maximum de $f_1(t)$ et $f_2(t)$. Calculer

(a) $\displaystyle\int_{-\infty}^{\infty} m(t)\,dt$ et (b) $\displaystyle\int_{-\infty}^{\infty} M(t)\,dt$.

5-40. Résoudre les équations différentielles ordinaires

(a) $y''(t) + 4y(t) = \delta(3t+1)$ pour $t \geq 0$, avec $y(0) = 0$ et $y'(0) = 1$;

(b) $y''(t) + 4y(t) = \delta(-3t+1)$ pour $t \geq 0$, avec $y(0) = 0$ et $y'(0) = 1$.

5-41. Soit

$$r(t) = \begin{cases} 0 \text{ si } 0 \leq t < 1, \\ t \text{ si } 1 \leq t < 2, \\ 2 \text{ si } t \geq 2. \end{cases}$$

(a) Réécrire la fonction $r(t)$ en donnant une expression valable pour tout $t \geq 0$ à l'aide de la fonction de Heaviside.

(b) Résoudre, à l'aide des transformées de Laplace, l'équation différentielle

$$y''(t) + y(t) = r(t),$$

sous les conditions $y(0) = 1$ et $y'(0) = -1$.

(c) Calculer

$$I := \int_0^{\infty} y(t)\,\delta(t-1)\,dt,$$

où $y(t)$ est la solution du problème en (b).

5-42. (a) Utiliser le fait que

$$\mathcal{L}\left\{\sin^2(t)\right\} = \frac{2}{s\,(s^2+4)} \quad \text{si } s > 0$$

pour obtenir la transformée de Laplace de la solution $y(t)$ de l'équation différentielle

$$y'(t) + y(t) = \cos(t)\sin(t)$$

qui satisfait à la condition $y(0) = 1$.

(b) On trouve que la transformée de Laplace de la solution $y(t)$ de l'équation différentielle

$$y'(t) - y(t) = \cos(t)\sin(t)$$

qui satisfait à la condition $y(0) = -1$ est

$$Y(s) = -\frac{s^2+3}{(s-1)(s^2+4)} \quad \text{pour } s > 1.$$

Inverser la transformée $Y(s)$ pour obtenir $y(t)$.

5-43. Trouver la solution de l'équation différentielle

$$y''(t) - 2y'(t) + y(t) = r_1(t) + \delta(t-3) \quad \text{pour } t \geq 0,$$

où

$$r_1(t) = \begin{cases} 1 \text{ si } 0 \leq t < 2, \\ 0 \text{ si } t \geq 2, \end{cases}$$

qui satisfait à $y(0) = 0$ et $y'(0) = 1$.

5-44. La fonction

$$f(t) = \ln(t)e^{-t}$$

est-elle (a) continue par morceaux dans l'intervalle $[0, 1]$? (b) d'ordre exponentiel sur $[1, \infty)$? Justifier vos réponses.

5-45. Calculer la transformée de Laplace de

$$f(t) = u_1(t)\cos(t-2).$$

Rappel. On a: $\cos(a - b) = \cos(a)\cos(b) + \sin(a)\sin(b)$.

5-46. Calculer la transformée de Laplace inverse de

$$F(s) = \frac{1}{s^4 - s^2} \quad \text{pour } s > 0.$$

5-47. (a) Trouver la transformée de Laplace de la solution de l'équation différentielle

$$y''(t) - y'(t) + y(t) = r(t) \quad \text{pour } t \geq 0,$$

où

$$r(t) = \begin{cases} 1/2 \text{ si } 0 \leq t < 1/2, \\ \;\; t \;\; \text{ si } t \geq 1/2, \end{cases}$$

qui satisfait à $y(0) = -1$ et $y'(0) = 2$.

(b) Calculer l'intégrale

$$I := \int_{-\infty}^{\infty} \delta(t)\,[y(t) + y'(t)]\,dt,$$

où $y(t)$ est la solution du problème en (a).

5-48. Résoudre l'équation différentielle

$$y''(t) + y'(t) = \delta(t-2) \quad \text{pour } t \geq 0,$$

sous les conditions $y(0) = 0$ et $y'(0) = 1$.

5-49. (a) Tracer la représentation graphique de la fonction $f(t) = u_0[(t-1)(t-2)]$ pour $0 \leq t \leq 3$.

(b) Exprimer cette fonction à l'aide de $u_1(t)$ et de $u_2(t)$.

5-50. Calculer la transformée de Laplace inverse de la fonction

$$F(s) = \frac{s^2}{s^2+4}.$$

5-51. Tracer le graphique de la fonction

$$f(t) = (t+1)\left[u_{1/2}(t) - u_1(t)\right] + u_1(t) - u_2(t)$$

sur l'intervalle $[0, 3]$.

5-52. Calculer, en fonction de $F(s)$, la transformée de Laplace de la fonction

$$g(t) = e^{2t} f(t-1)\, u_1(t).$$

5-53. L'équation décrivant un circuit électrique contenant une résistance $R = 1\Omega$ et une capacitance $C = 0{,}5$ farad est

$$RQ'(t) + \frac{1}{C}Q(t) = 5\,E(t),$$

où $Q(t)$ (en coulombs) est la charge dans le condensateur et

$$E(t) = \begin{cases} 0 & \text{si } 0 \leq t < 3\pi/2, \\ \sin t & \text{si } t \geq 3\pi/2 \end{cases}$$

(en volts) est la tension appliquée au circuit.

(a) Écrire la fonction $E(t)$ en une expression valable pour tout $t \geq 0$ à l'aide de la fonction de Heaviside.

(b) Sachant que la charge initiale $Q(0)$ est égale à 1, utiliser les transformées de Laplace pour trouver la charge $Q(t)$ dans le condensateur à l'instant t.

Rappel. On a: $\sin(u+v) = \cos(u)\sin(v) + \sin(u)\cos(v)$.

5-54. Calculer la transformée de Laplace de la fonction

$$f(t) = \begin{cases} 0 & \text{si } t < 1, \\ t^2 - 2t + 2 & \text{si } t \geq 1. \end{cases}$$

5-55. Trouver la solution $y(t)$ du problème de valeurs initiales

$$\begin{cases} y''(t) + 4y(t) = 4t + \delta(t-1), \\ y(0) = 1 \quad \text{et} \quad y'(0) = 4. \end{cases}$$

5-56. Obtenir la transformée de Laplace de la fonction

$$f(t) = e^{2t} \sin\left(t - \frac{\pi}{4}\right) u_{\pi/4}(t).$$

5-57. Utiliser les transformées de Laplace pour résoudre l'équation différentielle

$$y''(t) + y'(t) = r_1(t) + \delta[2(t-1)] \quad \text{pour } t \geq 0,$$

où

$$r_1(t) = \begin{cases} t \text{ si } 0 \leq t < 2, \\ 2 \text{ si } t \geq 2, \end{cases}$$

sous les conditions $y(0) = 1$ et $y'(0) = 0$.

5-58. Donner la solution du système

$$\begin{aligned} x_1'(t) &= x_2(t) + u_1(t), \\ x_2'(t) &= x_1(t) + \delta(t-1) \end{aligned}$$

dans l'intervalle $[0, \infty)$, si $x_1(0) = x_2(0) = 1$.

5-59. Les fonctions $f(t)$ suivantes sont-elles continues par morceaux dans les intervalles considérés? Justifier.

(a) $f(t) = \dfrac{t}{\ln(t+1)}$ pour $0 \leq t \leq 1$;

(b) $f(t) = \exp\left\{-|t|^{-1}\right\}$ pour $-1 \leq t \leq 1$.

5-60. Les fonctions $f(t)$ suivantes sont-elles d'ordre exponentiel dans les intervalles considérés? Justifier.

(a) $f(t) = t^2 e^t$ pour $t \geq 0$;

(b) $f(t) = \dfrac{e^{t^2}}{t}$ pour $t \geq 1$.

5-61. Résoudre, à l'aide des transformées de Laplace, l'équation différentielle d'ordre trois

$$y'''(t) = t\,u_1(t) + \delta(t-2) \quad \text{pour } t \geq 0,$$

avec $y(0) = 2$, $y'(0) = 1$ et $y''(0) = 0$.

5-62. Soit $f(t) = e^{3t}u_2(t)$, où $u_2(t)$ est la fonction de Heaviside (ou fonction unité échelon) en $\alpha = 2$. On désire calculer $F(s)$, la transformée de Laplace de $f(t)$, de trois façons différentes.

(a) Sans utiliser le tableau 5.1 des transformées de Laplace élémentaires, et en vous servant uniquement de la définition de la transformée de Laplace, calculer $F(s)$.

(b) Calculer $F(s)$ en utilisant une formule du tableau 5.1.

(c) Calculer $F(s)$ en utilisant une formule du tableau 5.1 différente de celle utilisée en (b).

5-63. Soit le problème de valeur initiale suivant:

$$\begin{cases} y''(t) + 4y'(t) + 5y(t) = \begin{cases} 0 \text{ si } 0 < t < \pi/2, \\ 1 \text{ si } t \geq \pi/2, \end{cases} \\ y(0) = 0, \quad y'(0) = 1. \end{cases}$$

Trouver la solution de ce problème et en déduire la valeur de $y(\pi)$.

6
SÉRIES DE FOURIER

6.1 Ensembles de fonctions orthogonales

Définition 6.1.1. *Soit f_1 et f_2 deux fonctions définies sur l'intervalle $[a, b]$. Le* **produit scalaire** *des fonctions f_1 et f_2 est défini, si l'intégrale existe, par*

$$(f_1, f_2) = \int_a^b f_1(x) f_2(x)\,dx. \tag{6.1}$$

De plus, si

$$(f_1, f_2) = 0, \tag{6.2}$$

alors f_1 et f_2 sont dites **orthogonales***.*

Remarque. Pour que l'intégrale dans l'équation (6.1) existe, il suffit que f_1 et f_2 soient des fonctions continues par morceaux sur (a, b).

Définition 6.1.2. *La* **norme** *de la fonction f, définie sur l'intervalle $[a, b]$, est donnée par*

$$||f|| := \sqrt{(f, f)} = \left(\int_a^b f^2(x)\,dx\right)^{1/2}. \tag{6.3}$$

Remarque. La norme d'une fonction f est évidemment une quantité non négative. En fait, elle est strictement positive, à moins que $f(x) \equiv 0$. Dans les formules ci-dessous, nous supposons que la norme des fonctions considérées est toujours positive.

Définition 6.1.3. *Soit f_1, f_2, ... des fonctions définies sur l'intervalle $[a,b]$ et continues par morceaux sur (a,b). Si $(f_m, f_n) = 0$ pour tout $m \neq n$, on dit que l'ensemble $\{f_n, n = 1,2\ldots\}$ est un* **ensemble orthogonal** *de fonctions sur $[a,b]$. Si, de plus, $||f_n|| = 1$ pour tout n, l'ensemble de fonctions est dit* **orthonormal** *sur $[a,b]$.*

Remarques. i) Puisque l'on suppose que $||f_n|| > 0$ pour $n = 1,2,\ldots$, on peut toujours obtenir un ensemble orthonormal à partir d'un ensemble orthogonal $\{f_n, n = 1,2\ldots\}$ en définissant

$$\phi_n = \frac{f_n}{||f_n||} \quad \text{pour tout } n. \tag{6.4}$$

ii) Si $\{f_n, n = 1,2\ldots\}$ est un ensemble orthonormal de fonctions sur $[a,b]$, alors

$$(f_m, f_n) = \delta_{m,n} := \begin{cases} 1 \text{ si } m = n, \\ 0 \text{ si } m \neq n. \end{cases} \tag{6.5}$$

Exemple 6.1.1. Supposons que $[a,b] = [-\pi, \pi]$ et que

$$f_n(x) = \sin(nx) \quad \text{pour } n \in \{1,2\ldots\}.$$

En utilisant l'identité trigonométrique

$$\sin(mx)\sin(nx) = \frac{1}{2}\{\cos[(m-n)x] - \cos[(m+n)x]\},$$

on peut écrire que

$$\begin{aligned}
(f_m, f_n) &\equiv \int_{-\pi}^{\pi} \sin(mx)\sin(nx)\,dx \\
&= \frac{1}{2}\left\{\int_{-\pi}^{\pi} \cos[(m-n)x]\,dx - \int_{-\pi}^{\pi} \cos[(m+n)x]\,dx\right\} \\
&\overset{m\neq n}{=} \frac{1}{2}\left\{\frac{\sin[(m-n)x]}{m-n}\Big|_{-\pi}^{\pi} - \frac{\sin[(m+n)x]}{m+n}\Big|_{-\pi}^{\pi}\right\} \\
&= \frac{1}{2}(0-0) = 0.
\end{aligned}$$

Donc, l'ensemble $\{\sin(nx), n = 1,2,\ldots\}$ est un ensemble de fonctions orthogonales sur l'intervalle $[-\pi, \pi]$. Notons que dans le cas où $m = n$, on a:

$$
\begin{aligned}
(f_m, f_n) = (f_n, f_n) &= \frac{1}{2}\left\{\int_{-\pi}^{\pi} \cos(0)\,dx - \int_{-\pi}^{\pi} \cos(2nx)\,dx\right\} \\
&= \frac{1}{2}\left\{2\pi - \frac{\sin(2nx)}{2n}\bigg|_{-\pi}^{\pi}\right\} = \frac{1}{2}(2\pi - 0) = \pi
\end{aligned}
$$

pour tout n. Il s'ensuit que les fonctions ϕ_n définies par

$$
\phi_n(x) = \frac{\sin(nx)}{\sqrt{\pi}} \quad \text{pour } n = 1, 2, \ldots
$$

constituent un ensemble de fonctions orthonormales sur l'intervalle $[-\pi, \pi]$. ♢

Exemple 6.1.2. L'exemple précédent peut être étendu. En effet, les fonctions $g_0(x) \equiv 1/\sqrt{2}$ et

$$
g_n(x) := \cos(nx) \quad \text{pour } n = 1, 2, \ldots
$$

constituent aussi un ensemble orthogonal sur l'intervalle $[-\pi, \pi]$. De plus, on calcule

$$
||g_0||^2 = \int_{-\pi}^{\pi} \frac{1}{2}\,dx = \pi \quad \Longrightarrow \quad ||g_0|| = \sqrt{\pi}
$$

et on trouve que

$$
||g_n|| = \sqrt{\pi} \quad \text{pour } n = 1, 2, \ldots
$$

également. Enfin, on a:

$$
(f_n, g_0) = \frac{1}{\sqrt{2}} \int_{-\pi}^{\pi} \sin(nx)\,dx = 0
$$

et

$$
\begin{aligned}
(f_n, g_m) &\equiv \int_{-\pi}^{\pi} \sin(nx)\cos(mx)\,dx \\
&= \frac{1}{2}\left\{\int_{-\pi}^{\pi} \sin[(m+n)x]\,dx - \int_{-\pi}^{\pi} \sin[(m-n)x]\,dx\right\} \\
&= 0 \quad \text{pour tous } n \text{ et } m \in \{1, 2, \ldots\}.
\end{aligned}
$$

Ainsi, les fonctions f_n et g_m sont orthogonales. Par conséquent, l'ensemble

$$E_1 := \left\{ \frac{1}{\sqrt{2}}, \cos x, \sin x, \cos(2x), \sin(2x), \ldots \right\}$$

est orthogonal sur l'intervalle $[-\pi, \pi]$, et

$$E_2 := \left\{ \frac{1}{\sqrt{2\pi}}, \frac{\cos x}{\sqrt{\pi}}, \frac{\sin x}{\sqrt{\pi}}, \frac{\cos(2x)}{\sqrt{\pi}}, \frac{\sin(2x)}{\sqrt{\pi}}, \ldots \right\}$$

est un ensemble orthonormal sur $[-\pi, \pi]$. ◇

Définition 6.1.4. *Soit $\{h_n, n = 1, 2, \ldots\}$ un ensemble orthonormal de fonctions sur l'intervalle $[a, b]$. Supposons que la fonction f peut être représentée par une série infinie convergente comme suit:*

$$f(x) = \sum_{n=1}^{\infty} a_n h_n(x). \tag{6.6}$$

La série ci-dessus est appelée **série de Fourier généralisée** *de $f(x)$ par rapport à $\{h_n, n = 1, 2, \ldots\}$, et les constantes a_n sont les* **coefficients** ou **constantes de Fourier**.

Remarques. i) L'ensemble $\{h_n, n = 1, 2, \ldots\}$ peut aussi être simplement orthogonal sur $[a, b]$. De plus, on peut commencer l'indice n à 0; c'est-à-dire qu'on peut définir une fonction h_0, comme cela sera le cas ci-dessous.

ii) Comme nous le verrons plus loin, la série peut ne pas converger vers $f(x)$ en certains points de l'intervalle $[a, b]$.

Maintenant, on peut obtenir des expressions explicites pour les constantes a_n. En effet, calculons le produit scalaire de la fonction f et d'une fonction h_m, pour un m quelconque. On a:

$$(f, h_m) \equiv \int_a^b f(x) h_m(x)\, dx = \int_a^b \sum_{n=1}^{\infty} a_n h_n(x) h_m(x)\, dx. \tag{6.7}$$

Supposons que l'on peut intégrer la série infinie terme à terme. Alors

$$(f, h_m) = \sum_{n=1}^{\infty} a_n \int_a^b h_n(x) h_m(x)\, dx = \sum_{n=1}^{\infty} a_n \delta_{m,n} = a_m \tag{6.8}$$

(car les fonctions h_n constituent un ensemble orthonormal sur $[a, b]$). Ainsi, on obtient que

$$a_n = (f, h_n) = \int_a^b f(x) h_n(x)\,dx \tag{6.9}$$

pour $n = 1, 2, \ldots$.

Exercices

6-1. Montrer que l'ensemble $\{f_1, f_2, f_3\}$, où

$$f_1(x) := 1, \quad f_2(x) := \cos(\pi x) \quad \text{et} \quad f_3(x) := \sin(\pi x),$$

est orthogonal sur l'intervalle $[-1, 1]$, et transformer cet ensemble en un ensemble orthonormal (sur $[-1, 1]$).

6-2. Peut-on trouver un intervalle $[a, b]$ sur lequel les fonctions

$$f_1(x) := x, \quad f_2(x) := x^2 \quad \text{et} \quad f_3(x) := x^3$$

seraient orthogonales? Justifier.

6-3. Soit $f_1(x) := 1$, $f_2(x) := \alpha x + \beta$ et $f_3(x) := \gamma x^2 + \delta$. Trouver des constantes α, β, γ et δ de façon que l'ensemble $\{f_1, f_2, f_3\}$ soit orthogonal sur l'intervalle $[-1, 1]$.

6.2 Séries trigonométriques

Nous avons défini les séries de Fourier généralisées dans la section précédente. Le cas particulier qui nous intéresse dans ce chapitre est celui pour lequel l'ensemble de fonctions orthonormales est

$$E_2 := \left\{ \frac{1}{\sqrt{2\pi}}, \frac{\cos x}{\sqrt{\pi}}, \frac{\sin x}{\sqrt{\pi}}, \frac{\cos(2x)}{\sqrt{\pi}}, \frac{\sin(2x)}{\sqrt{\pi}}, \ldots \right\}.$$

Comme nous l'avons mentionné ci-dessus, il n'est pas nécessaire que l'ensemble de fonctions $\{h_n, n = 1, 2, \ldots\}$ soit orthonormal sur $[a, b]$ dans la définition 6.1.4. Il suffit qu'il soit orthogonal sur cet intervalle. Nous allons utiliser l'ensemble suivant:

$$E := \left\{ \frac{1}{2}, \cos x, \sin x, \cos(2x), \sin(2x), \ldots \right\}. \tag{6.10}$$

Définition 6.2.1. *La série*

$$S(x) := \frac{1}{2}a_0 + \sum_{n=1}^{\infty}[a_n \cos(nx) + b_n \sin(nx)] \tag{6.11}$$

est appelée **série trigonométrique**.

Notons qu'une série trigonométrique est la série de Fourier généralisée obtenue en posant que

$$h_0(x) \equiv 1/2, \quad h_1(x) = \cos x, \quad h_2(x) = \sin x, \quad \ldots \tag{6.12}$$

dans la série définie en (6.6), et en dénotant les coefficients des fonctions cosinus (respectivement sinus) par a_n (resp. b_n). Pour calculer les coefficients dans la série ci-dessus, on remarque que dans le cas où l'ensemble de fonctions $\{h_n, n = 1, 2, \ldots\}$ est (au moins) orthogonal sur $[a, b]$, l'équation (6.8) devient

$$\begin{aligned}(f, h_m) &= \sum_{n=1}^{\infty} a_n \int_a^b h_n(x)h_m(x)\,dx \\ &= \sum_{n=1}^{\infty} a_n(h_n, h_m) = a_m(h_m, h_m) = a_m||h_m||^2.\end{aligned} \tag{6.13}$$

Ainsi, on obtient que

$$a_m = \frac{1}{||h_m||^2}(f, h_m) \quad \text{pour tout } m. \tag{6.14}$$

On choisit l'intervalle $[a, b] = [-\pi, \pi]$. Alors la norme de h_0 est

$$||h_0|| = \left(\int_{-\pi}^{\pi} \frac{1}{4}dx\right)^{1/2} = \sqrt{\frac{\pi}{2}}. \tag{6.15}$$

De plus, on a trouvé dans la section précédente que la norme des fonctions $\cos(nx)$ et $\sin(nx)$ est égale à $\sqrt{\pi}$ (sur l'intervalle $[-\pi, \pi]$) pour tout n. De là, on déduit que

$$a_0 = \frac{2}{\pi}(f, h_0) = \frac{2}{\pi}\int_{-\pi}^{\pi} f(x)\frac{1}{2}dx = \frac{1}{\pi}\int_{-\pi}^{\pi} f(x)\,dx, \tag{6.16}$$

$$a_n = \frac{1}{\pi}(f, \cos(nx)) = \frac{1}{\pi}\int_{-\pi}^{\pi} f(x)\cos(nx)\,dx \tag{6.17}$$

et

$$b_n = \frac{1}{\pi}(f, \sin(nx)) = \frac{1}{\pi}\int_{-\pi}^{\pi} f(x)\sin(nx)\,dx \qquad (6.18)$$

pour $n = 1, 2 \ldots$.

Remarque. Notons que la formule pour a_n est aussi valable dans le cas où $n = 0$. C'est la raison pour laquelle nous avons choisi $h_0(x) \equiv 1/2$ plutôt que $h_0(x) \equiv 1$, comme le font plusieurs auteurs.

Définition 6.2.2. *Supposons que la fonction f peut être représentée par la série trigonométrique (6.11), de sorte que*

$$f(x) = \frac{1}{2}a_0 + \sum_{n=1}^{\infty}\left[a_n\cos(nx) + b_n\sin(nx)\right], \qquad (6.19)$$

où les coefficients a_n, $n = 0, 1, \ldots$, et b_n, $n = 1, 2, \ldots$, sont donnés par (6.17) et (6.18), respectivement. La série trigonométrique est appelée **série de Fourier** *de $f(x)$.*

Remarque. Les équations (6.17) et (6.18) pour les coefficients a_n et b_n sont appelées *formules d'Euler-Fourier.*

Dans le définition ci-dessus, on a supposé que la fonction peut être représentée comme dans l'équation (6.19). On doit maintenant se demander quelles fonctions peuvent effectivement être exprimées en série de Fourier.

Définition 6.2.3. *Une fonction f est dite* **périodique** *de* **période** *T si elle est définie pour $-\infty < x < \infty$ et si*

$$f(x + T) = f(x). \qquad (6.20)$$

Remarques. i) Si T est une période de la fonction f, alors kT est aussi une période de f pour $k \in \{2, 3, \ldots\}$, puisque, par exemple,

$$f(x + 2T) = f[(x + T) + T] = f(x + T) = f(x). \qquad (6.21)$$

La période minimale de la fonction f est sa *période fondamentale.*

ii) Une fonction constante est périodique de période quelconque T. Cependant, elle ne possède pas de période fondamentale.

iii) Si f_1 et f_2 sont des fonctions périodiques de période T, alors on montre facilement que

$$g_1(x) := f_1(x)\, f_2(x) \quad \text{et} \quad g_2(x) := c_1\, f_1(x) + c_2\, f_2(x) \tag{6.22}$$

sont aussi périodiques de période T. De plus, si la série infinie

$$S_1(x) := \sum_{n=1}^{\infty} a_n\, f_n(x) \tag{6.23}$$

est convergente, et si f_n est périodique de période T pour tout n, alors on peut montrer que S_1 est également périodique de période T.

Puisque les fonctions $\sin x$ et $\cos x$ sont périodiques de période fondamentale $T = 2\pi$, on peut affirmer que la série trigonométrique en (6.19) est périodique de période 2π. Par conséquent, pour que la fonction f puisse être développée en série de Fourier sur toute la droite réelle, elle doit au moins être périodique de période (non nécessairement fondamentale) 2π. Cependant, étant donné que les coefficients de Fourier ne dépendent que des valeurs de la fonction f dans l'intervalle $[-\pi, \pi]$, on peut se limiter d'abord à cet intervalle. En fait, on déduit du résultat suivant que l'on peut utiliser n'importe quel intervalle $[-L, L]$.

Lemme 6.2.1. *Si f est une fonction périodique dont la période est 2π, alors*

$$g(x) := f[(\pi x)/L] \tag{6.24}$$

est périodique de période $2L$.

Preuve. On a:

$$\begin{aligned} g(x + 2L) &= f[\{\pi(x + 2L)\}/L] = f[\{(\pi x)/L\} + 2\pi] \\ &= f[(\pi x)/L] = g(x). \end{aligned} \tag{6.25}$$

■

Le lemme précédent implique que si f est une fonction périodique de période $2L$, alors elle peut, sous certaines conditions que nous déterminerons plus tard, être développée en série de Fourier comme suit:

$$f(x) = \frac{1}{2}a_0 + \sum_{n=1}^{\infty} \left[a_n \cos\left(\frac{n\pi}{L}x\right) + b_n \sin\left(\frac{n\pi}{L}x\right)\right], \tag{6.26}$$

où

$$a_n = \frac{1}{L}\int_{-L}^{L} f(x)\cos\left(\frac{n\pi}{L}x\right)dx \quad \text{pour } n = 0, 1, \ldots \tag{6.27}$$

et

$$b_n = \frac{1}{L}\int_{-L}^{L} f(x)\sin\left(\frac{n\pi}{L}x\right)dx \quad \text{pour } n = 1, 2, \ldots. \tag{6.28}$$

Remarques. i) On peut montrer que si f est une fonction périodique de période $T = 2L$, alors l'intégrale de cette fonction dans tout intervalle de longueur $2L$ donne la même valeur. Par conséquent, on peut remplacer l'intervalle d'intégration $[-L, L]$ par n'importe quel intervalle de longueur $2L$ dans les équations (6.27) et (6.28), en particulier par l'intervalle $[0, 2L]$.

ii) Nous allons considérer le problème de la convergence des séries de Fourier à la section 6.3. Cependant, on peut immédiatement affirmer que si la série en (6.26) converge dans l'intervalle $[-L, L]$, alors elle converge pour tout x réel, car la série est périodique de période $2L$.

iii) Une façon simple d'obtenir une fonction périodique sur toute la droite réelle est de considérer sa définition dans l'intervalle $[-L, L)$, puis de poser que

$$f(x + 2L) = f(x) \quad \text{pour tout } x. \tag{6.29}$$

Exemple 6.2.1. Soit

$$f(x) = x^2 \quad \text{pour } -\pi \leq x < \pi$$

et

$$f(x + 2\pi) = f(x) \quad \text{pour tout } x.$$

Nous allons calculer la série de Fourier qui correspond à cette fonction. On a:

$$a_0 = \frac{1}{\pi}\int_{-\pi}^{\pi} x^2\,dx = \frac{2\pi^2}{3}.$$

Ensuite, on calcule

$$\begin{aligned}\int_{-\pi}^{\pi} x^2\cos(nx)\,dx &= x^2\frac{1}{n}\sin(nx)\Big|_{-\pi}^{\pi} - \frac{2}{n}\int_{-\pi}^{\pi} x\sin(nx)\,dx \\ &= -\frac{2}{n}\left\{-x\frac{1}{n}\cos(nx)\Big|_{-\pi}^{\pi} + \frac{1}{n}\int_{-\pi}^{\pi}\cos(nx)\,dx\right\} \\ &= \frac{2}{n}\left\{\frac{2\pi}{n}\cos(n\pi) + 0\right\} = (-1)^n\frac{4\pi}{n^2}\end{aligned}$$

pour $n = 1, 2, \ldots$. De même, on trouve que

$$\int_{-\pi}^{\pi} x^2 \sin(nx)\, dx = 0$$

pour $n = 1, 2, \ldots$.

Remarque. Comme nous le verrons à la section 6.4, on peut directement affirmer que l'intégrale ci-dessus est nulle, car $x^2 \sin(nx)$ est une fonction *impaire.*

On déduit des formules précédentes que

$$a_n = \frac{1}{\pi} \int_{-\pi}^{\pi} x^2 \cos(nx)\, dx = (-1)^n \frac{4}{n^2} \quad \text{pour } n = 1, 2, \ldots$$

et $b_n \equiv 0$. Il s'ensuit que la série de Fourier obtenue est

$$S_f(x) := \frac{\pi^2}{3} + \sum_{n=1}^{\infty} (-1)^n \frac{4}{n^2} \cos(nx).$$

Le graphique de $S_f(x)$ pour $x \in [-5\pi, 5\pi]$ est présenté dans la figure 6.1.

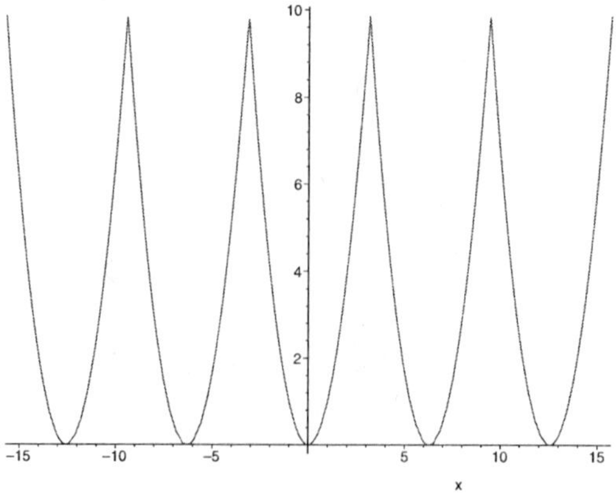

Fig. 6.1. Graphique de la fonction $S_f(x)$ dans l'exemple 6.2.1.

Si l'on trace le graphique de $f(x)$ dans le même intervalle, on obtient la même courbe (voir la figure 6.2). Ainsi, on voit que la série de Fourier $S_f(x)$ converge vers la fonction $f(x)$ dans cet exemple. ◇

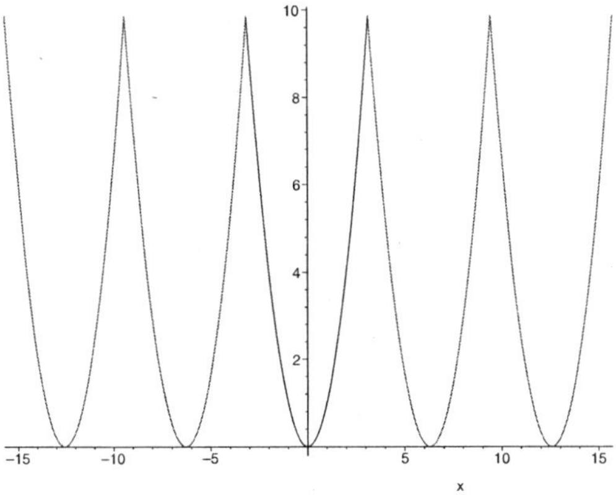

Fig. 6.2. Graphique de la fonction $f(x)$ dans l'exemple 6.2.1.

Exercices

6-4. Déterminer si les fonctions suivantes sont périodiques ou non, et donner (le cas échéant) la période fondamentale de la fonction:

(a) $f(x) = e^{ix}$, où $i = \sqrt{-1}$;

(b) $f(x) = \sin x + \sin(2x)$;

(c) $f(x) = \cos^2 x$;

(d) $f(x) = x \sin x$;

(e) $f(x) = \sin(x^2)$.

6-5. Donner la période fondamentale des fonctions suivantes:

(a) $f(x) = \cos(\pi x/2)$;

(b) $f(x) = \cos(\pi x) \sin(\pi x/2)$;

(c) $f(x) = \sin(x/2)$.

6-6. Calculer la série de Fourier qui correspond aux fonctions suivantes, lesquelles sont définies pour $-\pi \leq x < \pi$ et sont telles que $f(x+2\pi) = f(x)\ \forall x \in \mathbb{R}$:

(a) $f(x) = x$;

(b) $f(x) = x^2 + 1$;

(c) $f(x) = x^2 + x$.

6.3 Convergence des séries de Fourier et phénomène de Gibbs

Rappel. La *limite à gauche* et la *limite à droite* de la fonction f en x_0 sont dénotées respectivement par $f(x_0^-)$ et $f(x_0^+)$, et sont définies par

$$f(x_0^-) = \lim_{\epsilon \downarrow 0} f(x_0 - \epsilon) \quad \text{et} \quad f(x_0^+) = \lim_{\epsilon \downarrow 0} f(x_0 + \epsilon). \tag{6.30}$$

On peut aussi écrire que

$$f(x_0^-) = \lim_{x \uparrow x_0} f(x) \quad \text{et} \quad f(x_0^+) = \lim_{x \downarrow x_0} f(x). \tag{6.31}$$

Le théorème suivant donne des conditions *suffisantes* pour que la série de Fourier en (6.26) converge vers la fonction $f(x)$.

Théorème 6.3.1. *Soit f une fonction qui est continue par morceaux sur l'intervalle $[-L, L]$ et périodique de période $2L$. Si f' est continue par morceaux sur tout intervalle où f est continue, et si f'' est continue par morceaux sur tout intervalle où f' est continue, alors sa série de Fourier en (6.26) converge vers*

$$\frac{f(x^-) + f(x^+)}{2} \quad \textit{pour } -L < x < L,$$

et vers

$$\frac{f(-L^+) + f(L^-)}{2} \quad \textit{pour } x = \pm L.$$

Remarques. i) Si la fonction f est continue en x, alors $f(x^-) = f(x^+) = f(x)$, et il s'ensuit que la série converge vers $f(x)$ en tout point de continuité de f.

ii) Supposons que $L = \pi$. Nous allons montrer que la série de Fourier en (6.19) est convergente dans le cas où f'' est continue dans l'intervalle $[-\pi, \pi]$. Notons que cela implique que f et f' sont aussi (au moins) continues dans $[-\pi, \pi]$. Pour $n = 1, 2, \ldots$, on a:

$$\begin{aligned}
\int_{-\pi}^{\pi} f(x)\cos(nx)\,dx &= f(x)\frac{1}{n}\sin(nx)\Big|_{-\pi}^{\pi} - \frac{1}{n}\int_{-\pi}^{\pi} f'(x)\sin(nx)\,dx \\
&= -\frac{1}{n}\left[-f'(x)\frac{1}{n}\cos(nx)\Big|_{-\pi}^{\pi} + \frac{1}{n}\int_{-\pi}^{\pi} f''(x)\cos(nx)\,dx\right] \\
&= -\frac{1}{n^2}\int_{-\pi}^{\pi} f''(x)\cos(nx)\,dx,
\end{aligned} \tag{6.32}$$

car f' est aussi périodique de période 2π, de sorte que le terme constant dans l'avant-dernière équation ci-dessus est nul. On peut donc écrire que

$$|a_n| = \frac{1}{\pi}\left|\int_{-\pi}^{\pi} f(x)\cos(nx)\,dx\right| = \frac{1}{n^2\pi}\left|\int_{-\pi}^{\pi} f''(x)\cos(nx)\,dx\right|. \quad (6.33)$$

Ensuite, puisque f'' est supposée continue dans l'intervalle $[-\pi, \pi]$, il existe une constante K telle que

$$|f''(x)| < K \quad \text{pour tout } x \in [-\pi, \pi]. \quad (6.34)$$

Il s'ensuit que

$$|a_n| \leq \frac{1}{n^2\pi}\int_{-\pi}^{\pi} |f''(x)\cos(nx)|\,dx < \frac{1}{n^2\pi}\int_{-\pi}^{\pi} K\cdot 1\,dx = \frac{2K}{n^2}. \quad (6.35)$$

On trouve aussi que

$$|b_n| < \frac{2K}{n^2} \quad \text{pour tout } n. \quad (6.36)$$

Alors

$$\left|\frac{1}{2}a_0 + \sum_{n=1}^{\infty}[a_n\cos(nx) + b_n\sin(nx)]\right| \leq \frac{1}{2}|a_0| + \sum_{n=1}^{\infty}[|a_n| + |b_n|]$$
$$\leq \frac{1}{2}|a_0| + 4K\sum_{n=1}^{\infty}\frac{1}{n^2} < \infty. \quad (6.37)$$

Par conséquent, on peut conclure que la série de Fourier en (6.19) converge.

Soit x_0 un point de saut de la fonction f. Si les conditions dans le théorème 6.3.1 sont vérifiées, alors la série de Fourier donnée en (6.26), et évaluée en x_0, converge vers la moyenne arithmétique de $f(x_0^-)$ et $f(x_0^+)$. Par conséquent, si

$$f(x_0) \neq \frac{f(x_0^-) + f(x_0^+)}{2}, \quad (6.38)$$

alors la série de Fourier de f ne converge pas vers $f(x_0)$ en $x = x_0$. Toutefois, si f n'est pas définie en ses points de saut x_j, $j = 1, \ldots, k$, dans l'intervalle $[-L, L]$, il suffit de la définir par $[f(x_j^-) + f(x_j^+)]/2$ en chacun de ces points pour que sa série de Fourier converge vers $f(x)$ pour tout $x \in [-L, L]$.

Maintenant, des mathématiciens se sont intéressés à ce qui se passe au voisinage d'un point de saut x_0 de f. Ils ont trouvé que la *somme partielle*

$$S_N(x_0) := \frac{1}{2}a_0 + \sum_{n=1}^{N}\left[a_n \cos\left(\frac{n\pi}{L}x_0\right) + b_n \sin\left(\frac{n\pi}{L}x_0\right)\right] \tag{6.39}$$

présente un dépassement substantiel de la valeur de $f(x_0^+)$ [et $f(x_0^-)$] en ce point. Si la valeur de N augmente, le dépassement s'effectue sur des intervalles de plus en plus courts; cependant, l'amplitude du dépassement ne diminue pas. Ce phénomène est appelé *phénomène de Gibbs*. Nous allons l'illustrer à l'aide de l'exemple suivant.

Exemple 6.3.1. Soit

$$f(x) = \begin{cases} -1 \text{ si } -\pi \leq x < 0, \\ 1 \text{ si } 0 \leq x < \pi \end{cases}$$

et $f(x + 2\pi) = f(x)$. Cette fonction est continue par morceaux dans l'intervalle $[-\pi, \pi]$. De plus, elle est continue dans les intervalles $(-\pi, 0)$ et $[0, \pi)$, de même que ses dérivées première et seconde dans ces intervalles. Alors le théorème 6.3.1 s'applique. On calcule

$$a_0 = \frac{1}{\pi}\int_{-\pi}^{\pi} f(x)\,dx = \frac{1}{\pi}\left\{\int_{-\pi}^{0} -1\,dx + \int_0^{\pi} 1\,dx\right\} = 0,$$

$$\begin{aligned} a_n &= \frac{1}{\pi}\int_{-\pi}^{\pi} f(x)\cos(nx)\,dx \\ &= \frac{1}{\pi}\left\{\int_{-\pi}^{0} -\cos(nx)\,dx + \int_0^{\pi}\cos(nx)\,dx\right\} = 0 \end{aligned}$$

pour $n = 1, 2 \ldots$, et

$$\begin{aligned} b_n &= \frac{1}{\pi}\int_{-\pi}^{\pi} f(x)\sin(nx)\,dx \\ &= \frac{1}{\pi}\left\{\int_{-\pi}^{0} -\sin(nx)\,dx + \int_0^{\pi}\sin(nx)\,dx\right\} \\ &= \frac{1}{n\pi}\left\{\cos(nx)|_{-\pi}^{0} - \cos(nx)|_0^{\pi}\right\} \\ &= \frac{1}{n\pi}\{[1-(-1)^n] - [(-1)^n - 1]\} = \frac{2}{n\pi}[1-(-1)^n] \end{aligned}$$

pour $n = 1, 2 \ldots$. Par conséquent, la série de Fourier de f est

$$f(x) = \sum_{n=1}^{\infty} \frac{2}{\pi} \frac{[1 - (-1)^n]}{n} \sin(nx) = \frac{4}{\pi} \sum_{k=0}^{\infty} \frac{\sin[(2k+1)x]}{2k+1}.$$

La somme partielle $S_N(x)$ est donc, pour N impair,

$$\begin{aligned} S_N(x) &= \sum_{n=1}^{N} \frac{2}{\pi} \frac{[1 - (-1)^n]}{n} \sin(nx) \\ &= \frac{4}{\pi} \left(\sin x + \frac{\sin(3x)}{3} + \ldots + \frac{\sin(Nx)}{N} \right). \end{aligned}$$

Le graphique de la fonction $S_N(x)$ est présenté pour $N = 9$ et pour $N = 49$ dans les figures 6.3 et 6.4, respectivement. On voit le phéno-

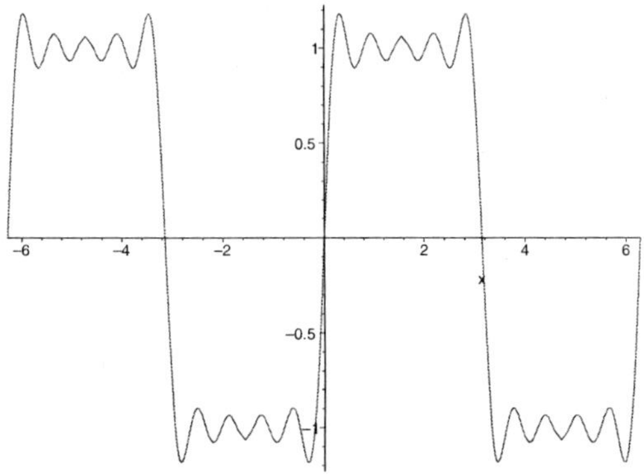

Fig. 6.3. Somme partielle $S_9(x)$ dans l'exemple 6.3.1.

mène de Gibbs autour de l'origine et des autres points de saut dans les deux graphiques. De plus, quand on superpose les deux graphiques (voir la figure 6.5), on constate que l'amplitude du dépassement aux points de saut ne diminue pas. ◇

Exercices

6-7. Calculer la limite à gauche et la limite à droite des fonctions suivantes aux points indiqués:

(a) $f(x) = x \ln(x^2)$ en $x_0 = 0$;

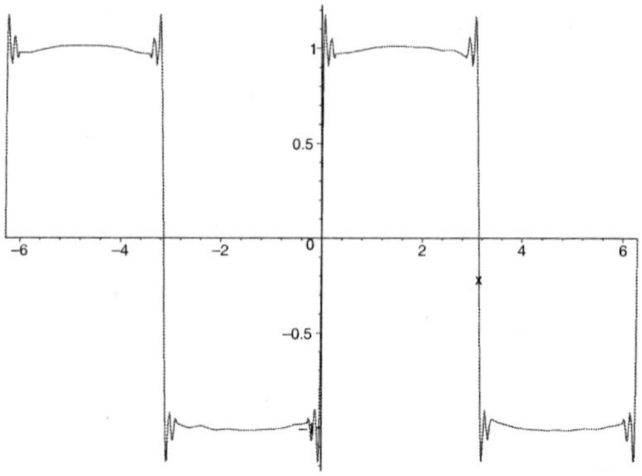

Fig. 6.4. Somme partielle $S_{49}(x)$ dans l'exemple 6.3.1.

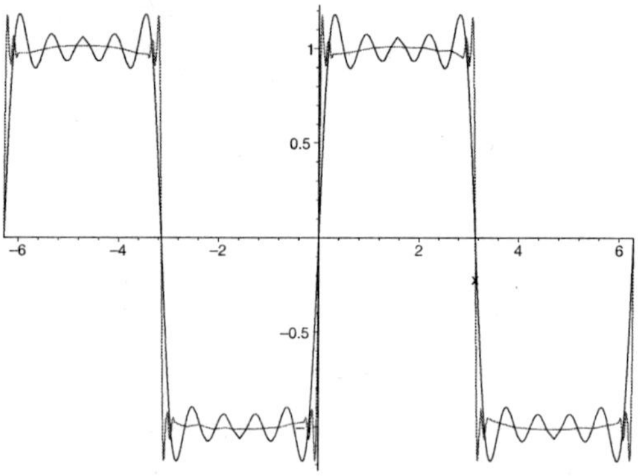

Fig. 6.5. Superposition des graphiques de $S_9(x)$ et $S_{49}(x)$ dans l'exemple 6.3.1.

(b) $f(x) = \dfrac{\sin x}{x}$ en $x_0 = 0$;

(c) $f(x) = \dfrac{\ln^2 x}{x-1}$ en $x_0 = 1$;

(d) $f(x) = \dfrac{x}{\cos(x) - 1}$ en $x_0 = 0$;

(e) $f(x) = \dfrac{e^{1/x}}{x}$ en $x_0 = 0$;

(f) $f(x) = \dfrac{e^{1/x^2}}{x}$ en $x_0 = 0$.

6-8. Déterminer si le théorème 6.3.1 s'applique dans le cas des fonctions suivantes, que l'on suppose périodiques de période $2L$:

(a) $f(x) = \begin{cases} 1 \text{ si } -L \leq x < 0, \\ 0 \text{ si } 0 \leq x < L; \end{cases}$

(b) $f(x) = \ln(x^2 + 1)$ si $-L \leq x < L$;

(c) $f(x) = \ln^2(x + L)$ si $-L \leq x < L$;

(d) $f(x) = e^{-1/x^2}$ si $-L \leq x < L$.

6-9. (a) Montrer que la série de Fourier de la fonction définie par

$$f(x) = \begin{cases} 0 \text{ si } -2\pi \leq x < -\pi, \\ -x \text{ si } -\pi \leq x < 0, \\ x \text{ si } 0 \leq x < \pi, \\ 0 \text{ si } \pi \leq x < 2\pi \end{cases}$$

et $f(x + 4\pi) = f(x)$ est

$$f(x) = \frac{\pi}{4} + \frac{2}{\pi} \sum_{n=1}^{\infty} [-2 + 2\cos(n\pi/2) + n\pi\sin(n\pi/2)] \frac{\cos(nx/2)}{n^2}$$

pour tout $x \in \mathbb{R}$.

(b) On définit

$$S_N(x) = \frac{\pi}{4} + \frac{2}{\pi} \sum_{n=1}^{N} [-2 + 2\cos(n\pi/2) + n\pi\sin(n\pi/2)] \frac{\cos(nx/2)}{n^2}$$

pour tout $x \in \mathbb{R}$.

(i) Utiliser un logiciel mathématique pour tracer les fonctions $S_{10}(x)$ et $S_{100}(x)$ dans l'intervalle $(-8\pi, 8\pi)$;

(ii) Superposer les graphiques de $S_{10}(x)$ et $S_{100}(x)$ pour voir le phénomène de Gibbs.

6.4 Séries de Fourier cosinus et sinus, et prolongements périodiques

Définition 6.4.1. *Une fonction f est dite* **paire** *si*

$$f(-x) = f(x) \quad \textit{pour tout } x, \tag{6.40}$$

tandis qu'elle est dite **impaire** *si*

$$f(-x) = -f(x) \quad \textit{pour tout } x. \tag{6.41}$$

Remarques. i) On suppose que si x fait partie du *domaine de définition* de f, alors $-x$ en fait aussi partie.

ii) Le graphique d'une fonction paire (respectivement impaire) est symétrique par rapport à l'axe des y (resp. l'origine).

iii) Il est facile de montrer que si f_1 et f_2 sont des fonctions paires, alors

$$g_1(x) := c_1 f_1(x) + c_2 f_2(x), \tag{6.42}$$

où c_1 et c_2 sont des constantes,

$$g_2(x) := f_1(x) \cdot f_2(x) \quad \text{et} \quad g_3(x) := f_1(x)/f_2(x) \tag{6.43}$$

sont aussi des fonctions paires (en supposant que g_3 est bien définie). Si f_1 et f_2 sont impaires, alors g_1 est impaire, mais g_2 et g_3 sont paires. Finalement, si f_1 est paire et f_2 est impaire (mais ne sont pas identiques à zéro), alors g_1 n'est ni paire ni impaire, tandis que g_2 et g_3 sont impaires.

iv) Si f est paire, alors

$$\begin{aligned}
\int_{-L}^{L} f(x)\,dx &= \int_{-L}^{0} f(x)\,dx + \int_{0}^{L} f(x)\,dx \\
&\overset{y=-x}{=} \int_{0}^{L} f(-y)\,dy + \int_{0}^{L} f(x)\,dx \\
&\overset{f(-y)=f(y)}{=} \int_{0}^{L} f(y)\,dy + \int_{0}^{L} f(x)\,dx \\
&= 2\int_{0}^{L} f(x)\,dx.
\end{aligned} \tag{6.44}$$

De même, si f est impaire, alors on trouve que

$$\int_{-L}^{L} f(x)\,dx = 0. \tag{6.45}$$

On déduit de ce qui précède que si f est une fonction paire qui peut être développée en série de Fourier, alors les coefficients b_n dans la série (6.26) seront tous nuls. En effet, puisque la fonction sinus est impaire, le produit de $f(x)$ et $\sin\left(\frac{n\pi}{L}x\right)$ est une fonction impaire. Dans le cas où f est impaire, on peut affirmer que $f(x)\cos\left(\frac{n\pi}{L}x\right)$ est aussi une fonction impaire (car la fonction cosinus est paire). Il s'ensuit que les coefficients a_n seront nuls pour $n = 0, 1, \ldots$. En utilisant le fait que $f(x)\cos\left(\frac{n\pi}{L}x\right)$ [respectivement $f(x)\sin\left(\frac{n\pi}{L}x\right)$] est une fonction paire lorsque f est paire (resp. impaire), on obtient la proposition suivante.

Proposition 6.4.1. *La série de Fourier d'une fonction paire f périodique de période $2L$ est donnée par*

$$f(x) = \frac{1}{2}a_0 + \sum_{n=1}^{\infty} a_n \cos\left(\frac{n\pi}{L}x\right), \tag{6.46}$$

où

$$a_n = \frac{2}{L}\int_0^L f(x)\cos\left(\frac{n\pi}{L}x\right)dx \quad \textit{pour } n = 0, 1, \ldots. \tag{6.47}$$

Si f est impaire, alors

$$f(x) = \sum_{n=1}^{\infty} b_n \sin\left(\frac{n\pi}{L}x\right), \tag{6.48}$$

où

$$b_n = \frac{2}{L}\int_0^L f(x)\sin\left(\frac{n\pi}{L}x\right)dx \quad \textit{pour } n = 1, 2, \ldots. \tag{6.49}$$

Remarques. i) Les séries en (6.46) et (6.48) sont appelées *série de Fourier cosinus* et *série de Fourier sinus*, respectivement. Les séries de Fourier calculées dans les exemples 6.2.1 et 6.3.1 sont respectivement des séries de Fourier cosinus et sinus.

ii) On suppose que la fonction f dans la proposition ci-dessus satisfait aux conditions énoncées dans le théorème 6.3.1 pour que les séries convergent (vers les quantités données dans le théorème).

Supposons maintenant qu'on nous donne une fonction f définie sur un intervalle $[0, L)$ et qu'on désire représenter f par une série de Fourier sur cet intervalle. Par exemple, soit

$$f(x) = e^x \quad \text{pour } 0 \leq x < L. \tag{6.50}$$

La fonction exponentielle n'est pas périodique. Donc, pour pouvoir la développer en série de Fourier sur un intervalle quelconque $[0, L)$, il faut faire en sorte que e^x dans $[0, L)$ soit la valeur prise par une certaine fonction périodique dans cet intervalle. Une façon de procéder consiste à poser que

$$f(x + L) = f(x) \quad \text{pour tout } x. \tag{6.51}$$

On obtient ainsi une fonction qui est périodique de période L. On peut alors calculer sa série de Fourier (en remplaçant L par $L/2$ dans les formules).

On peut aussi supposer que g est une fonction périodique de période $2L$ telle que

$$g(x) = f(x) \quad \text{pour } 0 \leq x < L. \tag{6.52}$$

Pour simplifier, on choisit souvent $g(x) \equiv 0$ dans l'intervalle $[-L, 0)$.

Cependant, il est plus pratique de considérer les *prolongements périodiques* pair et impair de f. Ainsi, les séries de Fourier correspondantes sont plus faciles à calculer.

Prolongement périodique pair. On définit la fonction ϕ par

$$\phi(x) = \begin{cases} f(-x) & \text{si } -L \leq x < 0, \\ f(x) & \text{si } 0 \leq x < L \end{cases} \tag{6.53}$$

et $\phi(x + 2L) = \phi(x)$. La fonction ϕ est alors paire et périodique de période $2L$. On peut calculer sa série de Fourier cosinus et utiliser cette série dans l'intervalle original $[0, L)$.

Remarque. Pour être précis, puisque la fonction f n'est pas donnée en L, on pose que $\phi(-L) = f(L^-)$. Si la fonction f est donnée au départ sur $[0, L]$, alors on définit

$$\phi(x) = \begin{cases} f(-x) & \text{si } -L < x < 0, \\ f(x) & \text{si } 0 \leq x \leq L \end{cases} \tag{6.54}$$

[et $\phi(x + 2L) = \phi(x)$].

Prolongement périodique impair. On définit cette fois-ci la fonction ψ par

$$\psi(x) = \begin{cases} -f(-x) & \text{si } -L < x < 0, \\ 0 & \text{si } x = 0 \text{ ou } x = L, \\ f(x) & \text{si } 0 < x < L \end{cases} \tag{6.55}$$

et $\psi(x + 2L) = \psi(x)$. Dans ce cas, ψ est une fonction impaire et périodique de période $2L$. On peut développer $\psi(x)$ en série de Fourier sinus et se servir de cette série dans l'intervalle $[0, L)$. Notons que si $f(0) \neq 0$, alors il faut modifier la définition de f en ce point et poser que $f(0) = 0$ pour que la série converge vers $f(0)$.

Exemple 6.4.1. Supposons que

$$f(x) = 1 \quad \text{pour } 0 \leq x < \pi.$$

Le prolongement périodique pair de f est simplement

$$\phi(x) = 1 \quad \text{pour tout } x.$$

Notons que le développement en série de Fourier de la fonction ϕ est aussi simplement la constante 1. C'est-à-dire que

$$a_0 = 2 \quad \text{et} \quad a_n = 0 \quad \text{pour } n = 1, 2, \dots .$$

Cette série converge bien vers $f(x)$ pour $x \in [0, \pi)$.

Le prolongement périodique impair de f est donné par

$$\psi(x) = \begin{cases} -1 \text{ si } -\pi < x < 0, \\ \ \ 0 \text{ si } x = 0 \text{ ou } x = \pi, \\ \ \ 1 \text{ si } 0 < x < \pi \end{cases}$$

et $\psi(x + 2\pi) = \psi(x)$ (voir la figure 6.6). Étant donné que $\psi(x)$ et la fonction $f(x)$ dans l'exemple 6.3.1 sont identiques, sauf aux points de saut, et que les points de saut n'influencent pas le calcul des coefficients a_n et b_n, on peut affirmer que la série de Fourier de la fonction ψ est la même que celle calculée dans l'exemple 6.3.1. Comme nous avons choisi de poser que $\psi(0) = \psi(\pi) = 0$, la série de Fourier converge vers $\psi(x)$ pour tout x. Finalement, la série de Fourier sinus représente la fonction f dans l'intervalle $[0, \pi)$, tel que requis, sauf en $x = 0$. ◇

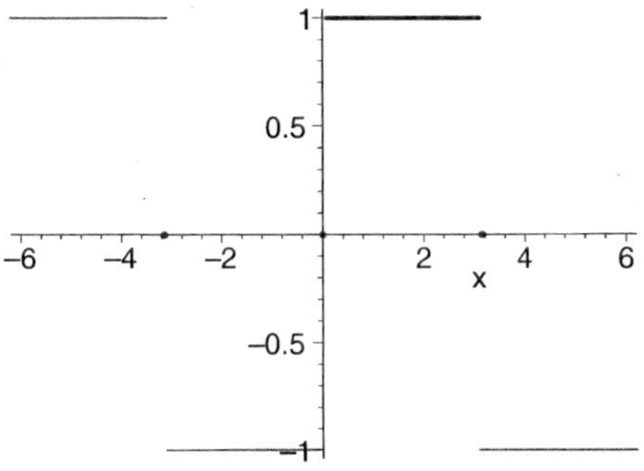

Fig. 6.6. Prolongement périodique impair de la fonction f dans l'exemple 6.4.1.

Exercices

6-10. Déterminer si les fonctions suivantes sont paires, impaires, ou ni l'un ni l'autre:

(a) $f(x) = x^2 \sin(x+1)$;

(b) $f(x) = x \cos x + x^2 \sin x$;

(c) $f(x) = \ln|x| + \sin(x^2)$ pour $x \neq 0$;

(d) $f(x) = (\sin x)e^{x^2}$;

(e) $f(x) = (\sin x + \cos x)^2$.

6-11. Donner les prolongements périodiques pair et impair de

(a) $f(x) = e^x$ pour $0 \leq x < L$;

(b) $f(x) = \sin x$ pour $0 \leq x < \pi$;

(c) $f(x) = \begin{cases} 1 \text{ si } 0 \leq x < 1/2, \\ 0 \text{ si } 1/2 \leq x < 1; \end{cases}$

(d) $f(x) = \sin^2 x$ pour $0 \leq x < \pi$.

6-12. Calculer les séries de Fourier cosinus et sinus des prolongements périodiques pair et impair (respectivement) des fonctions en (a) et (b) de l'exercice précédent.

6.5 Exercices supplémentaires

6-13. Calculer la série de Fourier de la fonction

$$f(x) = \cos x \sin x \quad \text{pour tout } x \in \mathbb{R}.$$

Indication. On a:

$$\int f(x)\sin(nx)\,dx = \begin{cases} \dfrac{1}{4}\dfrac{\sin[(n-2)x]}{n-2} - \dfrac{1}{4}\dfrac{\sin[(n+2)x]}{n+2} & \text{si } n \neq 2, \\ \\ \dfrac{x}{4} - \dfrac{1}{16}\sin(4x) & \text{si } n = 2. \end{cases}$$

6-14. Soit

$$f(x) = \begin{cases} e^{x+1} - 1 \text{ si } -1 \leq x < 0, \\ e^x - 1 \text{ si } 0 \leq x < 1 \end{cases}$$

et $f(x+2) = f(x)$ pour tout $x \in \mathbb{R}$. Vers quelle valeur la série de Fourier de f tend-elle en (i) $x = -1$? (ii) $x = 0$? (iii) $x = 1$? Justifier.

6-15. Soit

$$f(x) = \begin{cases} x & \text{si } 0 \leq x < 1, \\ 2 - x & \text{si } 1 \leq x < 2. \end{cases}$$

Donner (i) le prolongement périodique impair $\psi(x)$ et (ii) le prolongement périodique pair $\phi(x)$ de cette fonction.

6-16. Déterminer pour quelles valeurs des constantes a et b l'ensemble

$$\{1, x, 1 + ax + bx^2\}$$

est un ensemble de fonctions mutuellement orthogonales sur l'intervalle $[-1, 1]$.

6-17. Pour chacune des fonctions suivantes, déterminer si elle est paire, impaire, ou ni paire ni impaire:

(a) $f_1(x) = \sin x \cos x$,

(b) $f_2(x) = \sin x + \cos x$,

(c) $f_3(x) = \sin(x^2) + \cos x$.

6-18. Développer la fonction

$$f(x) = \cos^2 x \quad \text{pour } x \in \mathbb{R}$$

en série de Fourier.

Indication. On a:

$$\int \cos^2 x \cos(cx)\, dx = \frac{1}{4}\left[\frac{\sin[(c-2)x]}{c-2} + 2\frac{\sin(cx)}{c} + \frac{\sin[(c+2)x]}{c+2}\right]$$

pour $c \neq -2, 0, 2$. Pour $c = -2$, 0 et 2, on peut prendre la limite appropriée dans la formule ci-dessus.

6-19. Soit

$$f(x) = \begin{cases} (x-1)^{-1} & \text{si } -\pi \leq x < 0, \\ (x+1)^{-1} & \text{si } 0 < x < \pi/2, \\ x^{-1} & \text{si } \pi/2 < x < \pi \end{cases}$$

et $f(x + 2\pi) = f(x)$ pour tout $x \in \mathbb{R}$.

(a) Définir la fonction f en ses points de saut de façon que sa série de Fourier converge vers $f(x)$ pour tout $x \in (-\pi, \pi)$.

(b) Vers quelle valeur la série converge-t-elle en $x = \pm\pi$?

6-20. Soit $\psi(x)$ le prolongement périodique impair de la fonction

$$f(x) = 1 + e^{-x} \quad \text{pour } 0 \leq x < 1.$$

Donner la valeur de $\psi(-2)$ et celle de $\psi(1{,}5)$.

6-21. Soit f une fonction périodique de période 10 telle que

$$f(x) = \begin{cases} 0 \text{ si } -5 < x < 0, \\ 3 \text{ si } 0 < x < 5. \end{cases}$$

(a) Donner la série de Fourier de f.

(b) Donner la valeur de cette série de Fourier pour $x_1 = -5$, $x_2 = 0$, $x_3 = 5$ et $x_4 = \pi$.

6-22. Soit

$$f(x) = \begin{cases} 1 \text{ si } -\pi \leq x < \pi/2, \\ 0 \text{ si } \pi/2 \leq x < \pi \end{cases}$$

et $f(x + 2\pi) = f(x)$ pour tout $x \in \mathbb{R}$. Calculer la série de Fourier tronquée

$$S_4(x) := \frac{a_0}{2} + \sum_{n=1}^{4} [a_n \cos(nx) + b_n \sin(nx)]$$

de la fonction $f(x)$.

6-23. On définit les fonctions

$$f_1(x) = x\,e^{\cos x} \quad \text{et} \quad f_2(x) = x\,e^{\sin x}.$$

(a) Déterminer si f_1 et f_2 sont des fonctions paires, impaires, ou ni l'un ni l'autre.

(b) Donner le prolongement périodique impair $\psi(x)$ de la fonction

$$f_3(x) := x^2\,e^{\sin x} \quad \text{pour } x \in [0, \pi).$$

6-24. Calculer la série de Fourier de la fonction définie par

$$f(x) = \begin{cases} 0 \text{ si } -2\pi \leq x < -\pi, \\ x \text{ si } -\pi \leq x < 0, \\ 2x \text{ si } 0 \leq x < \pi, \\ 0 \text{ si } \pi \leq x < 2\pi \end{cases}$$

et $f(x + 4\pi) = f(x)$ pour tout $x \in \mathbb{R}$.

6-25. Soit

$$f(x) = x \sin x \quad \text{pour } -\pi \leq x < \pi$$

et $f(x + 2\pi) = f(x)$ pour tout $x \in \mathbb{R}$.

(a) La fonction $f(x)$ est-elle paire, impaire, ou ni l'un ni l'autre? Justifier votre réponse.

(b) Donner la série de Fourier de $f(x)$.

Indication. On a:

$$\int \sin^2 x \, dx = \frac{x}{2} - \frac{1}{2} \sin x \cos x$$

et (si $n \neq \pm 1$)

$$\int x \sin x \cos(nx) \, dx = \frac{\sin[(n+1)x] - (n+1)x \cos[(n+1)x]}{2(n+1)^2} - \frac{\sin[(n-1)x] - (n-1)x \cos[(n-1)x]}{2(n-1)^2}.$$

6-26. Déterminer pour quelle(s) valeur(s) des constantes (non nulles) a et b l'ensemble $\{1, ax, 1 + bx^2\}$ est orthogonal sur l'intervalle $[-1, 1]$.

6-27. Soit

$$f(x) = x^2 \sin x \quad \text{pour } -\pi \leq x < \pi$$

et $f(x + 2\pi) = f(x)$ pour tout $x \in \mathbb{R}$. Calculer la série de Fourier de $f(x)$.

Indication. On a:

$$\int x^2 \sin^2 x \, dx = x^2 \left(-\frac{1}{2} \cos x \sin x + \frac{x}{2} \right) - \frac{1}{2} x \cos^2 x + \frac{1}{4} \sin x \cos x + \frac{x}{4} - \frac{x^3}{3}$$

et (si $n \neq \pm 1$)

$$\int x^2 \sin x \sin(nx) \, dx = \frac{\{(n-1)^2 x^2 - 2\} \sin[(n-1)x] + 2(n-1)x \cos[(n-1)x]}{2(n-1)^3} - \frac{\{(n+1)^2 x^2 - 2\} \sin[(n+1)x] + 2(n+1)x \cos[(n+1)x]}{2(n+1)^3}.$$

6-28. Soit une fonction définie par

$$f(x) = \cos(\pi x) \quad \text{pour } 0 < x < 1.$$

(a) On définit par prolongement la fonction impaire et périodique de période 2 qui coïncide avec la fonction $f(x)$ sur l'intervalle $(0, 1)$. Tracer sur l'intervalle $(-1, 3)$ le graphique de ce prolongement de la fonction $f(x)$.

(b) Sans calculer la série de Fourier du prolongement impair de la fonction $f(x)$, trouver les valeurs vers lesquelles cette série convergera pour $x = 19{,}5$ et $x = 20$. Justifier.

(c) Calculer la série de Fourier du prolongement impair de la fonction $f(x)$.

Indication. On a: $\cos u \sin v = \frac{1}{2}\left[\sin(u+v) + \sin(v-u)\right]$.

6-29. Soit $f(x)$ une fonction périodique de période 2 définie par

$$f(x) = \begin{cases} x & \text{si } -1/2 \leq x \leq 1/2, \\ 1 - x & \text{si } 1/2 < x < 3/2. \end{cases}$$

(a) Sans calculer la série de Fourier de la fonction $f(x)$, trouver la valeur vers laquelle cette série convergera pour $x = 20{,}5$.

(b) Tracer le graphique de la fonction $f(x)$ dans l'intervalle $[-5/2, 7/2]$.

(c) Calculer la série de Fourier associée à la fonction $f(x)$.

6-30. Calculer le produit scalaire des fonctions $f_1(x) = u_1(x)$ et $f_2(x) = u_2(x)$ sur l'intervalle $[0, 3]$.

6-31. Soit

$$f(x) = u_1(x) \quad \text{pour } x \in [0, 2)$$

et $f(x+2) = f(x)$ pour tout $x \in \mathbb{R}$. Développer la fonction $f(x)$ en série de Fourier.

6-32. Donner le prolongement périodique impair de

$$f(x) = u_1(x) \quad \text{pour } x \in [0, 2).$$

6-33. Soit une fonction définie par

$$f(x) = 3 - x \quad \text{pour } 0 \leq x < 3.$$

(a) On définit par prolongement la fonction impaire, périodique de période $T = 6$ qui coïncide avec la fonction $f(x)$ sur l'intervalle $[0, 3)$. Tracer sur l'intervalle $[-3, 9]$ le graphique de la fonction vers laquelle la série de Fourier du prolongement impair de la fonction $f(x)$ converge.

(b) On définit par prolongement la fonction paire, périodique de période $T = 6$ qui coïncide avec la fonction $f(x)$ sur l'intervalle $[0, 3)$. Sans calculer la série de Fourier du prolongement pair de la fonction $f(x)$, trouver la valeur vers laquelle cette série converge pour $x = 19$. Justifier votre réponse.

6-34. On définit une fonction par

$$f(x) = \begin{cases} x + 1 \text{ si } -1 \leq x < 0, \\ 1 - x \text{ si } 0 \leq x < 1, \end{cases}$$

et on suppose que $f(x + 2) = f(x)$ pour tout $x \in \mathbb{R}$.

(a) Tracer le graphique de la fonction $f(x)$ sur l'intervalle $[-3, 3]$.

(b) Trouver la série de Fourier pour la fonction $f(x)$.

7
ÉQUATIONS AUX DÉRIVÉES PARTIELLES

7.1 Introduction

Nous avons mentionné brièvement les équations aux dérivées partielles à la section 1.3.

Définition 7.1.1. Rappel. *Soit u une fonction d'au moins deux variables indépendantes. Une équation qui fait intervenir des dérivées par rapport à au moins deux de ces variables indépendantes est appelée* **équation aux dérivées partielles** *(é.d.p.).*

Remarque. Si l'équation n'implique qu'une ou plusieurs dérivées par rapport à une seule variable indépendante, alors les autres variables indépendantes dans l'équation peuvent être considérées comme des constantes, et l'équation aux dérivées partielles se réduit en fait à une équation différentielle ordinaire.

Exemple 7.1.1. Soit $u = u(x,t)$. L'équation aux dérivées partielles

$$\frac{\partial u}{\partial t} = c^2 \frac{\partial^2 u}{\partial x^2}, \tag{7.1}$$

où c est une constante, est appelée *équation de la chaleur* ou de la *diffusion* (en une dimension). ♢

Définition 7.1.2. *L'***ordre** *d'une é.d.p. est l'ordre de la dérivée la plus élevée qu'elle contient.*

Définition 7.1.3. *Une é.d.p. est dite* **linéaire** *si l'équation est une combinaison linéaire (dont les coefficients peuvent dépendre des variables indépendantes) de u et de ses dérivées.*

Remarque. Il peut y avoir des termes qui ne dépendent pas de u ou de ses dérivées.

Définition 7.1.4. *Une é.d.p. est dite* **homogène** *si chaque terme qu'elle contient implique u ou une de ses dérivées.*

Remarque. Notons qu'une é.d.p. linéaire est homogène si et seulement si $u \equiv 0$ satisfait à l'équation.

Exemple 7.1.2. L'équation de la chaleur unidimensionnelle définie dans l'exemple 7.1.1 est une é.d.p. linéaire, homogène et d'ordre deux. ◇

Exemple 7.1.3. L'é.d.p.

$$\frac{\partial u}{\partial t} + u\frac{\partial u}{\partial x} = k\frac{\partial^2 u}{\partial x^2} + f(x,t)$$

est du deuxième ordre (si $k \neq 0$), non linéaire [à cause du terme $u(\partial u/\partial x)$ dans l'équation], et non homogène [si $f(x,t)$ n'est pas identique à zéro]. ◇

Une é.d.p. quelconque peut être écrite sous la forme

$$L(u) = 0, \tag{7.2}$$

où L est un opérateur différentiel. Un exemple d'opérateur différentiel est le *laplacien*, dénoté par ∇^2 ou Δ, et défini (en trois dimensions) par

$$\nabla^2 = \frac{\partial^2}{\partial x^2} + \frac{\partial^2}{\partial y^2} + \frac{\partial^2}{\partial z^2}. \tag{7.3}$$

Définition 7.1.5. *Supposons que u est une fonction de n variables indépendantes. Une* **solution** *d'une é.d.p. quelconque $L(u) = 0$ dans un sous-ensemble D de $\mathbb{R}^n$ est une fonction u^* telle que*
i) toutes les dérivées partielles de u^* qui apparaissent dans l'équation sont définies dans D;
ii) $L(u^*) \equiv 0$ dans D.

Remarque. En fait, dans plusieurs problèmes, il suffit que les conditions ci-dessus soient satisfaites pour tous les *points intérieurs* de D, mais pas nécessairement sur la *frontière* de D, dénotée par ∂D. On demande le plus souvent que la fonction u^* soit continue sur ∂D. Cependant, dans certains problèmes, généralement difficiles, u est discontinue sur la frontière.

Exemple 7.1.4. Soit $u = u(x, y)$. L'é.d.p.

$$\nabla^2 u \equiv \frac{\partial^2 u}{\partial x^2} + \frac{\partial^2 u}{\partial y^2} = 0$$

est appelée *équation de Laplace* (en deux dimensions). Cette équation possède des solutions diverses. Par exemple,

$$u(x, y) \equiv c, \quad u(x, y) = x + y, \quad u(x, y) = x^2 - y^2, \quad u(x, y) = e^x \sin y,$$

etc. ◇

Le choix d'une solution particulière d'une é.d.p. dépend des conditions qui sont imposées dans le problème. Par exemple, si $u = u(x, t)$ et si l'on fixe la valeur de la fonction u lorsque $t = 0$, alors on impose une *condition initiale*, comme nous l'avons vu dans le cas des équations différentielles ordinaires.

Supposons maintenant que $u = u(x, y)$ et que D est le cercle défini par $x^2 + y^2 = r^2$. Si l'on désire que la fonction u prenne une certaine valeur sur le cercle, alors on dit que l'on a imposé une *condition limite* [ou *condition* (*à la*) *frontière*].

Classification des é.d.p. linéaires d'ordre deux à deux variables indépendantes

Soit $u = u(x, y)$. On considère l'équation

$$a(x, y)\, u_{xx} + 2b(x, y)\, u_{xy} + c(x, y)\, u_{yy} = f(x, y, u, u_x, u_y), \tag{7.4}$$

où

$$u_x := \frac{\partial u}{\partial x}, \quad u_{xy} := \frac{\partial^2 u}{\partial x \partial y}, \tag{7.5}$$

etc.

Définition 7.1.6. *Soit*

$$\Lambda(x, y) = a(x, y) c(x, y) - b^2(x, y). \tag{7.6}$$

On dit que l'é.d.p. (7.4) est de type

i) **elliptique** *si* $\Lambda(x, y) > 0$*;*

ii) **parabolique** *si* $\Lambda(x, y) = 0$*;*

iii) **hyperbolique** *si* $\Lambda(x, y) < 0$.

Remarques. i) Étant donné que Λ dépend de x et de y, le type d'une é.d.p. peut varier dans différentes parties de $\mathbb{R}^2$.

ii) Les équations de type elliptique sont associées à des *phénomènes d'équilibre*, celles de type parabolique à des *phénomènes d'évolution*, et celles de type hyperbolique à des *phénomènes de propagation* et de *vibration*.

Exemple 7.1.5. L'équation de Laplace

$$u_{xx} + u_{yy} = 0$$

est de type elliptique dans $\mathbb{R}^2$, car

$$\Lambda(x, y) \equiv 1 \cdot 1 - 0^2 = 1 > 0.$$

Ensuite, l'équation de la chaleur

$$u_t = c^2 u_{xx}$$

est parabolique pour tout couple (x, t), puisque

$$\Lambda(x, t) \equiv c^2 \cdot 0 - 0^2 = 0,$$

tandis que l'équation d'onde

$$u_{tt} = c^2 u_{xx}$$

est hyperbolique $\forall (x, t)$, car

$$\Lambda(x, t) \equiv c^2 \cdot (-1) - 0^2 = -c^2 < 0.$$

◇

Exemple 7.1.6. Soit l'é.d.p.

$$u_{xx} + x u_{yy} + u_x + u_y = 0.$$

On calcule

$$\Lambda(x, y) = 1 \cdot x - 0^2 = x.$$

De là, on déduit que cette équation est de type elliptique pour $x > 0$, et hyperbolique pour $x < 0$. On dit qu'elle est de type *mixte*. ◇

On peut toujours trouver des transformations de (x, y) à (ξ, η) qui ramènent l'équation (7.4) à une forme standard pour chacun des trois types. Ces formes, appelées *formes canoniques*, sont les suivantes:

i) type elliptique:

$$u_{\xi\xi} + u_{\eta\eta} = \phi(\xi, \eta, u, u_\xi, u_\eta); \tag{7.7}$$

ii) type parabolique:

$$u_{\xi\xi} = \phi(\xi, \eta, u, u_\xi, u_\eta) \quad \text{ou} \quad u_{\eta\eta} = \phi(\xi, \eta, u, u_\xi, u_\eta); \tag{7.8}$$

iii) type hyperbolique:

$$u_{\xi\eta} = \phi(\xi, \eta, u, u_\xi, u_\eta). \tag{7.9}$$

Exemple 7.1.7. Considérons l'é.d.p.

$$u_{xx} - u_{yy} = 0,$$

laquelle est de type hyperbolique. Posons que

$$\xi = x + y \quad \text{et} \quad \eta = x - y.$$

On a:

$$u_x = u_\xi + u_\eta \quad \text{et} \quad u_{xx} = u_{\xi\xi} + 2u_{\xi\eta} + u_{\eta\eta},$$

tandis que

$$u_y = u_\xi - u_\eta \quad \text{et} \quad u_{yy} = u_{\xi\xi} - 2u_{\xi\eta} + u_{\eta\eta}.$$

Alors on obtient que

$$u_{\xi\eta} = 0.$$

◇

Exercices

7-1. On dit qu'une équation aux dérivées partielles est *quasi-linéaire* si elle est linéaire par rapport au(x) terme(s) contenant sa (ses) dérivée(s) d'ordre le plus élevé. Une équation aux dérivées partielles linéaire est donc aussi quasi-linéaire. Déterminer si les équations aux dérivées partielles suivantes sont linéaires, seulement quasi-linéaires, ou non linéaires:

(a) $u_t + t u_t = u_{xx} + x^2$;

(b) $u_x u_y = u_{xx}$;

(c) $x u_{xx} + y u_{yy} = u_x^2$;

(d) $u_x + x u_y = u u_{xx}$;

(e) $u_x = e^x u_y$;

(f) $u u_t + u_{xx} = u_{tt} \cos t + \sin t$.

7-2. Déterminer si les équations aux dérivées partielles de l'exercice précédent sont homogènes.

7-3. Trouver une fonction $g(y)$, qui ne contient pas de terme constant, pour laquelle

$$u(x, y) := \ln\left[x^2 + g(y)\right],$$

où $x^2 + g(y) > 0$, est une solution de l'équation de Laplace $u_{xx} + u_{yy} = 0$.

7-4. Déterminer le type des équations aux dérivées partielles suivantes:

(a) $u_{xy} - u_x + u_y = u_{xx}$;

(b) $u_{xx} + 2u_{yy} = \cos x$;

(c) $u_y + y u_{yy} = x^2 u_{xx}$;

(d) $u_{tt} - t u_x = u_x$.

7-5. Transformer l'équation aux dérivées partielles parabolique

$$u_{xx} + 2u_{xy} + u_{yy} = 4u_x$$

en sa forme canonique, en posant que $\xi = x + y$ et $\eta = x - y$.

7.2 Valeurs et fonctions propres

Dans les sections suivantes, nous allons résoudre des problèmes d'équations aux dérivées partielles. Cependant, nous verrons que parfois ces problèmes se ramènent à la solution de divers problèmes d'équations différentielles ordinaires. Une équation typique que nous aurons à résoudre est l'équation (3.2), avec x plutôt que t comme variable indépendante:

$$y''(x) + p(x)y'(x) + q(x)y(x) = r(x), \tag{7.10}$$

dans un intervalle (a, b), avec les conditions limites

$$y(a) = y_1 \quad \text{et} \quad y(b) = y_2. \tag{7.11}$$

Définition 7.2.1. *Le problème qui consiste à trouver la solution de l'équation différentielle (7.10) qui satisfait aux conditions (7.11) est appelé* **problème aux valeurs limites**.

Remarque. En fait, le problème (7.10), (7.11) n'est qu'un cas particulier des problèmes aux valeurs limites.

Définition 7.2.2. *Si $r(x) \equiv 0$ et $y_1 = y_2 = 0$, alors le problème aux valeurs limites (7.10), (7.11) est dit* **homogène**. *Si ce n'est pas le cas, le problème est dit* **non homogène**.

Remarque. Si un problème aux valeurs limites n'est pas homogène, le problème homogène correspondant est obtenu en remplaçant, si nécessaire, $r(x)$ et y_i, $i = 1, 2$, par 0 dans le problème original.

Un cas particulier important de problème aux valeurs limites est le problème homogène qui consiste à résoudre l'équation différentielle

$$y''(x) + \lambda y(x) = 0 \tag{7.12}$$

dans l'intervalle $(0, L)$, avec les conditions limites

$$y(0) = y(L) = 0. \tag{7.13}$$

C'est-à-dire que $p(x) \equiv 0$ et $q(x) \equiv \lambda$.

On trouve facilement que la solution générale de l'équation différentielle (7.12) est

$$y(x) = \begin{cases} c_1 e^{\sqrt{-\lambda}x} + c_2 e^{-\sqrt{-\lambda}x} & \text{si } \lambda \neq 0, \\ c_1 x + c_2 & \text{si } \lambda = 0. \end{cases} \tag{7.14}$$

De plus, il est clair que $y(x) \equiv 0$ est une solution particulière du problème (7.12), (7.13). Cette solution est appelée *solution triviale.* On s'intéresse aux solutions non triviales de ce problème.

Définition 7.2.3. *Les constantes λ pour lesquelles le problème (7.12), (7.13) possède des solutions non triviales sont appelées* **valeurs propres**. *Les solutions non triviales correspondantes sont appelées* **fonctions propres**.

Considérons d'abord le cas où $\lambda = 0$. Les constantes c_1 et c_2 pour lesquelles $y(0) = y(L) = 0$ sont $c_1 = c_2 = 0$. En effet,

$$0 = y(0) = c_2 \quad \Longrightarrow \quad c_2 = 0, \tag{7.15}$$

et alors

$$0 = y(L) = c_1 L \quad \Longrightarrow \quad c_1 = 0. \tag{7.16}$$

Donc, le problème (7.12), (7.13) ne possède que la solution triviale $y(x) \equiv 0$ si $\lambda = 0$, de sorte que $\lambda = 0$ *n'est pas* une valeur propre dans ce problème.

Ensuite, supposons que $\lambda < 0$. La solution générale de l'équation différentielle est alors

$$y(x) = c_1 e^{\mu x} + c_2 e^{-\mu x}, \tag{7.17}$$

où $\mu := \sqrt{-\lambda}$ est un nombre réel positif. La condition limite $y(0) = 0$ implique que $c_2 = -c_1$, de sorte que

$$y(x) = c_1 \left(e^{\mu x} - e^{-\mu x}\right). \tag{7.18}$$

Toutefois, étant donné que

$$e^{\mu L} - e^{-\mu L} = 0 \quad \Longleftrightarrow \quad L = 0, \tag{7.19}$$

on doit conclure qu'il est impossible que la condition $y(L) = 0$ soit satisfaite, *à moins* que $c_1 = 0$. C'est-à-dire que l'on retrouve la solution triviale $y(x) \equiv 0$. Par conséquent, le problème (7.12), (7.13) ne possède pas de valeurs propres négatives.

Il nous reste à considérer le cas où $\lambda > 0$. Posons que

$$\sqrt{-\lambda} = i\beta, \tag{7.20}$$

où $\beta \in (0, \infty)$. On a alors:

$$y(x) = c_1 e^{i\beta x} + c_2 e^{-i\beta x}. \tag{7.21}$$

En utilisant la formule d'Euler, on peut écrire que

$$\begin{aligned} y(x) &= c_1 \left[\cos(\beta x) + i \sin(\beta x)\right] + c_2 \left[\cos(\beta x) - i \sin(\beta x)\right] \\ &= k_1 \cos(\beta x) + k_2 \sin(\beta x), \end{aligned} \tag{7.22}$$

où k_1 et k_2 sont des constantes arbitraires. Cette fois-ci, la condition limite $y(0) = 0$ implique que $k_1 = 0$. Ainsi,

$$y(x) = k_2 \sin(\beta x). \tag{7.23}$$

Supposons que $k_2 \neq 0$. Alors la deuxième condition limite, $y(L) = 0$, sera satisfaite si et seulement si

$$\sin(\beta L) = 0 \quad \Longrightarrow \quad \beta L = n\pi \tag{7.24}$$

pour un $n \in \{0, 1, \ldots\}$. On élimine le cas où $n = 0$, car β et L sont positifs [et, de toute façon, il correspond à la solution triviale $y(x) \equiv 0$ si $\beta = 0$]. Cependant, on peut affirmer que le problème (7.12), (7.13) possède les valeurs propres

$$\lambda = \beta^2 = \frac{n^2\pi^2}{L^2} \quad \text{pour } n = 1, 2, \ldots, \tag{7.25}$$

et que les fonctions propres correspondantes sont données par

$$y_n(x) := \sin(n\pi x/L) \quad \text{pour } n = 1, 2, \ldots. \tag{7.26}$$

De plus, ces fonctions propres peuvent être multipliées par une constante arbitraire (non nulle).

Remarque. On peut vérifier que λ ne peut pas être un nombre imaginaire. En effet, si c'est le cas, alors

$$\sqrt{-\lambda} = \alpha + i\beta, \tag{7.27}$$

où $\alpha \neq 0$ et $\beta \neq 0$. La solution générale de l'équation différentielle devient

$$y(x) = c_1 e^{(\alpha+i\beta)x} + c_2 e^{-(\alpha+i\beta)x}. \tag{7.28}$$

On déduit de la condition limite $y(0) = 0$ que

$$c_1 + c_2 = 0 \quad \Longrightarrow \quad y(x) = c_1 \left[e^{(\alpha+i\beta)x} - e^{-(\alpha+i\beta)x}\right]. \tag{7.29}$$

En utilisant encore une fois la formule d'Euler, on obtient que

$$\begin{aligned} y(x) &= c_1 \left[e^{\alpha x}\{\cos(\beta x) + i\sin(\beta x)\} - e^{-\alpha x}\{\cos(\beta x) - i\sin(\beta x)\}\right] \\ &= c_1 \left[\left(e^{\alpha x} - e^{-\alpha x}\right)\cos(\beta x) + i\left(e^{\alpha x} + e^{-\alpha x}\right)\sin(\beta x)\right]. \end{aligned} \tag{7.30}$$

Supposons que $c_1 \neq 0$. Alors pour satisfaire à la condition $y(L) = 0$, il faut que

$$\left(e^{\alpha L} - e^{-\alpha L}\right)\cos(\beta L) = 0 \tag{7.31}$$

et

$$\left(e^{\alpha L} + e^{-\alpha L}\right)\sin(\beta L) = 0. \tag{7.32}$$

Puisque

$$e^{\alpha L} + e^{-\alpha L} > 0, \tag{7.33}$$

on doit avoir, comme ci-dessus:

$$\sin(\beta L) = 0 \quad \Longrightarrow \quad \beta L = n\pi \tag{7.34}$$

pour un $n \in \{1, 2, \ldots\}$. Il s'ensuit que

$$\cos(\beta L) = \cos(n\pi) = (-1)^n. \tag{7.35}$$

Finalement, on déduit alors de (7.19) qu'il est impossible de satisfaire à la condition $y(L) = 0$, *à moins* que $c_1 = 0$, de sorte que l'on retrouve encore une fois la solution triviale $y(x) \equiv 0$. Par conséquent, le problème (7.12), (7.13) ne possède pas de valeurs propres imaginaires.

Exemple 7.2.1. Considérons le problème aux valeurs limites

$$y''(x) + y(x) = 2x \quad \text{pour } 0 < x < \pi,$$

avec $y(0) = y(\pi) = 0$. Il s'agit d'un problème non homogène. La solution générale de l'équation homogène est

$$y(x) = c_1 \cos x + c_2 \sin x.$$

De plus, une solution particulière de l'équation non homogène est $y(x) = 2x$. Alors la solution générale de cette équation différentielle est

$$y(x) = c_1 \cos x + c_2 \sin x + 2x.$$

La condition $y(0) = 0$ nous permet d'écrire que $c_1 = 0$. Ensuite, on a:

$$0 = y(\pi) = c_2 \sin \pi + 2\pi = 2\pi,$$

ce qui est impossible. Par conséquent, le problème considéré ne possède aucune solution. Notons cependant que si l'on remplace la condition limite $y(\pi) = 0$ par $y(\pi) = 2\pi$, alors le problème aux valeurs limites ainsi défini possède une infinité de solutions:

$$y(x) = c \sin x + 2x,$$

où c est une constante arbitraire.

Maintenant, si l'on modifie l'équation différentielle de départ comme suit:

$$y''(x) - y(x) = 2x \quad \text{pour } 0 < x < \pi,$$

avec les conditions limites $y(0) = y(\pi) = 0$, alors on trouve que ce problème possède une unique solution:

$$y(x) = 2\pi \frac{\operatorname{sh} x}{\operatorname{sh} \pi} - 2x.$$

Finalement, on peut vérifier que l'unique solution du problème

$$y''(x) - y(x) = 2\sin x \quad \text{pour } 0 < x < \pi,$$

avec les mêmes conditions limites, est

$$y(x) = -\sin x.$$

◇

Exercices

7-6. On considère le problème aux valeurs limites

$$y''(x) + \frac{1}{x}y'(x) + \frac{\lambda}{x^2}y(x) = 0 \quad \text{pour } 1 < x < e,$$

avec $y(1) = y(e) = 0$. Trouver les valeurs propres λ et les fonctions propres correspondantes.

7-7. Le problème de trouver les solutions de

$$y''(x) + \lambda y(x) = 0,$$

avec $y(0) = 0$ et $y'(1) = 0$, est aussi un problème aux valeurs limites. Trouver les valeurs propres (qui sont toutes positives) et les fonctions propres correspondantes.

7-8. Trouver la solution des problèmes aux valeurs limites suivants:

(a) $y''(x) + y(x) = x^2; \quad y(0) = y(\pi) = 0;$

(b) $y''(x) - y(x) = x^2; \quad y(0) = y(1) = 0;$

(c) $y''(x) + y(x) = x^2; \quad y(0) = 0,\ y(\pi) = \pi^2 - 4.$

7.3 Méthode de séparation des variables

Considérons l'équation aux dérivées partielles

$$\frac{\partial^2 u(x,y)}{\partial x^2} + \frac{\partial^2 u(x,y)}{\partial y^2} = 2\alpha u(x,y) \quad \text{pour } x + y > 0, \tag{7.36}$$

où α est une constante positive. Supposons que l'on impose la condition limite suivante sur la frontière:

$$u(x,y) = 1 \quad \text{si } x + y = 0. \tag{7.37}$$

Remarque. L'é.d.p. ci-dessus est un cas particulier de l'*équation de Kolmogorov*, laquelle est très importante dans le domaine des *processus stochastiques*. La fonction $u(x, y)$ dans l'équation (7.36) représente la *fonction génératrice des moments* (ou la transformée de Laplace de la *fonction de densité*) du temps que prend un *mouvement brownien standard bidimensionnel* pour atteindre la droite $y = -x$, en supposant que le processus est situé au-dessus de cette frontière à l'instant initial.

Pour résoudre une é.d.p., une des techniques les plus utilisées consiste à supposer que la fonction $u(x, y)$ peut en fait être écrite sous la forme

$$u(x, y) = F(x)G(y). \tag{7.38}$$

Si c'est le cas, l'équation (7.36) devient

$$F''(x)G(y) + F(x)G''(y) = 2\alpha F(x)G(y). \tag{7.39}$$

En supposant que la fonction $u(x, y)$ n'est pas identique à zéro, on peut diviser les deux membres de cette équation par $F(x)G(y)$; on obtient que

$$\frac{F''(x)}{F(x)} + \frac{G''(y)}{G(y)} = 2\alpha. \tag{7.40}$$

Puisque F ne dépend que de x, et G que de y, on déduit qu'il faut que

$$\frac{F''(x)}{F(x)} = \lambda \tag{7.41}$$

et

$$\frac{G''(y)}{G(y)} = 2\alpha - \lambda, \tag{7.42}$$

où λ est une constante arbitraire appelée *constante de séparation*.

Posons que

$$k = 2\alpha - \lambda. \tag{7.43}$$

Nous devons donc résoudre deux équations différentielles *ordinaires*:

$$\frac{F''(x)}{F(x)} = \lambda \iff F''(x) = \lambda F(x), \tag{7.44}$$

et

$$\frac{G''(y)}{G(y)} = k \iff G''(y) = kG(y). \tag{7.45}$$

Notons que ces deux équations sont de la forme de l'équation (7.12) considérée en détail dans la section précédente.

Une fois que l'on a trouvé des solutions $F_n(x)$ et $G_n(y)$, $n = 1, 2, \ldots,$ des équations différentielles ordinaires ci-dessus, on peut affirmer que

$$u_n(x, y) := F_n(x)G_n(y) \tag{7.46}$$

est une solution particulière de l'équation (7.36) pour chaque n. Par exemple,

$$F_1(x) := e^{-\sqrt{\lambda}x} \quad \text{et} \quad G_1(y) := e^{-\sqrt{k}y} \tag{7.47}$$

sont des solutions particulières de (7.44) et (7.45), respectivement, de sorte que

$$u_1(x, y) := F_1(x)G_1(y) = e^{-\sqrt{\lambda}x-\sqrt{k}y} = e^{-\sqrt{\lambda}x-\sqrt{2\alpha-\lambda}y} \tag{7.48}$$

est une solution particulière de (7.36). On pourrait aussi multiplier la solution $u_1(x, y)$ par une constante arbitraire.

Pour satisfaire à la condition sur la frontière, il faut que

$$\exp\left\{-\sqrt{\lambda}x - \sqrt{2\alpha - \lambda}(-x)\right\} = 1 \tag{7.49}$$

pour tout x. Il s'ensuit que

$$\sqrt{\lambda} - \sqrt{2\alpha - \lambda} = 0 \quad \Longrightarrow \quad \lambda = \alpha, \tag{7.50}$$

de sorte que

$$u(x, y) = \exp\{-\sqrt{\alpha}(x + y)\} \quad \text{pour } x + y \geq 0. \tag{7.51}$$

La technique utilisée dans l'exemple présenté ci-dessus peut être généralisée. On obtient alors la définition suivante.

Définition 7.3.1. *La technique qui consiste à trouver la solution d'une équation aux dérivées partielles en supposant que la fonction* $u = u(x_1, \ldots, x_n)$ *peut être décomposée en un produit de* n *fonctions:*

$$u(x_1, \ldots, x_n) = \prod_{k=1}^{n} F_k(x_k) \tag{7.52}$$

est appelée **méthode de séparation des variables**.

Dans le problème particulier considéré dans cette section, nous avons réussi à trouver une solution particulière de l'équation (7.36) qui satisfait à la condition limite en considérant une seule fonction $u_n(x,y)$. Cependant, pour satisfaire aux conditions initiales ou limites dans les problèmes rencontrés en pratique, il faudra souvent définir une fonction constituée d'une somme (parfois infinie) de solutions particulières $u_n(x,y)$, et utiliser le développement des fonctions en séries de Fourier. Nous aurons alors besoin du résultat suivant, appelé *principe de superposition.*

Proposition 7.3.1. *Supposons que $u_1(x_1,\ldots,x_n)$, …, $u_m(x_1,\ldots,x_n)$ sont des solutions quelconques d'une équation aux dérivées partielles linéaire et homogène dans une certaine région $D \subset \mathbb{R}^n$. Alors*

$$u(x_1,\ldots,x_n) := \sum_{k=1}^{m} c_k u_k(x_1,\ldots,x_n), \tag{7.53}$$

où c_k est une constante arbitraire pour $k = 1,\ldots,m$, est aussi une solution de l'équation dans D.

Remarques. i) Ce résultat se démontre comme la proposition 3.2.1.

ii) La proposition affirme que le résultat est vrai pour une somme finie quelconque de m solutions u_k. Cependant, nous supposerons par la suite que l'on peut prendre m égal à l'infini.

7.3.1 Méthode des similitudes

La méthode de séparation des variables peut être considérée comme un cas particulier de la *méthode des similitudes.* En deux dimensions, cette méthode consiste à supposer que la fonction $u(x,y)$ peut en fait être écrite comme suit:

$$u(x,y) := \phi(z), \tag{7.54}$$

où z est une fonction de x et y, par exemple $z = x^2 + y$. Le but de la méthode est de ramener l'équation aux dérivées partielles considérée à une équation différentielle *ordinaire.* Pour que la méthode puisse fonctionner, il faut que le problème à résoudre présente une certaine symétrie. Ainsi, dans le cas du problème (7.36), (7.37), on voit que l'on peut inverser le rôle des variables x et y sans modifier le problème.

De plus, comme la condition limite ne dépend que de la somme $x+y$, on essaie une solution de la forme en (7.54), avec

$$z := x + y. \tag{7.55}$$

L'équation (7.36) devient

$$\phi''(z) + \phi''(z) = 2\alpha\phi(z) \quad \Longleftrightarrow \quad \phi''(z) = \alpha\phi(z), \tag{7.56}$$

et la condition (7.37) est transformée en

$$\phi(z) = 1 \quad \text{si } z = 0. \tag{7.57}$$

On sait que la solution générale de (7.56) est

$$\phi(z) = c_1 e^{\sqrt{\alpha} z} + c_2 e^{-\sqrt{\alpha} z}, \tag{7.58}$$

et la condition (7.57) implique que $c_1 + c_2 = 1$, de sorte que

$$\phi(z) = c_1 e^{\sqrt{\alpha} z} + (1 - c_1) e^{-\sqrt{\alpha} z} \quad \text{pour } z \geq 0. \tag{7.59}$$

En fait, dans l'application en probabilités mentionnée ci-dessus, on doit avoir:

$$\lim_{x+y \to \infty} u(x, y) = 0, \tag{7.60}$$

ce qui implique que

$$\lim_{z \to \infty} \phi(z) = 0. \tag{7.61}$$

Puisque $\alpha > 0$ (par hypothèse), on déduit qu'il faut prendre $c_1 = 0$, et on retrouve alors la solution obtenue ci-dessus:

$$\phi(z) = e^{-\sqrt{\alpha} z} \quad \Longleftrightarrow \quad u(x, y) = e^{-\sqrt{\alpha}(x+y)} \quad \text{pour } x + y \geq 0. \tag{7.62}$$

Remarques. i) La méthode des similitudes ne peut fonctionner que si l'on peut exprimer (après simplification) tous les termes dans l'équation aux dérivées partielles en fonction de z seulement, *de même que* les conditions dans le problème.

ii) Si la méthode de séparation des variables fonctionne en écrivant que $u(x, y) = F(x)G(y)$, alors celle des similitudes fonctionne aussi. Il suffit de poser que

$$z = F(x)G(y), \tag{7.63}$$

et de prendre comme fonction ϕ la fonction identité:

$$\phi(z) = z. \tag{7.64}$$

Exercices

7-9. Déterminer si les équations aux dérivées partielles suivantes peuvent être ramenées à deux équations différentielles ordinaires par la méthode de séparation des variables:

(a) $u_x + u_{yy} = u$;

(b) $uu_x + u_{yy} = 0$;

(c) $u_x u_y + u_{xx} = u$;

(d) $uu_{xx} + y^2 u_{yy} = 0$;

(e) $(x + y)u_x + u_y = 0$.

7-10. Transformer l'équation aux dérivées partielles suivante en deux équations différentielles ordinaires et les résoudre:

$$xu_x + y^2 u_y = u \quad \text{pour } x > 0.$$

7-11. Déterminer si l'on peut résoudre les équations aux dérivées partielles suivantes par la méthode des similitudes, avec le choix indiqué pour la *variable de similitude* z:

(a) $u_x + xu_{yy} = 0$ pour $x^2 + y := z > 0$; $u(x, y) = 1$ si $x^2 + y = 0$.

(b) $u_{xx} + u_y = 0$ pour $x + y := z > 0$; $u(x, y) = x$ si $x + y = 0$.

7-12. Soit r une constante positive. Résoudre l'équation aux dérivées partielles

$$xu_x + yu_y = 2u \quad \text{pour } 0 \leq x^2 + y^2 < r^2,$$

avec la condition limite $u(x, y) = 1$ si $x^2 + y^2 = r^2$, en posant que $u(x, y) = \phi(z)$, où $z := x^2 + y^2$.

7.4 Équation de la chaleur

7.4.1 Dérivation de l'équation

On considère une tige conductrice de chaleur de longueur L. On suppose que la tige est suffisamment mince, comparée à sa longueur, pour que la température à un point donné de la tige ne dépende que de la position

$x \in [0, L]$ du point en question, et du temps t écoulé depuis l'instant initial $t_0 = 0$. Enfin, on suppose que la tige est totalement isolée sur sa longueur. On dénote par $u(x,t)$ la température au point x, à l'instant t.

Nous allons utiliser trois lois fondamentales de la physique.

I. Loi de conservation de l'énergie. Puisque la tige est totalement isolée sur sa longueur, l'énergie thermique ne peut pénétrer dans la tige que par ses extrémités. Soit $e(x,t)$ la densité d'énergie thermique dans la tige à l'instant t et au point x. La quantité totale d'énergie thermique (à l'instant t) dans une partie de la tige située entre x et $x + \delta x$ est donnée par

$$E_T(t) = \int_x^{x+\delta x} e(z,t)\,dz. \tag{7.65}$$

Ensuite, soit $f(x,t)$ le *flux de chaleur*, soit la quantité de chaleur qui s'écoule le long de la tige pendant une unité de temps. La chaleur se déplace de la partie la plus chaude de la tige à la plus froide. Si le transfert de chaleur se fait de gauche à droite (respectivement de droite à gauche), on supposera que $f(x,t)$ est positif (resp. négatif).

On déduit de la loi de conservation de l'énergie thermique que

$$\frac{\partial}{\partial t}\int_x^{x+\delta x} e(z,t)\,dz = f(x,t) - f(x+\delta x, t). \tag{7.66}$$

En effet, la dérivée ci-dessus est le taux de variation de l'énergie thermique dans la section de la tige considérée. Ce taux de variation doit être égal au flux de chaleur total. Or, $f(x,t)$ est le flux de chaleur qui entre dans la section de la tige à partir de son extrémité gauche, et $-f(x+\delta x, t)$ est le flux de chaleur qui entre à partir de son extrémité droite.

Il s'ensuit, en supposant que l'on peut entrer la dérivée à l'intérieur de l'intégrale, que

$$\frac{1}{\delta x}\int_x^{x+\delta x} \frac{\partial}{\partial t} e(z,t)\,dz = \frac{f(x,t) - f(x+\delta x,t)}{\delta x}. \tag{7.67}$$

En prenant la limite lorsque δx décroît vers zéro, on obtient que

$$\frac{\partial}{\partial x}\int^x \frac{\partial}{\partial t} e(z,t)\,dz = -\frac{\partial f(x,t)}{\partial x}. \tag{7.68}$$

C'est-à-dire que

$$\frac{\partial}{\partial t} e(x,t) = -\frac{\partial f(x,t)}{\partial x}. \tag{7.69}$$

II. Loi constitutive. On a trouvé expérimentalement que, pour la plupart des matériaux, la densité d'énergie thermique est proportionnelle à la température, de sorte que

$$e(x,t) = \rho c u(x,t), \tag{7.70}$$

où ρ est la densité du matériau, soit sa masse par unité de longueur, et c est sa *chaleur spécifique*, c'est-à-dire la quantité d'énergie thermique requise pour augmenter la température d'une unité de masse du matériau d'une unité.

Remarque. En fait, les quantités ρ et c dépendent généralement de x. Ici, nous supposons que la tige est faite d'un matériau uniforme. De plus, ρ et c peuvent aussi dépendre de t, ce qui produirait une équation aux dérivées partielles beaucoup plus compliquée.

III. Loi de Fourier. Pour de nombreux matériaux, on a la relation suivante entre le flux de chaleur (traversant une surface unitaire) et la température:

$$f(x,t) = -\kappa \frac{\partial}{\partial x} u(x,t), \tag{7.71}$$

où κ est la *conductivité thermique* de la tige. Ainsi, l'énergie thermique se déplace de la partie chaude à la partie froide à un taux qui est proportionnel au taux de variation de la température.

À partir des équations (7.69), (7.70) et (7.71), on déduit que

$$\rho c \frac{\partial}{\partial t} u(x,t) = \kappa \frac{\partial^2}{\partial x^2} u(x,t). \tag{7.72}$$

En posant que

$$\alpha = \frac{\kappa}{\rho c}, \tag{7.73}$$

l'équation ci-dessus devient

$$\frac{\partial}{\partial t} u(x,t) = \alpha \frac{\partial^2}{\partial x^2} u(x,t), \tag{7.74}$$

qui est l'équation de diffusion de la chaleur. La quantité positive α est la *diffusivité thermique* de la tige.

7.4.2 Cas où la température est nulle aux extrémités

Nous allons considérer plusieurs possibilités au sujet des conditions limites associées à l'équation de la chaleur. D'abord, on fait l'hypothèse que les deux extrémités de la tige sont maintenues à la température nulle. De plus, on suppose que la température initiale au point x de la tige est connue et est donnée par la fonction $f(x)$. On peut, sans perte de généralité, supposer que la constante α dans l'équation (7.74) est égale à 1. En effet, si $\alpha \neq 1$, il suffit de faire le changement de variable $t^* = \alpha t$ pour faire en sorte que α prenne la valeur 1.

Le problème que nous devons résoudre est donc le suivant:

$$\left.\begin{array}{rll} u_t = & u_{xx} & \text{pour } x \in (0, L) \text{ et } t > 0, \\ u(0,t) = & u(L,t) = 0 & \text{pour } t \geq 0, \\ u(x,0) = & f(x) & \text{pour } x \in (0, L). \end{array}\right\} \tag{7.75}$$

Remarque. On dit que les conditions limites sont *homogènes*. On a donc un problème aux valeurs limites et de valeur initiale, soit la condition $u(x,0) = f(x)$.

Nous allons utiliser la méthode de séparation des variables pour résoudre le problème énoncé ci-dessus. C'est-à-dire que l'on suppose que

$$u(x,t) = F(x)G(t). \tag{7.76}$$

Il s'ensuit que l'équation de la chaleur devient

$$F(x)G'(t) = F''(x)G(t) \quad \Longrightarrow \quad \frac{F''(x)}{F(x)} = \frac{G'(t)}{G(t)} \tag{7.77}$$

[en supposant que $u(x,t)$ n'est pas identique à zéro lorsque $x \in (0, L)$ et $t > 0$]. Puisque F (respectivement G) ne dépend que de x (resp. t), on déduit de ce qui précède que

$$\frac{F''(x)}{F(x)} = \frac{G'(t)}{G(t)} = \lambda, \tag{7.78}$$

où λ est la constante de séparation. Ainsi, nous devons résoudre deux équations différentielles ordinaires:

$$F''(x) = \lambda F(x) \tag{7.79}$$

et

$$G'(t) = \lambda G(t). \tag{7.80}$$

Cette dernière équation est une équation différentielle d'ordre un, linéaire, et homogène (dans le sens que tous les termes font intervenir G ou sa dérivée). Sa solution générale est

$$G(t) = ce^{\lambda t}, \tag{7.81}$$

où c est une constante arbitraire.

Ensuite, nous avons rencontré l'équation (7.79) dans la section 7.2 (et la section 7.3). Notons que les conditions limites peuvent être écrites comme suit:

$$F(0)G(t) = F(L)G(t) = 0 \quad \text{pour tout } t \geq 0. \tag{7.82}$$

Pour satisfaire à ces conditions, il faut que $F(0) = F(L) = 0$. Par conséquent, nous avons un problème aux valeurs limites de type homogène à résoudre:

$$F''(x) = \lambda F(x), \quad \text{avec } F(0) = F(L) = 0. \tag{7.83}$$

On déduit des équations (7.25) et (7.26) que si

$$\lambda_n := -\frac{n^2\pi^2}{L^2} \quad \text{pour } n = 1, 2, \ldots, \tag{7.84}$$

alors la solution du problème en question est donnée par

$$F_n(x) := k_n \sin(n\pi x/L) \quad \text{pour } n = 1, 2, \ldots. \tag{7.85}$$

On peut choisir la constante k_n égale à 1, car nous allons multiplier $F_n(x)$ par la fonction $G(t)$, dans laquelle apparaît déjà une constante arbitraire.

Maintenant, ce qui précède implique que

$$u_n(x,t) := F_n(x)G_n(t), \tag{7.86}$$

où

$$G_n(t) := c_n e^{\lambda_n t}, \tag{7.87}$$

est une solution de l'équation de la chaleur qui satisfait aux conditions limites $u(0,t) = u(L,t) = 0$ pour tout $t \geq 0$. Cependant, à moins que la fonction $f(x)$ soit de la forme

$$f(x) = c_n \sin(n\pi x/L) \tag{7.88}$$

pour un $n \in \{1, 2, \ldots\}$, aucune de ces solutions ne satisfait à la condition initiale.

Remarque. On pourrait aussi satisfaire à la condition initiale si f était une combinaison linéaire de fonctions $\sin(n\pi x/L)$. Toutefois, en général, on ne peut pas satisfaire à $u(x,0) = f(x)$ pour tout $x \in (0, L)$ en utilisant un nombre fini de solutions particulières $u_n(x,t)$.

On considère alors une somme infinie de solutions particulières $u_n(x,t)$. C'est-à-dire que l'on pose

$$u(x,t) = \sum_{n=1}^{\infty} u_n(x,t) = \sum_{n=1}^{\infty} c_n \sin(n\pi x/L) e^{\lambda_n t}. \tag{7.89}$$

Par le principe de superposition (étendu au cas infini), on peut affirmer que $u(x,t)$ satisfait aussi à l'équation de la chaleur et aux conditions limites $u(0,t) = u(L,t) = 0$. Il nous reste à trouver des constantes c_n telles que

$$u(x,0) = \sum_{n=1}^{\infty} u_n(x,0) = \sum_{n=1}^{\infty} c_n \sin(n\pi x/L) = f(x). \tag{7.90}$$

Notons que la somme infinie est une série de Fourier sinus. Par conséquent, nous aurons la solution cherchée si nous trouvons la série de Fourier (sinus) du prolongement périodique impair de la fonction f, comme nous l'avons défini dans la section 6.4 [voir l'équation (6.55)]. Ainsi, les coefficients c_n sont donnés par la formule [voir (6.49)]

$$c_n = \frac{2}{L} \int_0^L f(x) \sin\left(\frac{n\pi}{L} x\right) dx \quad \text{pour } n = 1, 2, \ldots. \tag{7.91}$$

Donc, la solution du problème défini en (7.75) est

$$u(x,t) = \sum_{n=1}^{\infty} \left[\frac{2}{L} \int_0^L f(x) \sin\left(\frac{n\pi}{L} x\right) dx\right] \sin\left(\frac{n\pi}{L} x\right) \exp\left\{-\frac{n^2\pi^2}{L^2} t\right\}. \tag{7.92}$$

Notons que

$$\lim_{t\to\infty} u(x,t) = 0 \tag{7.93}$$

pour toute fonction $f(x)$, ce qui est logique, car la température des extrémités est toujours nulle.

7.4.3 Cas où la température n'est pas nulle aux deux extrémités

Nous allons maintenant modifier le problème considéré dans la sous-section précédente en supposant que l'extrémité gauche (respectivement droite) de la tige est maintenue à la température constante T_0 (resp. T_L), où au moins une des deux constantes est non nulle. Dans ce cas, les conditions limites sont *non homogènes*. Sous forme mathématique, le problème s'écrit comme suit:

$$\left.\begin{aligned} u_t &= u_{xx} \text{ pour } x \in (0,L) \text{ et } t > 0, \\ u(0,t) &= T_0 \quad \text{pour } t \geq 0, \\ u(L,t) &= T_L \quad \text{pour } t \geq 0, \\ u(x,0) &= f(x) \text{ pour } x \in (0,L). \end{aligned}\right\} \tag{7.94}$$

Pour résoudre ce problème, il suffit de faire une transformation qui nous ramène au cas étudié dans la sous-section précédente. Soit

$$v(x,t) = u(x,t) - T_0 - (T_L - T_0)\frac{x}{L}. \tag{7.95}$$

On a:

$$\frac{\partial}{\partial t}v(x,t) = \frac{\partial}{\partial t}u(x,t) \quad \text{et} \quad \frac{\partial^2}{\partial x^2}v(x,t) = \frac{\partial^2}{\partial x^2}u(x,t). \tag{7.96}$$

De plus,

$$v(0,t) = u(0,t) - T_0 - (T_L - T_0)\frac{0}{L} = T_0 - T_0 = 0 \tag{7.97}$$

et

$$v(L,t) = u(L,t) - T_0 - (T_L - T_0)\frac{L}{L} = T_L - T_L = 0. \tag{7.98}$$

Enfin, la condition initiale est transformée en

$$v(x,0) = u(x,0) - T_0 - (T_L - T_0)\frac{x}{L} = f(x) - T_0 - (T_L - T_0)\frac{x}{L}. \tag{7.99}$$

Par conséquent, le problème défini en (7.94) devient

$$\left.\begin{aligned} v_t &= v_{xx} \quad \text{pour } x \in (0,L) \text{ et } t > 0, \\ v(0,t) &= 0 \quad \text{pour } t \geq 0, \\ v(L,t) &= 0 \quad \text{pour } t \geq 0, \\ v(x,0) &= f^*(x) \text{ pour } x \in (0,L), \end{aligned}\right\} \tag{7.100}$$

où

$$f^*(x) := f(x) - T_0 - (T_L - T_0)\frac{x}{L}. \tag{7.101}$$

On déduit de la sous-section 7.4.2 que la fonction $v(x,t)$ est donnée par

$$v(x,t) = \sum_{n=1}^{\infty} \left[\frac{2}{L}\int_0^L f^*(x)\sin\left(\frac{n\pi}{L}x\right)dx\right]\sin\left(\frac{n\pi}{L}x\right)\exp\left\{-\frac{n^2\pi^2}{L^2}t\right\}. \tag{7.102}$$

Finalement, la solution cherchée est

$$u(x,t) = v(x,t) + T_0 + (T_L - T_0)\frac{x}{L}. \tag{7.103}$$

Cette fois-ci, on trouve que

$$\lim_{t\to\infty} u(x,t) = T_0 + (T_L - T_0)\frac{x}{L}. \tag{7.104}$$

C'est-à-dire que la température au point x de la tige tend vers la valeur obtenue par *interpolation linéaire* entre les points $(0, T_0)$ et (L, T_L).

7.4.4 Cas où la température est nulle à gauche et oscillante à droite

La prochaine situation que nous considérons est la suivante (voir Saucier et Laforest, p. 14): à l'instant initial, la température est nulle en tout point de la tige. Comme dans la sous-section 7.4.2, l'extrémité gauche de la tige est maintenue à la température nulle. Cependant, on suppose que

$$u(L,t) = \sin(\omega t) \quad \text{pour } t \geq 0. \tag{7.105}$$

C'est-à-dire qu'à partir de $t = 0$, on applique une source de chaleur à l'extrémité droite de la tige de façon que la température à cette extrémité oscillera selon la fonction $\sin(\omega t)$. On désire donc résoudre le problème défini par

$$\left.\begin{array}{ll} u_t = u_{xx} & \text{pour } x \in (0,L) \text{ et } t > 0, \\ u(0,t) = 0 & \text{pour } t \geq 0, \\ u(L,t) = \sin(\omega t) & \text{pour } t \geq 0, \\ u(x,0) = 0 & \text{pour } x \in (0,L). \end{array}\right\} \tag{7.106}$$

Comme nous l'avons fait dans la sous-section précédente, nous allons effectuer une transformation pour simplifier le problème. Il y a diverses transformations possibles. Ici, nous posons que

$$v(x,t) = u(x,t) - \frac{x}{L}\sin(\omega t). \tag{7.107}$$

On calcule

$$\frac{\partial}{\partial t}v(x,t) = \frac{\partial}{\partial t}u(x,t) - \frac{x}{L}\omega\cos(\omega t) \tag{7.108}$$

et

$$\frac{\partial^2}{\partial x^2}v(x,t) = \frac{\partial^2}{\partial x^2}u(x,t). \tag{7.109}$$

De plus, les conditions limites sont maintenant

$$v(0,t) = u(0,t) - \frac{0}{L}\sin(\omega t) = 0 \tag{7.110}$$

et

$$v(L,t) = u(L,t) - \frac{L}{L}\sin(\omega t) = \sin(\omega t) - \sin(\omega t) = 0, \tag{7.111}$$

tandis que la condition initiale devient

$$v(x,0) = u(x,0) - \frac{x}{L}\sin(\omega 0) = 0 - 0 = 0. \tag{7.112}$$

Donc, le problème en (7.106) est transformé comme suit:

$$\left.\begin{array}{ll} v_t - v_{xx} = -(x/L)\omega\cos(\omega t) & \text{pour } x \in (0,L) \text{ et } t > 0, \\ v(0,t) = 0 & \text{pour } t \geq 0, \\ v(L,t) = 0 & \text{pour } t \geq 0, \\ v(x,0) = 0 & \text{pour } x \in (0,L). \end{array}\right\} \tag{7.113}$$

Ainsi, nous avons réussi à obtenir des conditions limites homogènes. Cependant, l'équation aux dérivées partielles est maintenant *non homogène*. Ce type d'é.d.p. est généralement difficile à résoudre. Dans le cas qui nous intéresse, la solution peut encore une fois être obtenue à l'aide des séries de Fourier.

D'abord, on considère le problème homogène correspondant à celui ci-dessus, soit

$$\left.\begin{array}{ll} w_t = w_{xx} & \text{pour } x \in (0,L) \text{ et } t > 0, \\ w(0,t) = 0 & \text{pour } t \geq 0, \\ w(L,t) = 0 & \text{pour } t \geq 0, \\ w(x,0) = f(x) & \text{pour } x \in (0,L), \end{array}\right\} \tag{7.114}$$

où $f(x)$ est une fonction quelconque. Notons que ce problème est similaire à celui défini en (7.75). Par conséquent, on déduit de (7.92) que la fonction $w(x,t)$ est de la forme

$$w(x,t)=\sum_{n=1}^{\infty} w_n(t)\sin\left(\frac{n\pi}{L}x\right). \tag{7.115}$$

En nous basant sur ce résultat, nous allons essayer de trouver une solution dans le cas non homogène de la forme

$$v(x,t)=\sum_{n=1}^{\infty} v_n(t)\sin\left(\frac{n\pi}{L}x\right). \tag{7.116}$$

On a:

$$v(0,t)=\sum_{n=1}^{\infty} v_n(t)\sin\left(\frac{n\pi}{L}0\right)=\sum_{n=1}^{\infty} v_n(t)\cdot 0=0 \tag{7.117}$$

et

$$v(L,t)=\sum_{n=1}^{\infty} v_n(t)\sin\left(\frac{n\pi}{L}L\right)=\sum_{n=1}^{\infty} v_n(t)\cdot 0=0. \tag{7.118}$$

Ainsi, la fonction $v(x,t)$ satisfait aux conditions limites, peu importent les fonctions $v_n(t)$ que nous allons déterminer. De plus, il faut que

$$0=v(x,0)=\sum_{n=1}^{\infty} v_n(0)\sin\left(\frac{n\pi}{L}x\right). \tag{7.119}$$

Puisque cette équation doit être vérifiée pour toutes les valeurs de x dans l'intervalle $(0,L)$, on pose que

$$v_n(0)=0 \quad \text{pour tout } n\in\{1,2,\ldots\}. \tag{7.120}$$

Ensuite, on calcule

$$v_{xx}=-\sum_{n=1}^{\infty} v_n(t)\left(\frac{n\pi}{L}\right)^2\sin\left(\frac{n\pi}{L}x\right) \tag{7.121}$$

et

$$v_t=\sum_{n=1}^{\infty} v_n'(t)\sin\left(\frac{n\pi}{L}x\right). \tag{7.122}$$

De là, on déduit qu'il faut choisir les fonctions $v_n(t)$ de façon que

$$\sum_{n=1}^{\infty}\left[v_n'(t)+\left(\frac{n\pi}{L}\right)^2 v_n(t)\right]\sin\left(\frac{n\pi}{L}x\right)=-\frac{x}{L}\omega\cos(\omega t). \tag{7.123}$$

Maintenant, on peut définir le prolongement périodique impair de la fonction $-\frac{x}{L}\omega\cos(\omega t)$ considérée au départ dans l'intervalle $(0, L)$, puis développer cette fonction en série de Fourier sinus [voir (6.48) et (6.49)]:

$$-\frac{x}{L}\omega\cos(\omega t) = \sum_{n=1}^{\infty} b_n \sin\left(\frac{n\pi}{L}x\right), \tag{7.124}$$

où

$$\begin{aligned} b_n &= \frac{2}{L}\int_0^L -\frac{x}{L}\omega\cos(\omega t)\sin\left(\frac{n\pi}{L}x\right)dx \\ &= -\frac{2}{L^2}\omega\cos(\omega t)\int_0^L x\sin\left(\frac{n\pi}{L}x\right)dx \\ &= -\frac{2}{L^2}\omega\cos(\omega t)\left[-x\frac{L}{n\pi}\cos\left(\frac{n\pi}{L}x\right)\Big|_0^L + \frac{L}{n\pi}\int_0^L\cos\left(\frac{n\pi}{L}x\right)dx\right] \\ &= -\frac{2}{L^2}\omega\cos(\omega t)\left[-\frac{L^2}{n\pi}(-1)^n + 0\right] \\ &= \frac{2\omega}{n\pi}(-1)^n\cos(\omega t) \end{aligned} \tag{7.125}$$

pour $n = 1, 2, \ldots$.

On déduit alors de (7.123) que les fonctions $v_n(t)$ doivent être telles que

$$v_n'(t) + \left(\frac{n\pi}{L}\right)^2 v_n(t) = \frac{2\omega}{n\pi}(-1)^n\cos(\omega t). \tag{7.126}$$

On doit trouver la solution de cette équation différentielle linéaire, d'ordre un, et non homogène qui satisfait à la condition initiale [voir (7.120)] $v_n(0) = 0$.

Soit

$$p_0 = \left(\frac{n\pi}{L}\right)^2. \tag{7.127}$$

La solution générale de (7.126) est [voir (2.41) et (2.56)]

$$\begin{aligned} v_n(t) &= e^{-p_0 t}\int e^{p_0 t}\frac{2\omega}{n\pi}(-1)^n\cos(\omega t)\,dt + c_n e^{-p_0 t} \\ &= \frac{2\omega}{n\pi}(-1)^n e^{-p_0 t}\int e^{p_0 t}\cos(\omega t)\,dt + c_n e^{-p_0 t}. \end{aligned} \tag{7.128}$$

On trouve que

$$\int e^{p_0 t}\cos(\omega t)\,dt = \frac{1}{p_0^2+\omega^2}\left\{e^{p_0 t}\left[p_0\cos(\omega t) + \omega\sin(\omega t)\right]\right\}. \tag{7.129}$$

Alors

$$v_n(t) = \frac{2\omega}{n\pi}(-1)^n \frac{1}{p_0^2+\omega^2}\left[p_0 \cos(\omega t) + \omega \sin(\omega t)\right] + c_n e^{-p_0 t}. \quad (7.130)$$

Il s'ensuit que

$$0 = v_n(0) = \frac{2\omega}{n\pi}(-1)^n \frac{1}{p_0^2+\omega^2}(p_0 + 0) + c_n, \quad (7.131)$$

de sorte que

$$\begin{aligned} c_n &= -\frac{2\omega}{n\pi}(-1)^n \frac{p_0}{p_0^2+\omega^2} = \frac{2\omega}{n\pi}(-1)^{n+1} \frac{(n\pi/L)^2}{\left[(n\pi/L)^2\right]^2+\omega^2} \\ &= (-1)^{n+1} \frac{2n\pi\omega L^2}{n^4\pi^4+\omega^2 L^4}. \end{aligned} \quad (7.132)$$

On a donc trouvé la solution du problème considéré dans cette sous-section:

$$\begin{aligned} u(x,t) = \frac{x}{L}\sin(\omega t) + \sum_{n=1}^{\infty}\Bigg(&(-1)^n \frac{2\omega L^4}{(n\pi)(n^4\pi^4+\omega^2 L^4)} \\ &\times \left[\left(\frac{n\pi}{L}\right)^2 \cos(\omega t) + \omega \sin(\omega t)\right] \\ &+ c_n \exp\left\{-\left(\frac{n\pi}{L}\right)^2 t\right\}\Bigg) \sin\left(\frac{n\pi}{L}x\right), \end{aligned} \quad (7.133)$$

où la constante c_n est donnée ci-dessus. On peut réécrire cette solution comme suit:

$$\begin{aligned} u(x,t) = \frac{x}{L}\sin(\omega t) + \sum_{n=1}^{\infty}\Bigg(c_n \left[\exp\left\{-\left(\frac{n\pi}{L}\right)^2 t\right\} - \cos(\omega t)\right] \\ + (-1)^n \frac{2\omega^2 L^4}{(n\pi)(n^4\pi^4+\omega^2 L^4)} \sin(\omega t)\Bigg) \sin\left(\frac{n\pi}{L}x\right). \end{aligned} \quad (7.134)$$

Quand t est très grand, on peut écrire que

$$\begin{aligned} u(x,t) \simeq \sum_{n=1}^{\infty}(-1)^n \frac{2n\pi\omega L^2}{n^4\pi^4+\omega^2 L^4}\left[\cos(\omega t) + \frac{\omega L^2}{n^2\pi^2}\sin(\omega t)\right] \sin\left(\frac{n\pi}{L}x\right) \\ + \frac{x}{L}\sin(\omega t). \end{aligned} \quad (7.135)$$

7.4.5 Cas où les extrémités sont isolées

Dans le dernier cas particulier que nous considérons, nous supposons que les deux extrémités de la tige sont isolées thermiquement. On déduit alors de la loi de Fourier [voir l'équation (7.71)] que

$$0 = f(0,t) = -\kappa \left.\frac{\partial}{\partial x}u(x,t)\right|_{x=0}, \tag{7.136}$$

ce qui implique que

$$u_x(0,t) = 0. \tag{7.137}$$

De même, on a:

$$u_x(L,t) = 0. \tag{7.138}$$

On peut donc énoncer le problème considéré comme suit:

$$\left.\begin{aligned} u_t &= u_{xx} \text{ pour } x \in (0,L) \text{ et } t > 0, \\ u_x(0,t) &= 0 \quad \text{ pour } t \geq 0, \\ u_x(L,t) &= 0 \quad \text{ pour } t \geq 0, \\ u(x,0) &= f(x) \text{ pour } x \in [0,L]. \end{aligned}\right\} \tag{7.139}$$

Notons que les conditions limites sont homogènes et que l'on suppose encore une fois que la température initiale au point x de la tige est donnée par une fonction (connue) $f(x)$.

Comme dans les sous-sections précédentes, nous allons faire appel à la méthode de séparation des variables. En posant que $u(x,t) = F(x)G(t)$, on trouve que

$$F''(x) = \lambda F(x) \quad \text{et} \quad G'(t) = \lambda G(t). \tag{7.140}$$

Ensuite, les conditions limites pour l'équation différentielle que vérifie la fonction F sont

$$F'(0) = F'(L) = 0. \tag{7.141}$$

Celles-ci découlent des conditions

$$F'(0)G(t) = F'(L)G(t) = 0 \quad \text{pour tout } t \geq 0. \tag{7.142}$$

En procédant comme nous l'avons fait dans la section 7.2, on trouve que les solutions de l'équation $F''(x) = \lambda F(x)$ qui satisfont aux conditions en (7.141) sont les fonctions propres de la forme

$$F_n(x) := \cos\left(\frac{n\pi}{L}x\right), \tag{7.143}$$

lesquelles correspondent aux valeurs propres

$$\lambda_n := -\left(\frac{n\pi}{L}\right)^2 \quad \text{pour } n = 0, 1, \ldots . \tag{7.144}$$

Remarque. Notons que dans ce cas l'indice n commence à 0, plutôt qu'à 1, car $\cos(0)$ n'est pas nul.

Maintenant, on sait que la solution générale de la deuxième équation différentielle en (7.140) est donnée, pour chaque valeur propre λ_n, par

$$G_n(t) := c_n e^{\lambda_n t}, \tag{7.145}$$

où c_n est une constante arbitraire. Alors on obtient une infinité de solutions particulières de l'équation de la chaleur qui satisfont aux conditions limites $u_x(0,t) = u_x(L,t) = 0$, soit

$$u_n(x,t) := c_n \cos\left(\frac{n\pi}{L}x\right) e^{\lambda_n t} \tag{7.146}$$

pour $n = 0, 1, \ldots$. Il nous reste à trouver les constantes c_n qui feront en sorte que la condition initiale $u(x,0) = f(x)$ sera aussi vérifiée. Pour ce faire, nous considérons le prolongement périodique pair de la fonction f, puis nous le développons en série de Fourier cosinus.

On utilise le principe de superposition pour affirmer que

$$u(x,t) := \sum_{n=0}^{\infty} u_n(x,t) = \sum_{n=0}^{\infty} c_n \cos\left(\frac{n\pi}{L}x\right) e^{\lambda_n t} \tag{7.147}$$

satisfait à l'équation de la chaleur et aux conditions limites $u_x(0,t) = u_x(L,t) = 0$. Puisque $\lambda_0 = 0$, on peut réécrire $u(x,t)$ sous la forme

$$u(x,t) = \frac{1}{2}a_0 + \sum_{n=1}^{\infty} a_n \cos\left(\frac{n\pi}{L}x\right) e^{\lambda_n t} \tag{7.148}$$

(en posant que $c_0 = a_0/2$, et $c_n = a_n$ pour $n = 1, 2, \ldots$). Ainsi,

$$u(x,0) = \frac{1}{2}a_0 + \sum_{n=1}^{\infty} a_n \cos\left(\frac{n\pi}{L}x\right). \tag{7.149}$$

Finalement, on a vu que la série de Fourier cosinus du prolongement périodique pair de f est

$$f(x) = \frac{1}{2}a_0 + \sum_{n=1}^{\infty} a_n \cos\left(\frac{n\pi}{L}x\right),$$

avec

$$a_n = \frac{2}{L}\int_0^L f(x)\cos\left(\frac{n\pi}{L}x\right)dx \quad \text{pour } n = 0, 1, \ldots.$$

Nous avons donc les formules requises pour calculer les coefficients a_n pour tout n. Ainsi, la solution cherchée est

$$u(x,t) = \frac{1}{L}\int_0^L f(x)dx + \sum_{n=1}^{\infty}\left(\left[\frac{2}{L}\int_0^L f(x)\cos\left(\frac{n\pi}{L}x\right)dx\right] \times \cos\left(\frac{n\pi}{L}x\right)\exp\left\{-\left(\frac{n\pi}{L}\right)^2 t\right\}\right). \tag{7.150}$$

On a:

$$\lim_{t\to\infty} u(x,t) = \frac{1}{L}\int_0^L f(x)dx. \tag{7.151}$$

C'est-à-dire que la température en tout point de la tige tendra vers la valeur moyenne de la température initiale le long de cette tige, ce qui découle du fait que la tige est isolée à ses extrémités et aussi sur toute sa longueur (par hypothèse).

Exercices

7-13. (a) Donner la solution explicite du problème défini dans la sous-section 7.4.2 dans le cas où

$$f(x) = x \quad \text{pour } 0 < x < L.$$

(b) Soit

$$U(x,s) = \int_0^{\infty} e^{-st}u(x,t)dt.$$

C'est-à-dire que $U(x,s)$ est la transformée de Laplace (par rapport à la variable indépendante t) de la fonction $u(x,t)$. Trouver la fonction $U(x,s)$ directement à partir de l'équation de la chaleur (en prenant la transformée de Laplace des deux membres de l'équation).

7-14. Calculer la fonction $u(x,t)$ dans les problèmes définis dans les sous-sections (a) 7.4.2 et (b) 7.4.5 si

$$f(x) = \begin{cases} x & \text{si } 0 < x < \pi/2, \\ \pi - x & \text{si } \pi/2 \leq x < \pi. \end{cases}$$

7-15. (a) Trouver la transformée de Laplace $U(x,s)$ par rapport à t (pour $s > 0$) de la solution $u(x,t)$ du problème

$$\begin{aligned} u_t &= u_{xx} - u \text{ pour } x > 0 \text{ et } t > 0, \\ u_x(0,t) &= -1 \qquad \text{pour } t \geq 0, \\ u(x,0) &= 0 \qquad \text{pour } x \geq 0. \end{aligned}$$

Remarque. Supposer que $\lim_{x\to\infty} U(x,s) = 0$.

(b) Supposons que

$$u(x,t) = v(x,t)\,w(t).$$

Trouver la fonction $w(t)$ qui transforme l'équation aux dérivées partielles de la partie (a) en équation de la chaleur pour $v(x,t)$.

7-16. On considère l'équation aux dérivées partielles

$$u_t = u_{xx} + k,$$

où $k > 0$ est une constante. De plus, $u(0,t) = u(\pi,t) = 0$ pour tout $t \geq 0$, et $u(x,0) = f(x)$ pour $x \in (0,\pi)$. Transformer ce problème en définissant

$$v(x,t) = u(x,t) + \frac{k}{2}x(x-\pi).$$

7-17. L'équation de la chaleur en deux dimensions est

$$u_t = c^2(u_{xx} + u_{yy}).$$

Pour résoudre cette équation aux dérivées partielles par la méthode de séparation des variables, on pose que

$$u(x,y,t) = F(x)G(y)H(t).$$

Trouver les équations différentielles ordinaires auxquelles les fonctions F, G et H satisfont.

7-18. Le laplacien en deux dimensions:

$$\nabla^2 \equiv \frac{\partial^2}{\partial x^2} + \frac{\partial^2}{\partial y^2}$$

s'exprime ainsi en coordonnées polaires:

$$\nabla^2 \equiv \frac{\partial^2}{\partial r^2} + \frac{1}{r}\frac{\partial}{\partial r} + \frac{1}{r^2}\frac{\partial^2}{\partial \theta^2}.$$

Écrire l'équation de la chaleur en deux dimensions (voir l'exercice précédent) en fonction des coordonnées polaires, et trouver les équations différentielles ordinaires obtenues en posant que

$$u(r, \theta, t) = F(r)G(\theta)H(t).$$

7-19. (a) Trouver la solution de l'équation de la chaleur

$$u_t = u_{xx}$$

obtenue en posant que $u(x,t) = \phi(z)$, où $z := x + t$.

(b) Montrer qu'il n'y a aucune solution de la forme $u(x,t) = \phi(z)$, avec $z := xt$.

7-20. Trouver, sans utiliser les séries de Fourier, la solution du problème

$$\begin{aligned} u_t &= u_{xx} + x \text{ pour } 0 < x < 1 \text{ et } t > 0, \\ u(0,t) &= 0 \qquad\qquad \text{pour } t \geq 0, \\ u(1,t) &= t \qquad\qquad \text{pour } t \geq 0, \\ u(x,0) &= 0 \qquad\qquad \text{pour } 0 < x < 1. \end{aligned}$$

Indication. Chercher une solution sous la forme $u(x,t) = F(x)G(t)$.

7.5 Utilisation de transformées intégrales

Lorsque les valeurs possibles de la variable indépendante x constituent un intervalle *infini*, on peut utiliser une transformée intégrale, comme celle de Laplace, pour obtenir la fonction $u(x,t)$. Puisqu'on suppose généralement que $t \geq 0$, on peut également parfois calculer au moins la transformée de Laplace par rapport à la variable t de $u(x,t)$ (voir les exercices 7-13 et 7-15 ci-dessus).

7.5.1 Résolution de l'équation de la chaleur à l'aide d'une transformée de Laplace

Supposons que la tige considérée dans la section précédente est extrêmement longue, de sorte que l'on pose $L = \infty$. Comme précédemment, on fait l'hypothèse que la tige est totalement isolée sur sa longueur. De plus, elle est maintenue à la température nulle jusqu'à l'instant initial $t = 0$. À cet instant, son extrémité gauche est placée en contact avec une source de chaleur qui la maintiendra à la température T_0.

Pour déterminer la valeur de la température $u(x,t)$ au point x de la tige à l'instant t, on peut essayer de résoudre le problème suivant:

$$\left.\begin{aligned} u_t &= u_{xx} \quad \text{pour } x > 0 \text{ et } t > 0, \\ \lim_{t\downarrow 0} u(x,t) &= 0 \quad\;\; \text{pour } x > 0, \\ \lim_{t\downarrow 0} u(x,t) &= T_0 \quad \text{pour } x = 0, \\ u(0,t) &= T_0 \quad \text{pour } t > 0, \\ \lim_{x\to\infty} u(x,t) &= 0 \quad\;\; \text{pour } t > 0. \end{aligned}\right\} \tag{7.152}$$

Par la deuxième loi de la thermodynamique, laquelle implique que la chaleur s'écoule continuellement de la partie chaude de la tige vers la partie froide, on peut affirmer que $u(x,t) \leq T_0$. Il s'ensuit que

$$\mathcal{L}\{u(x,t)\} := \int_0^\infty e^{-st} u(x,t)\, dt \leq T_0 \int_0^\infty e^{-st}\, dt. \tag{7.153}$$

Ainsi, la transformée de Laplace (par rapport à t) de la fonction $u(x,t)$ existe pour tout $s > 0$. Comme au chapitre 5, on pose que

$$U(x,s) = \mathcal{L}\{u(x,t)\}. \tag{7.154}$$

En prenant la transformée de Laplace de chaque côté de l'équation de la chaleur $u_t = u_{xx}$, on obtient:

$$\int_0^\infty e^{-st} u_t(x,t)\, dt = \int_0^\infty e^{-st} u_{xx}(x,t)\, dt, \tag{7.155}$$

ce qui implique que

$$e^{-st} u(x,t)\big|_{t=0}^{\infty} + sU(x,s) = \int_0^\infty e^{-st} u_{xx}(x,t)\, dt. \tag{7.156}$$

On a (au moins pour $s > 0$):

$$e^{-st} u(x,t)\big|_0^\infty = 0 - u(x,0) = 0. \tag{7.157}$$

De plus, en supposant que l'on peut changer l'ordre de l'intégrale et de la dérivée seconde par rapport à x, on peut écrire que

$$\int_0^\infty e^{-st} u_{xx}(x,t)\,dt = \frac{\partial^2}{\partial x^2}\int_0^\infty e^{-st} u(x,t)\,dt = U_{xx}(x,s). \qquad (7.158)$$

Puisqu'il n'y a pas de dérivée par rapport à s dans l'équation transformée, on peut considérer ce paramètre comme une constante. On doit donc résoudre l'équation différentielle ordinaire

$$\frac{d^2}{dx^2}U(x,s) = sU(x,s). \qquad (7.159)$$

La solution générale de cette équation peut être écrite comme suit:

$$U(x,s) = c_1 e^{-\sqrt{s}x} + c_2 e^{\sqrt{s}x}, \qquad (7.160)$$

où c_1 et c_2 sont des constantes arbitraires. Pour satisfaire à la condition limite $\lim_{x\to\infty} u(x,t) = 0$ pour $t > 0$, il faut choisir la constante $c_2 = 0$ ci-dessus. Il s'ensuit que

$$U(x,s) = c_1 e^{-\sqrt{s}x}. \qquad (7.161)$$

Maintenant, étant donné que $u(0,t) = T_0$ pour $t > 0$, on a:

$$\begin{aligned} U(0,s) &= \int_0^\infty e^{-st} u(0,t)\,dt = T_0 \int_0^\infty e^{-st}\,dt \\ &= T_0 \frac{e^{-st}}{-s}\bigg|_0^\infty \overset{s>0}{=} \frac{T_0}{s}. \end{aligned} \qquad (7.162)$$

De là, on déduit que l'on doit choisir la constante $c_1 = T_0/s$, de sorte que

$$U(x,s) = \frac{T_0}{s} e^{-\sqrt{s}x} \quad \text{pour } x \geq 0. \qquad (7.163)$$

Pour obtenir la fonction $u(x,t)$, il nous reste à calculer la transformée de Laplace inverse de $U(x,s)$. On trouve, à l'aide d'un logiciel mathématique ou dans des tables de transformées de Laplace, que

$$\mathcal{L}^{-1}\left\{\frac{1}{s}e^{-\sqrt{s}x}\right\} = \frac{2}{\sqrt{\pi}}\int_{\frac{x}{2\sqrt{t}}}^\infty e^{-\tau^2}\,d\tau := \operatorname{erfc}\left(\frac{x}{2\sqrt{t}}\right). \qquad (7.164)$$

Il s'ensuit que

$$u(x,t) = T_0 \text{erfc}\left(\frac{x}{2\sqrt{t}}\right) \quad \text{pour } x \geq 0 \text{ et } t > 0. \tag{7.165}$$

Remarques. i) La fonction erf(x) est appelée *fonction d'erreur* et est définie par

$$\text{erf}(x) = \frac{2}{\sqrt{\pi}} \int_0^x e^{-\tau^2} d\tau. \tag{7.166}$$

La fonction erfc(x) est la *fonction d'erreur complémentaire.* On a la relation suivante:

$$\text{erfc}(x) = 1 - \text{erf}(x). \tag{7.167}$$

ii) Afin de s'assurer qu'il était bien permis de changer l'ordre de l'intégrale et de la dérivée seconde par rapport à x ci-dessus, il est bon de vérifier que la solution $u(x,t)$ obtenue satisfait effectivement à l'équation de la chaleur et aux conditions énoncées dans (7.152). Pour ce faire, nous allons d'abord nous servir de la *formule de Leibniz*: soit

$$I(y) = \int_{u_1(y)}^{u_2(y)} g(x,y)\, dx. \tag{7.168}$$

Alors, sous certaines conditions, on a:

$$\frac{dI(y)}{dy} = \int_{u_1(y)}^{u_2(y)} \frac{\partial g(x,y)}{\partial y} dx + g(u_2(y), y)\frac{du_2(y)}{dy} - g(u_1(y), y)\frac{du_1(y)}{dy}. \tag{7.169}$$

En utilisant cette formule, on obtient que

$$u_t(x,t) = \frac{\partial}{\partial t}\frac{2T_0}{\sqrt{\pi}} \int_{\frac{x}{2\sqrt{t}}}^{\infty} e^{-\tau^2} d\tau = -\frac{2T_0}{\sqrt{\pi}} \exp\left\{-\frac{x^2}{4t}\right\}\left(-\frac{x}{4t^{3/2}}\right). \tag{7.170}$$

De même,

$$u_x(x,t) = \frac{\partial}{\partial x}\frac{2T_0}{\sqrt{\pi}} \int_{\frac{x}{2\sqrt{t}}}^{\infty} e^{-\tau^2} d\tau = -\frac{2T_0}{\sqrt{\pi}} \exp\left\{-\frac{x^2}{4t}\right\}\left(-\frac{1}{2\sqrt{t}}\right) \tag{7.171}$$

et

$$u_{xx}(x,t) = \frac{2T_0}{\sqrt{\pi}} \exp\left\{-\frac{x^2}{4t}\right\}\left(\frac{1}{2\sqrt{t}}\right)\left(-\frac{x}{2t}\right). \tag{7.172}$$

Ainsi, on voit que la fonction $u(x,t)$ est bien telle que $u_t = u_{xx}$.

Ensuite, on peut écrire que

$$\lim_{x\to\infty} \operatorname{erfc}(x) = \lim_{x\to\infty} \frac{2}{\sqrt{\pi}} \int_x^{\infty} e^{-\tau^2}\, d\tau = 0. \tag{7.173}$$

Cela implique que

$$\lim_{t\downarrow 0} u(x,t) = \lim_{t\downarrow 0} T_0 \operatorname{erfc}\left(\frac{x}{2\sqrt{t}}\right) \overset{x\geq 0}{=} 0. \tag{7.174}$$

On a aussi:

$$u(0,t) \overset{t\geq 0}{=} T_0 \operatorname{erfc}(0) = T_0, \tag{7.175}$$

car

$$\operatorname{erfc}(0) = 1 - \operatorname{erf}(0) = 1 - \frac{2}{\sqrt{\pi}} \int_0^{0} e^{-\tau^2}\, d\tau = 1 - 0 = 1, \tag{7.176}$$

et

$$\lim_{t\downarrow 0} u(0,t) = \lim_{t\downarrow 0} T_0 = T_0. \tag{7.177}$$

Finalement,

$$\lim_{x\to\infty} u(x,t) = \lim_{x\to\infty} T_0 \operatorname{erfc}\left(\frac{x}{2\sqrt{t}}\right) = T_0 \times 0 = 0 \quad \text{pour } t > 0. \tag{7.178}$$

Nous avons donc trouvé une solution de l'équation de la chaleur qui satisfait à toutes les conditions dans (7.152).

7.5.2 Résolution de l'équation de la chaleur à l'aide d'une transformée de Fourier

Supposons maintenant qu'il n'y a aucune énergie thermique dans la tige jusqu'à l'instant initial $t = 0$. À cet instant, une source de chaleur entre en contact avec la tige en $x = x_0$ et une quantité e_0 d'énergie thermique est introduite dans la tige. On suppose que le point x_0 est très éloigné des deux extrémités de la tige, de sorte qu'on considère que celle-ci est infiniment longue. La quantité totale d'énergie thermique dans la tige à l'instant initial est donnée par

$$e_0 = \int_{-\infty}^{\infty} e(x,0)\, dx.$$

Puisque $e(x,0) = 0$ pour $x \neq x_0$, on déduit que

$$e(x,0) = e_0\,\delta(x - x_0),$$

où $\delta(\cdot)$ est la fonction delta de Dirac.

Remarque. La fonction $e(x,0)$ donne la *densité* d'énergie thermique, et non pas la quantité d'énergie thermique, à l'instant initial au point x. Ainsi, on ne peut pas écrire que $e(x_0,0) = e_0$, sinon on aurait [avec $e(x,0) = 0$ pour $x \neq x_0$]:

$$\int_{-\infty}^{\infty} e(x,0)\,dx = 0 \neq e_0.$$

On suppose qu'en $t = 0$ toute l'énergie thermique dans la tige, soit e_0, est concentrée en $x = x_0$. En fait, la quantité e_0 d'énergie thermique est introduite non seulement en x_0, mais dans un très petit intervalle $(x_0 - c, x_0 + c)$ autour de x_0. Il s'agit donc d'une approximation de la réalité.

Par la loi de conservation de l'énergie, on peut affirmer que

$$\lim_{x\to\pm\infty} e(x,t) = 0 \quad \forall t \geq 0.$$

Puisque la densité d'énergie thermique $e(x,t)$ est proportionnelle à la température $u(x,t)$, pour obtenir la fonction $e(x,t)$ on peut résoudre le problème suivant:

$$\left.\begin{aligned} e_t &= k\,e_{xx} && \text{pour } x \in \mathbb{R} \text{ et } t > 0,\\ e(x,0) &= e_0\,\delta(x - x_0) && \text{pour } x \in \mathbb{R},\\ \lim_{x\to\pm\infty} e(x,t) &= 0 && \text{pour } t > 0, \end{aligned}\right\} \tag{7.179}$$

où k est une constante positive.

Pour résoudre notre problème, nous allons nous servir d'une transformée intégrale appelée *transformée de Fourier*.

Définition 7.5.1. *La* **transformée de Fourier** *de la fonction f est la transformée intégrale*

$$F(\omega) := \mathcal{F}\{f(t)\} = \frac{1}{\sqrt{2\pi}} \int_{-\infty}^{\infty} e^{-i\omega t} f(t)\,dt, \tag{7.180}$$

où ω est un paramètre réel.

Remarques. i) L'intégrale impropre qui définit $F(\omega)$ est interprétée ainsi:

$$\int_{-\infty}^{\infty} e^{-i\omega t} f(t)\, dt = \lim_{b\to\infty} \int_{-b}^{b} e^{-i\omega t} f(t)\, dt. \tag{7.181}$$

ii) Contrairement à la transformée de Laplace, la formule pour la transformée de Fourier inverse est simple:

$$f(t) = \mathcal{F}^{-1}\{F(\omega)\} = \frac{1}{\sqrt{2\pi}} \int_{-\infty}^{\infty} e^{i\omega t} F(\omega)\, d\omega. \tag{7.182}$$

Certains auteurs définissent plutôt la transformée de Fourier par

$$F(\omega) = \frac{1}{2\pi} \int_{-\infty}^{\infty} e^{-i\omega t} f(t)\, dt. \tag{7.183}$$

Alors

$$f(t) = \int_{-\infty}^{\infty} e^{i\omega t} F(\omega)\, d\omega. \tag{7.184}$$

On a aussi:

$$F(\omega) = \int_{-\infty}^{\infty} e^{-2\pi i\omega t} f(t)\, dt \quad \text{et} \quad f(t) = \int_{-\infty}^{\infty} e^{2\pi i\omega t} F(\omega)\, d\omega. \tag{7.185}$$

La transformée de Laplace inverse peut être exprimée comme une intégrale complexe:

$$F(s) = \int_{0}^{\infty} e^{-st} f(t)\, dt \quad \Longrightarrow \quad f(t) = \frac{1}{2\pi i} \int_{\gamma - i\infty}^{\gamma + i\infty} e^{ts} F(s)\, ds, \tag{7.186}$$

où s est un paramètre complexe, et la constante γ doit être choisie de façon que les singularités de $F(s)$ soient toutes situées à la gauche de la droite $\mathrm{Re}(s) = \gamma$ dans le plan complexe. Dans ce qui précède, $\mathrm{Re}(s)$ dénote la partie réelle de s. La formule ci-dessus est appelée *formule d'inversion de Mellin.*

iii) Dans la sous-section précédente, la variable x prenait ses valeurs dans l'intervalle $[0, \infty)$. Alors il était naturel de faire appel aux transformées de Laplace. Ici $x \in (-\infty, \infty)$. Donc les transformées de Fourier sont appropriées pour trouver la solution du problème (7.179). Cependant, il existe d'autres transformées, par exemple la *transformée de Laplace bilatérale* définie par

$$F(s) = \int_{-\infty}^{\infty} e^{-st} f(t)\, dt. \tag{7.187}$$

Pour des fonctions définies sur $[0, \infty)$, on peut se servir des *transformées de Fourier cosinus* et *sinus* définies respectivement par

$$F_c(\omega) = \sqrt{\frac{2}{\pi}} \int_0^\infty \cos(\omega t) f(t) \, dt \tag{7.188}$$

et

$$F_s(\omega) = \sqrt{\frac{2}{\pi}} \int_0^\infty \sin(\omega t) f(t) \, dt. \tag{7.189}$$

En fait, ces transformées sont la transformée de Fourier d'une fonction $f(t)$ paire [pour $F_c(\omega)$] et impaire [multipliée par i, pour $F_s(\omega)$]. Les transformées inverses sont données par

$$f(t) = \sqrt{\frac{2}{\pi}} \int_0^\infty \cos(\omega t) F_c(\omega) \, d\omega \tag{7.190}$$

et

$$f(t) = \sqrt{\frac{2}{\pi}} \int_0^\infty \sin(\omega t) F_s(\omega) \, d\omega. \tag{7.191}$$

Finalement, d'autres auteurs définissent les transformées de Fourier cosinus et sinus comme étant respectivement la *partie réelle* et la *partie imaginaire* (multipliée par -1) de la transformée de Fourier. Dans ce cas, on aurait:

$$F_c(\omega) = \frac{1}{\sqrt{2\pi}} \int_{-\infty}^\infty \cos(\omega t) f(t) \, dt \tag{7.192}$$

et

$$F_s(\omega) = \frac{1}{\sqrt{2\pi}} \int_{-\infty}^\infty \sin(\omega t) f(t) \, dt. \tag{7.193}$$

On retrouve les formules (7.188) et (7.189) si $f(t)$ est respectivement paire ou impaire.

Maintenant, si on fait l'hypothèse que la fonction $e(x, t)$ dans (7.179) possède une transformée de Fourier par rapport à la variable x (ce qui peut en fait être justifié), on peut écrire que

$$\frac{1}{\sqrt{2\pi}} \int_{-\infty}^\infty e^{-i\omega x} e_t(x, t) \, dx = k \frac{1}{\sqrt{2\pi}} \int_{-\infty}^\infty e^{-i\omega x} e_{xx}(x, t) \, dx. \tag{7.194}$$

On suppose que

$$\frac{1}{\sqrt{2\pi}}\int_{-\infty}^{\infty} e^{-i\omega x}\, e_t(x,t)\,dx = \frac{1}{\sqrt{2\pi}}\frac{\partial}{\partial t}\int_{-\infty}^{\infty} e^{-i\omega x}\, e(x,t)\,dx := \frac{\partial}{\partial t}E(\omega,t). \tag{7.195}$$

Ensuite, on a:

$$\int_{-\infty}^{\infty} e^{-i\omega x}\, e_x(x,t)\,dx = e^{-i\omega x}\, e(x,t)\big|_{x=-\infty}^{\infty} + i\omega\int_{-\infty}^{\infty} e^{-i\omega x}\, e(x,t)\,dx. \tag{7.196}$$

Puisque $\lim_{x\to\pm\infty} e(x,t) = 0$ [voir (7.179)], on obtient que

$$\frac{1}{\sqrt{2\pi}}\int_{-\infty}^{\infty} e^{-i\omega x}\, e_x(x,t)\,dx = i\omega\, E(\omega,t). \tag{7.197}$$

De même, on peut accepter que

$$\begin{aligned}\int_{-\infty}^{\infty} e^{-i\omega x}\, e_{xx}(x,t)\,dx &= e^{-i\omega x}\, e_x(x,t)\big|_{x=-\infty}^{\infty} + i\omega\int_{-\infty}^{\infty} e^{-i\omega x}\, e_x(x,t)\,dx\\ &= 0 + i\omega\int_{-\infty}^{\infty} e^{-i\omega x}\, e_x(x,t)\,dx\\ &= -\omega^2\int_{-\infty}^{\infty} e^{-i\omega x}\, e(x,t)\,dx.\end{aligned} \tag{7.198}$$

Il s'ensuit que

$$\frac{1}{\sqrt{2\pi}}\int_{-\infty}^{\infty} e^{-i\omega x}\, e_{xx}(x,t)\,dx = -\omega^2\, E(\omega,t). \tag{7.199}$$

Remarque. On peut en fait montrer que les transformées de Fourier possèdent la propriété suivante:

$$\mathcal{F}\left\{\frac{d^n f(x)}{dx^n}\right\} = (i\omega)^n\, F(\omega). \tag{7.200}$$

Donc, nous devons résoudre l'équation différentielle *ordinaire* (car il n'y a qu'une dérivée par rapport à t)

$$\frac{d}{dt}E(\omega,t) = -k\omega^2\, E(\omega,t). \tag{7.201}$$

Sa solution générale est donnée par

$$E(\omega,t) = c_0\, e^{-k\omega^2 t}. \tag{7.202}$$

La constante c_0 est telle que

$$c_0 = E(\omega, 0) = \frac{1}{\sqrt{2\pi}} \int_{-\infty}^{\infty} e^{-i\omega x}\, e(x,0)\, dx$$
$$= \frac{1}{\sqrt{2\pi}} \int_{-\infty}^{\infty} e^{-i\omega x}\, e_0\, \delta(x - x_0)\, dx$$
$$= \frac{1}{\sqrt{2\pi}} e^{-i\omega x_0}\, e_0. \tag{7.203}$$

Ainsi,

$$E(\omega, t) = e_0 \frac{1}{\sqrt{2\pi}} e^{-i\omega x_0 - k\omega^2 t}. \tag{7.204}$$

Pour obtenir la fonction $e(x,t)$, il nous reste à calculer la transformée de Fourier inverse de $E(\omega, t)$. On a:

$$e(x,t) = \mathcal{F}^{-1}\left\{ e_0 \frac{1}{\sqrt{2\pi}} e^{-i\omega x_0 - k\omega^2 t} \right\}$$
$$= e_0 \frac{1}{2\pi} \int_{-\infty}^{\infty} e^{i\omega x}\, e^{-i\omega x_0 - k\omega^2 t}\, d\omega$$
$$= e_0 \frac{1}{2\pi} \int_{-\infty}^{\infty} e^{i\omega(x - x_0) - k\omega^2 t}\, d\omega$$
$$= e_0 \frac{1}{2\pi} \int_{-\infty}^{\infty} \exp\left\{ -kt \left[\omega - \frac{i(x - x_0)}{2kt} \right]^2 - \frac{(x - x_0)^2}{4kt} \right\} d\omega$$
$$= e_0 \frac{1}{2\pi} \exp\left\{ -\frac{(x - x_0)^2}{4kt} \right\}$$
$$\times \int_{-\infty}^{\infty} \exp\left\{ -kt \left[\omega - \frac{i(x - x_0)}{2kt} \right]^2 \right\} d\omega. \tag{7.205}$$

On peut montrer que

$$\int_{-\infty}^{\infty} \exp\left\{ -kt \left[\omega - \frac{i(x - x_0)}{2kt} \right]^2 \right\} d\omega = \sqrt{2\pi} \frac{1}{\sqrt{2kt}}. \tag{7.206}$$

Alors on trouve finalement que

$$e(x,t) = e_0 \frac{1}{2\pi} \exp\left\{ -\frac{(x - x_0)^2}{4kt} \right\} \sqrt{2\pi} \frac{1}{\sqrt{2kt}}$$
$$= e_0 \frac{1}{\sqrt{4\pi kt}} \exp\left\{ -\frac{(x - x_0)^2}{4kt} \right\} \tag{7.207}$$

pour $x \in \mathbb{R}$ et $t > 0$.

Remarques. i) On peut vérifier que la fonction $e(x,t)$ donnée dans (7.207) est telle que $e_t = k e_{xx}$. C'est-à-dire qu'elle satisfait à l'équation de la chaleur dans (7.179). De plus, on a:

$$\lim_{t\downarrow 0} e(x,t) = \lim_{t\downarrow 0} e_0 \frac{1}{\sqrt{4\pi kt}} \exp\left\{-\frac{(x-x_0)^2}{4kt}\right\} = e_0\,\delta(x-x_0) \quad (7.208)$$

et

$$\lim_{x\to\pm\infty} e(x,t) = \lim_{x\to\pm\infty} e_0 \frac{1}{\sqrt{4\pi kt}} \exp\left\{-\frac{(x-x_0)^2}{4kt}\right\} = 0 \quad (7.209)$$

pour tout $t > 0$. Donc la fonction $e(x,t)$ est bien une solution du problème (7.179).

ii) En probabilités, on dit qu'une *variable aléatoire* X suit une loi normale ou gaussienne de paramètres μ et σ^2, où $\mu \in \mathbb{R}$ et $\sigma > 0$, si sa *fonction de densité* $f_X(x)$ est donnée par

$$f_X(x) = \frac{1}{\sqrt{2\pi}\sigma} \exp\left\{-\frac{(x-\mu)^2}{2\sigma^2}\right\} \quad \text{pour } x \in \mathbb{R}. \quad (7.210)$$

Or, une propriété des fonctions de densité est que

$$\int_{-\infty}^{\infty} f_X(x)\,dx = 1. \quad (7.211)$$

De là, on déduit que

$$\int_{-\infty}^{\infty} \exp\left\{-\frac{(x-\mu)^2}{2\sigma^2}\right\} = \sqrt{2\pi}\,\sigma. \quad (7.212)$$

L'équation (7.206) est une application de cette formule avec

$$\mu = \frac{i(x-x_0)}{2kt} \quad \text{et} \quad \sigma = \frac{1}{\sqrt{2kt}}. \quad (7.213)$$

Notons que la constante μ ci-dessus est en fait un nombre purement imaginaire, plutôt que réel. Toutefois, cela ne cause pas de problème dans le calcul de l'intégrale.

iii) Par la remarque précédente, on peut affirmer que la densité d'énergie thermique $e(x,t)$, divisée par e_0, est la fonction de densité d'une variable aléatoire qui suit une loi gaussienne de paramètres $\mu = x_0$ et $\sigma^2 = 2kt$. Le paramètre μ est la *moyenne* de la variable aléatoire, et σ^2 est sa *variance*.

Exercices

7-21. Trouver la transformée de Fourier sinus [voir (7.189)] par rapport à la variable x de la fonction $u(x,t)$ dans le problème (7.152).

Indication. On peut supposer que

$$\lim_{x\to\infty} u_x(x,t) = 0 \quad \text{pour tout } t > 0.$$

7-22. Calculer la transformée de Laplace bilatérale [voir (7.187)] (par rapport à la variable x) de la fonction $e(x,t)$ dans le problème défini en (7.179).

Indication. On peut accepter que (si $s > 0$)

$$\lim_{x\to\pm\infty} e^{-sx} e_x(x,t) = 0 \quad \text{et} \quad \lim_{x\to-\infty} e^{-sx} e(x,t) = 0.$$

7-23. Trouver la transformée de Laplace par rapport à la variable t, $P(x,s)$, de la fonction positive $p(x,t)$ qui satisfait à l'équation aux dérivées partielles

$$\frac{1}{2}x^2 p_{xx}(x,t) + x p_x(x,t) = p_t(x,t) \quad \text{pour } 0 < x < a \text{ et } t > 0,$$

sous les conditions

$$\int_0^\infty p(x,t)\,dt = 1 \quad \text{et} \quad \lim_{t\to\infty} p(x,t) = 0 \quad \text{pour tout } x \in (0,a),$$

et $p(a,t) = \delta(t)$.

Indication. On déduit des conditions ci-dessus que (si $s > 0$)

$$0 < P(x,s) < 1 \quad \text{pour tout } x \in (0,a),$$

et $P(a,s) = 1$.

7-24. Soit $p(x,t)$ une fonction positive pour $x \in \mathbb{R}$ et $t > 0$, et telle que

$$\lim_{x\to\pm\infty} p(x,t) = \lim_{t\to\infty} p(x,t) = 0,$$

et

$$p(x,0) = \delta(x - x_0),$$

où $x_0 \in \mathbb{R}$. Trouver la transformée de Fourier (par rapport à x) de la fonction $p(x,t)$, si celle-ci satisfait à l'équation aux dérivées partielles

$$\frac{1}{2}p_{xx}(x,t) - \mu p_x(x,t) = p_t(x,t) \quad \text{pour } x \in \mathbb{R} \text{ et } t > 0,$$

où $\mu \in \mathbb{R}$.

Indication. On a:

$$\lim_{x \to \pm\infty} p_x(x,t) = 0.$$

7-25. Obtenir la transformée de Laplace par rapport à t de la solution $u(x,t)$ du problème suivant:

$$u_t(x,t) = k\,u_{xx}(x,t) \quad \text{pour } 0 < x < \pi/2 \text{ et } t > 0,$$

avec

$$u(0,t) = u(\pi/2,t) = 0 \quad \text{et} \quad u(x,0) = \sin x.$$

7-26. Utiliser une transformée de Laplace pour résoudre l'équation aux dérivées partielles

$$x\,f_x(x,y) + f_y(x,y) = x \quad \text{pour } x \geq 0 \text{ et } y \geq 0,$$

sous les conditions $f(x,0) = 0$ pour tout $x \geq 0$ et $f(0,y) = 0$ pour tout $y \geq 0$.

7.6 Équation de Laplace

Dans les deux sections précédentes, nous avons étudié divers problèmes associés à l'équation de la chaleur en *une* dimension. L'équation de la chaleur en *deux* dimensions est donnée par

$$\frac{\partial u}{\partial t} = c^2 \left(\frac{\partial^2 u}{\partial x^2} + \frac{\partial^2 u}{\partial y^2} \right), \tag{7.214}$$

où c est une constante et $u = u(x,y,t)$.

Quand le système considéré est *en équilibre* (ou *régime permanent*), la dérivée partielle u_t est nulle, de sorte que l'on obtient l'*équation de Laplace* (en deux dimensions)

$$\nabla^2 u \equiv \frac{\partial^2 u}{\partial x^2} + \frac{\partial^2 u}{\partial y^2} = 0, \tag{7.215}$$

que nous avons déjà mentionnée au chapitre 1 et dans l'exemple 7.1.4.

Remarques. i) Si une fonction $u(x, y)$ est telle que $\nabla^2 u = 0$ dans une région $D \subset \mathbb{R}^2$, alors on dit qu'elle est *harmonique* dans D.

ii) L'équation de Laplace apparaît dans de nombreux problèmes en physique mathématique.

Dans cette section, nous désirons trouver une fonction harmonique $u(x, y)$ à l'intérieur d'un rectangle R défini par

$$R = \{(x, y) \in \mathbb{R}^2 \colon 0 \leq x \leq a, 0 \leq y \leq b\}, \tag{7.216}$$

et qui est nulle partout sur la frontière ∂R du rectangle, sauf lorsque $x = a$ (et $0 < y < b$). Sur cette partie de la frontière, on suppose que $u(x, y)$ est une fonction $f(y)$ connue. Donc, le problème s'énonce comme suit:

$$\left.\begin{aligned} u_{xx} + u_{yy} &= 0 \quad \text{pour } x \in (0, a) \text{ et } y \in (0, b), \\ u(x, 0) &= 0 \quad \text{pour } x \in [0, a], \\ u(x, b) &= 0 \quad \text{pour } x \in [0, a], \\ u(0, y) &= 0 \quad \text{pour } y \in (0, b), \\ u(a, y) &= f(y) \text{ pour } y \in (0, b). \end{aligned}\right\} \tag{7.217}$$

Ce problème est un *problème de Dirichlet* particulier.

Définition 7.6.1. *Un problème aux valeurs limites dans une région $D \subset \mathbb{R}^2$ est appelé*

a) **problème de Dirichlet** *si la valeur de la fonction est imposée sur la frontière ∂D;*

b) **problème de Neumann** *si la valeur de la dérivée normale de la fonction est imposée sur ∂D;*

c) **problème mixte** *si la valeur de la fonction est imposée sur une partie de la frontière et la valeur de sa dérivée normale est imposée sur une autre partie de ∂D.*

Remarque. Dans notre cas, la dérivée normale est simplement la dérivée u_x ou u_y.

Essayons de résoudre le problème qui nous intéresse par la méthode de séparation des variables. On a:

$$u(x, y) = F(x)G(y) \quad \Longrightarrow \quad F''(x)G(y) + F(x)G''(y) = 0, \tag{7.218}$$

d'où l'on déduit [en supposant que l'on peut diviser les deux membres de l'équation par $u(x, y)$] que

$$\frac{F''(x)}{F(x)} = -\frac{G''(y)}{G(y)} = \lambda, \tag{7.219}$$

où λ est la constante de séparation. Il faut donc que

$$F''(x) = \lambda F(x) \tag{7.220}$$

et

$$G''(y) = -\lambda G(y). \tag{7.221}$$

Considérons d'abord l'équation (7.221). Les conditions limites par rapport à y en (7.217), soit $u(x, 0) = u(x, b) = 0$ pour tout $x \in [0, a]$, impliquent que

$$G(0) = G(b) = 0. \tag{7.222}$$

On sait que les solutions de $G''(y) + \lambda G(y) = 0$ sous les conditions ci-dessus sont les fonctions propres

$$G_n(y) := \sin\left(\frac{n\pi}{b} y\right) \tag{7.223}$$

qui correspondent aux valeurs propres

$$\lambda_n := \left(\frac{n\pi}{b}\right)^2 \quad \text{pour } n = 1, 2, \ldots . \tag{7.224}$$

On doit résoudre ensuite l'équation différentielle ordinaire

$$F_n''(x) = \lambda_n F_n(x). \tag{7.225}$$

La solution générale de cette équation est

$$\begin{aligned} F_n(x) &= c_{n,1} e^{\sqrt{\lambda_n}\, x} + c_{n,2} e^{-\sqrt{\lambda_n}\, x} \\ &= c_{n,1} e^{n\pi x/b} + c_{n,2} e^{-n\pi x/b}. \end{aligned} \tag{7.226}$$

On déduit de la condition limite $u(0, y) = 0$ pour tout $y \in (0, b)$ que $F(0) = 0$. Il s'ensuit que

$$0 = F_n(0) = c_{n,1} + c_{n,2} \quad \Longrightarrow \quad F_n(x) = c_{n,1} \left(e^{n\pi x/b} - e^{-n\pi x/b}\right) \tag{7.227}$$

pour $n = 1, 2, \ldots$. On peut alors écrire que

$$F_n(x) = c_n \operatorname{sh}\left(\frac{n\pi}{b} x\right) \quad \text{pour } n \in \{1, 2, \ldots\}, \tag{7.228}$$

où c_n est une constante arbitraire.

Par le principe de superposition, on peut affirmer que la fonction

$$u(x,y) := \sum_{n=1}^{\infty} c_n \,\mathrm{sh}\left(\frac{n\pi}{b}x\right) \sin\left(\frac{n\pi}{b}y\right) \tag{7.229}$$

est harmonique à l'intérieur du rectangle R et satisfait aux conditions limites homogènes données en (7.217). Il nous reste à trouver des constantes c_n pour lesquelles $u(x,y)$ satisfera aussi à la condition limite non homogène $u(a,y) = f(y)$ pour $y \in (0,b)$.

On a:

$$f(y) = u(a,y) = \sum_{n=1}^{\infty} c_n \,\mathrm{sh}\left(\frac{n\pi}{b}a\right) \sin\left(\frac{n\pi}{b}y\right). \tag{7.230}$$

Comme nous l'avons fait dans d'autres problèmes, nous considérons la série de Fourier (sinus) du prolongement périodique impair de la fonction f [voir (6.48)]:

$$f(y) = \sum_{n=1}^{\infty} b_n \sin\left(\frac{n\pi}{b}y\right), \tag{7.231}$$

où

$$b_n = \frac{2}{b}\int_0^b f(y) \sin\left(\frac{n\pi}{b}y\right) dy \quad \text{pour } n = 1, 2, \ldots. \tag{7.232}$$

Ainsi, il suffit de poser que

$$c_n \,\mathrm{sh}\left(\frac{n\pi}{b}a\right) = b_n, \tag{7.233}$$

de sorte que

$$c_n = \left[\mathrm{sh}\left(\frac{n\pi}{b}a\right)\right]^{-1} \frac{2}{b}\int_0^b f(y) \sin\left(\frac{n\pi}{b}y\right) dy \quad \text{pour } n = 1, 2, \ldots. \tag{7.234}$$

Nous avons donc trouvé les constantes c_n appropriées dans la fonction $u(x,y)$ donnée en (7.229).

Remarque. On suppose que la fonction f est telle que sa série de Fourier est convergente.

7.6.1 Généralisation

La technique utilisée ci-dessus pour résoudre le problème défini en (7.217) peut être appliquée lorsque les conditions limites sont homogènes sur trois des quatre côtés du rectangle. Supposons cependant que l'on désire trouver la solution du problème de Dirichlet suivant:

$$\left.\begin{aligned} u_{xx}+u_{yy} &= 0 && \text{pour } x\in(0,a) \text{ et } y\in(0,b),\\ u(x,0) &= f_1(x) && \text{pour } x\in[0,a],\\ u(x,b) &= f_2(x) && \text{pour } x\in[0,a],\\ u(0,y) &= f_3(y) && \text{pour } y\in(0,b),\\ u(a,y) &= f_4(y) && \text{pour } y\in(0,b), \end{aligned}\right\} \qquad (7.235)$$

où les fonctions f_i, $i = 1, 2, 3, 4$, sont connues et peuvent être développées en séries de Fourier.

Pour résoudre ce problème, il suffit de le décomposer en quatre problèmes du type (7.217). C'est-à-dire que l'on pose d'abord que les fonctions $f_2(x)$, $f_3(y)$ et $f_4(y)$ sont identiquement nulles, et on trouve la fonction $u_1(x, y)$ qui résout ce problème. Ensuite, on trouve la solution $u_2(x, y)$ du problème obtenu en posant que $f_1(x) \equiv 0$, $f_3(y) \equiv 0$ et $f_4(y) \equiv 0$, etc. On a le résultat suivant.

Proposition 7.6.1. *Considérons le problème défini en (7.235). La solution de ce problème peut être écrite comme suit:*

$$u(x,y) := \sum_{i=1}^{4} u_i(x,y), \qquad (7.236)$$

où $u_i(x, y)$ est la solution dans le cas où les fonctions f_k, sauf f_i, sont identiquement nulles.

Preuve. On utilise la linéarité de l'opérateur différentiel ∇^2. On calcule

$$\nabla^2 u(x,y) = \nabla^2 \left\{ \sum_{i=1}^{4} u_i(x,y) \right\} = \sum_{i=1}^{4} \nabla^2 u_i(x,y) = \sum_{i=1}^{4} 0 = 0 \quad (7.237)$$

pour tout couple (x, y) à l'intérieur du rectangle R, car les fonctions u_i sont harmoniques à l'intérieur de R.

Ensuite, on a:

$$u(x,0) = \sum_{i=1}^{4} u_i(x,0) = f_1(x) + 0 + 0 + 0 = f_1(x). \qquad (7.238)$$

De même, on peut vérifier que les trois autres conditions limites sont satisfaites. ■

Remarque. On peut aussi considérer l'équation de Laplace dans une région circulaire. Pour ce faire, on calcule le laplacien en coordonnées polaires (r, θ) (voir l'exercice 7-18).

Exercices

7-27. Déterminer si les fonctions suivantes sont harmoniques dans $\mathbb{R}^2$:

(a) $f_1(x, y) = \sin(x - y)$;

(b) $f_2(x, y) = e^x \cos y$;

(c) $f_3(x, y) = e^y \sin x$;

(d) $f_4(x, y) = e^{x^2 - y^2}$;

(e) $f_5(x, y) = \cos(xy) + \sin(xy)$.

7-28. Résoudre le problème défini en (7.217) dans le cas où $a = b = 1$ et la fonction $f(y)$ est donnée par (a) $\cos(\pi y)$; (b) $y \sin(\pi y)$.

7-29. Résoudre le problème de Dirichlet

$$\begin{aligned} u_{xx} + u_{yy} &= 0 \quad \text{pour } x \in (0, a) \text{ et } y \in (0, b), \\ u(x, 0) &= f(x) \text{ pour } x \in [0, a], \\ u(x, b) &= 0 \quad \text{pour } x \in [0, a], \\ u(0, y) &= 0 \quad \text{pour } y \in (0, b), \\ u(a, y) &= 0 \quad \text{pour } y \in (0, b). \end{aligned}$$

7-30. Résoudre l'équation de Laplace en coordonnées polaires:

$$r^2 u_{rr} + r u_r + u_{\theta\theta} = 0$$

en supposant que $u(r, \theta) = \phi(z)$, où $z := \ln r + \theta$.

7.7 Équation d'onde

7.7.1 Dérivation de l'équation

On considère une corde flexible qu'on étire sur l'axe des x et qu'on attache à ses extrémités. Ensuite, la corde est tirée vers le haut. Quand la corde sera relâchée, elle se mettra à osciller.

On fait l'hypothèse que les déplacements horizontaux de la corde sont négligeables. Ainsi, le déplacement u de la corde à l'instant t par rapport à sa position d'équilibre ne dépend que de x et de t, de sorte que $u = u(x, t)$. On peut alors affirmer que la vitesse de la corde est donnée par

$$v(x, t) = \frac{\partial u(x, t)}{\partial t}, \tag{7.239}$$

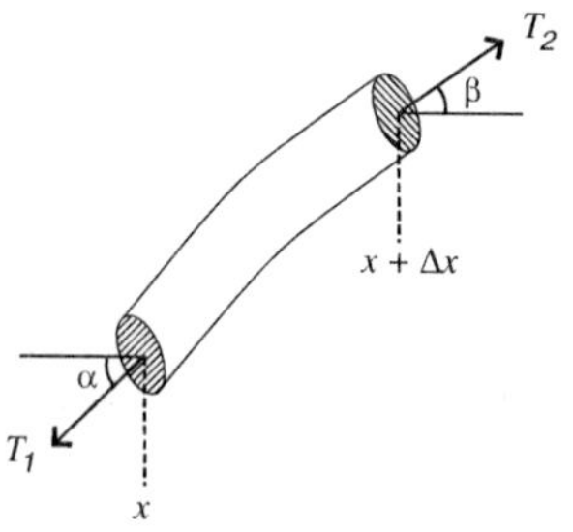

Fig. 7.1. Portion d'une corde flexible attachée à ses extrémités et tirée vers le haut.

et que son accélération est

$$a(x,t) = \frac{\partial^2 u(x,t)}{\partial t^2}. \tag{7.240}$$

On suppose aussi que la force de tension est beaucoup plus grande que toutes les autres forces qui agissent sur la corde. Il s'ensuit que l'on peut négliger ces autres forces, notamment la force de gravité.

Soit ρ la masse de la corde (non déformée) par unité de longueur. En général, ρ est une fonction de x. Ici, on suppose que ρ est une constante. Alors la masse d'une petite portion de la corde, dont la longueur est égale à Δx à l'équilibre, est $\rho \Delta x$. De là, on déduit de la deuxième loi de Newton que

$$F = \rho \Delta x \frac{\partial^2 u(x,t)}{\partial t^2} \tag{7.241}$$

est la force transversale (perpendiculaire à la direction de la vitesse) qui agit sur cette portion de la corde.

Ensuite, le fait que l'on suppose que la corde ne se déplace qu'à la verticale implique que la tension horizontale est constante; c'est-à-dire (voir la figure 7.1) que

$$T := T_1 \cos\alpha = T_2 \cos\beta. \tag{7.242}$$

Dans la direction verticale, on a:

$$F = T_2 \sin\beta - T_1 \sin\alpha. \tag{7.243}$$

La formule (7.241) nous permet alors d'écrire que

$$T_2 \sin\beta - T_1 \sin\alpha = \rho \Delta x \frac{\partial^2 u(x,t)}{\partial t^2}$$

$$\stackrel{(7.242)}{\Longrightarrow} \quad T \operatorname{tg}\beta - T \operatorname{tg}\alpha = \rho \Delta x \frac{\partial^2 u(x,t)}{\partial t^2}. \tag{7.244}$$

Maintenant, on a:

$$\operatorname{tg}\alpha = \left.\frac{\partial u(x,t)}{\partial x}\right|_x \quad \text{et} \quad \operatorname{tg}\beta = \left.\frac{\partial u(x,t)}{\partial x}\right|_{x+\Delta x}. \tag{7.245}$$

Par conséquent, on peut écrire que

$$\frac{\left.\frac{\partial u(x,t)}{\partial x}\right|_{x+\Delta x} - \left.\frac{\partial u(x,t)}{\partial x}\right|_x}{\Delta x} = \frac{\rho}{T}\frac{\partial^2 u(x,t)}{\partial t^2}. \tag{7.246}$$

Finalement, en prenant la limite lorsque Δx décroît vers zéro, on obtient l'équation d'onde (unidimensionnelle)

$$\frac{\partial^2 u(x,t)}{\partial x^2} = \frac{\rho}{T}\frac{\partial^2 u(x,t)}{\partial t^2}$$

$$\Longleftrightarrow \quad c^2 \frac{\partial^2 u(x,t)}{\partial x^2} = \frac{\partial^2 u(x,t)}{\partial t^2}, \tag{7.247}$$

où la constante c, définie par

$$c = \sqrt{\frac{T}{\rho}}, \tag{7.248}$$

est la *vitesse de propagation des ondes.*

7.7.2 Solution de l'équation aux dérivées partielles

On suppose que la longueur de la corde étirée est égale à L et que, lorsqu'elle est tirée vers le haut, elle a la forme d'une certaine courbe $f(x)$. De plus, on fait l'hypothèse que sa vitesse initiale est une fonction connue $g(x)$. Alors, puisque la corde est attachée à ses extrémités, on obtient (avec $c = 1$) le problème suivant:

$$\left.\begin{array}{rl} u_{tt} - u_{xx} = 0 & \text{pour } x \in (0, L) \text{ et } t > 0, \\ u(0, t) = 0 & \text{pour } t \geq 0, \\ u(L, t) = 0 & \text{pour } t \geq 0, \\ u(x, 0) = f(x) & \text{pour } x \in (0, L), \\ u_t(x, 0) = g(x) & \text{pour } x \in [0, L], \end{array}\right\} \tag{7.249}$$

où (on suppose que) les fonctions f et g peuvent être développées en séries de Fourier.

La méthode de séparation des variables mène à

$$\frac{F''(x)}{F(x)} = \frac{G''(t)}{G(t)} = \lambda. \tag{7.250}$$

On doit donc résoudre les équations différentielles ordinaires

$$F''(x) = \lambda F(x) \tag{7.251}$$

et

$$G''(t) = \lambda G(t). \tag{7.252}$$

Ensuite, à partir des conditions $u(0, t) = u(L, t) = 0$ pour tout $t \geq 0$, on déduit que

$$F(0) = F(L) = 0. \tag{7.253}$$

Ainsi, nous avons encore une fois les solutions obtenues dans le cas de l'équation de la chaleur (voir la sous-section 7.4.2):

$$F_n(x) := \sin\left(\frac{n\pi}{L}x\right) \quad \text{si } \lambda_n := -\frac{n^2\pi^2}{L^2} \text{ pour } n = 1, 2, \ldots. \tag{7.254}$$

Avec $\lambda = \lambda_n$, la solution générale de l'équation (7.252) est

$$G_n(t) := c_{n,1} \cos\left(\frac{n\pi}{L}t\right) + c_{n,2} \sin\left(\frac{n\pi}{L}t\right) \quad \text{pour } n = 1, 2, \ldots. \tag{7.255}$$

On considère alors la fonction

$$u(x, t) := \sum_{n=1}^{\infty} \left[c_{n,1} \cos\left(\frac{n\pi}{L}t\right) + c_{n,2} \sin\left(\frac{n\pi}{L}t\right)\right] \sin\left(\frac{n\pi}{L}x\right). \tag{7.256}$$

Nous devons trouver des constantes $c_{n,1}$ et $c_{n,2}$ telles que la fonction $u(x, t)$ définie ci-dessus satisfera aux deux conditions initiales.

D'abord, on a:

$$f(x) = u(x,0) = \sum_{n=1}^{\infty} c_{n,1} \sin\left(\frac{n\pi}{L}x\right). \tag{7.257}$$

Il faut donc choisir les constantes $c_{n,1}$ qui correspondent aux coefficients de la série de Fourier du prolongement périodique impair de période $2L$ de la fonction f. C'est-à-dire que

$$c_{n,1} = \frac{2}{L}\int_0^L f(x)\sin\left(\frac{n\pi}{L}x\right)dx \quad \text{pour } n = 1, 2, \ldots. \tag{7.258}$$

Maintenant, si l'on dérive la fonction $u(x,t)$ en (7.256) par rapport à t, on obtient:

$$u_t(x,t) = \sum_{n=1}^{\infty}\left(\frac{n\pi}{L}\right)\left[-c_{n,1}\sin\left(\frac{n\pi}{L}t\right) + c_{n,2}\cos\left(\frac{n\pi}{L}t\right)\right]\sin\left(\frac{n\pi}{L}x\right). \tag{7.259}$$

Il s'ensuit que

$$g(x) = u_t(x,0) = \sum_{n=1}^{\infty}\left(\frac{n\pi}{L}\right)c_{n,2}\sin\left(\frac{n\pi}{L}x\right). \tag{7.260}$$

On considère cette fois-ci le prolongement périodique impair de période $2L$ de la fonction g, et on pose que

$$\begin{aligned} c_{n,2} &= \left(\frac{L}{n\pi}\right)\frac{2}{L}\int_0^L g(x)\sin\left(\frac{n\pi}{L}x\right)dx \\ &= \frac{2}{n\pi}\int_0^L g(x)\sin\left(\frac{n\pi}{L}x\right)dx \quad \text{pour } n = 1, 2, \ldots. \end{aligned} \tag{7.261}$$

En résumé, la solution du problème en (7.249) est la fonction $u(x,t)$ définie en (7.256), où les constantes $c_{n,1}$ et $c_{n,2}$ sont données respectivement par (7.258) et (7.261).

Remarque. On suppose que la série infinie qui définit la fonction $u(x,t)$ converge, et que la série obtenue en dérivant deux fois cette série par rapport à x (respectivement t) converge vers $u_{xx}(x,t)$ [resp. $u_{tt}(x,t)$].

7.7.3 Cas où l'on tient compte de la résistance de l'air

Si l'on tient compte de la résistance de l'air, on trouve que la fonction $u(x,t)$ satisfait à

$$\left.\begin{array}{rl} u_{tt}+2\gamma u_t = u_{xx} & \text{pour } x\in(0,L) \text{ et } t>0, \\ u(0,t)=0 & \text{pour } t\geq 0, \\ u(L,t)=0 & \text{pour } t\geq 0, \\ u(x,0)=f(x) & \text{pour } x\in(0,L), \\ u_t(x,0)=g(x) & \text{pour } x\in[0,L], \end{array}\right\} \tag{7.262}$$

où l'on suppose que $0<\gamma<1$.

Pour résoudre ce problème, on utilise la méthode de séparation des variables: on suppose que $u(x,t)=F(x)G(t)$. L'équation aux dérivées partielles devient

$$F(x)G''(t)+2\gamma F(x)G'(t)=F''(x)G(t), \tag{7.263}$$

d'où l'on déduit que

$$\frac{G''(t)}{G(t)}+2\gamma\frac{G'(t)}{G(t)}=\frac{F''(x)}{F(x)}=\lambda. \tag{7.264}$$

Il s'ensuit qu'on doit résoudre les équations différentielles ordinaires

$$F''(x)=\lambda F(x), \tag{7.265}$$

sous les conditions $F(0)=F(L)=0$, et

$$G''(t)+2\gamma G'(t)-\lambda G(t)=0. \tag{7.266}$$

Comme dans le cas où $\gamma=0$, on trouve que

$$F_n(x):=\sin\left(\frac{n\pi}{L}x\right) \quad \text{si } \lambda_n:=-\frac{n^2\pi^2}{L^2} \text{ pour } n=1,2,\ldots. \tag{7.267}$$

Si l'on prend $L=\pi$, la fonction $F_n(x)$ devient

$$F_n(x)=\sin(nx) \quad \text{si } \lambda_n=-n^2 \text{ pour } n=1,2,\ldots. \tag{7.268}$$

Ensuite, on remplace λ par $\lambda_n=-n^2$ dans (7.266). Puisque l'on a supposé que $\gamma\in(0,1)$, les racines de l'équation caractéristique

$$m^2+2\gamma m+n^2=0 \tag{7.269}$$

sont des nombres complexes conjugués:

$$m_{1,2} = -\gamma \pm i\sqrt{n^2 - \gamma^2} := -\gamma \pm i\beta_n. \tag{7.270}$$

On définit alors

$$G_n(x) = e^{-\gamma t}\left[c_{n,1}\cos(\beta_n t) + c_{n,2}\sin(\beta_n t)\right] \quad \text{pour } n = 1, 2, \ldots, \tag{7.271}$$

et on considère la fonction

$$u(x,t) = e^{-\gamma t}\sum_{n=1}^{\infty}\left[c_{n,1}\cos(\beta_n t) + c_{n,2}\sin(\beta_n t)\right]\sin(nx). \tag{7.272}$$

Les constantes $c_{n,1}$ sont telles que

$$f(x) = u(x,0) = \sum_{n=1}^{\infty} c_{n,1}\sin(nx), \tag{7.273}$$

d'où l'on déduit que

$$c_{n,1} = \frac{2}{\pi}\int_0^{\pi} f(x)\sin(nx)\,dx. \tag{7.274}$$

De même, on peut écrire que

$$g(x) = u_t(x,0) = \sum_{n=1}^{\infty}(-\gamma c_{n,1} + \beta_n c_{n,2})\sin(nx), \tag{7.275}$$

ce qui implique que

$$c_{n,2} = \frac{2}{\pi\beta_n}\left[\int_0^{\pi} g(x)\sin(nx)\,dx + \gamma\int_0^{\pi} f(x)\sin(nx)\,dx\right]. \tag{7.276}$$

Par exemple, avec les fonctions $f(x) \equiv 0$ et $g(x) \equiv g_0$, on obtient que $c_{n,1} \equiv 0$ et

$$c_{n,2} = \frac{2g_0}{\pi\beta_n}\int_0^{\pi}\sin(nx)\,dx = \frac{2g_0}{\pi\beta_n}\frac{1-(-1)^n}{n}. \tag{7.277}$$

Ainsi, on a:

$$u(x,t) = \frac{4g_0}{\pi}e^{-\gamma t}\sum_{n=1}^{\infty}\frac{1}{\beta_{2n-1}(2n-1)}\sin(\beta_{2n-1}t)\sin[(2n-1)x]. \tag{7.278}$$

Exercices

7-31. Soit k une constante positive. Résoudre le problème défini en (7.249) si (a) $L = \pi$, $f(x) = k \sin x$ et $g(x) \equiv 0$, et (b) $L = \pi$, $f(x) = k \sin x$ et $g(x) = -2k \sin x$.

7-32. Montrer que la fonction

$$u(x,t) := \frac{1}{2}\left[f(x-ct) + f(x+ct)\right] + \frac{1}{2c}\int_{x-ct}^{x+ct} g(s)\,ds$$

satisfait à l'équation (7.247) et aux conditions initiales

$$u(x,0) = f(x) \quad \text{et} \quad u_t(x,0) = g(x) \quad \text{pour tout } x.$$

Remarques. i) Cette expression pour la fonction u est appelée *formule d'Alembert.*

ii) On suppose que les fonctions f et g peuvent être dérivées (au moins) deux fois.

7-33. L'équation d'onde en trois dimensions est

$$\frac{\partial^2 u}{\partial x^2} + \frac{\partial^2 u}{\partial y^2} + \frac{\partial^2 u}{\partial z^2} = \frac{\partial^2 u}{\partial t^2},$$

où $u = u(x,y,z,t)$. Soit

$$u(x,y,z,t) = \frac{1}{r}v(r,t),$$

où $r := (x^2+y^2+z^2)^{1/2}$. Donner l'équation aux dérivées partielles à laquelle satisfait la fonction v.

7-34. Résoudre l'équation aux dérivées partielles

$$\frac{\partial^2 u}{\partial x^2} = \frac{\partial^2 u}{\partial t^2} + x \sin t$$

sous les conditions

$$u(0,t) = u(1,t) = 0.$$

Indication. Essayer une solution de la forme $u(x,t) = h(x)\sin t$.

7.8 Exercices supplémentaires

7-35. Considérons le problème aux valeurs limites

$$y''(x) + y(x) = x^2 \quad \text{pour } 0 < x < \pi,$$

avec $y(0) = 0$ et $y(\pi) = k$. Quelle doit être la valeur de k pour que le problème possède une infinité de solutions?

Indication. Une solution particulière de l'équation est $y_p(x) = x^2 + c$, où c est une constante à déterminer.

7-36. Déterminer laquelle (ou lesquelles) des équations aux dérivées partielles suivantes peut (peuvent) être résolue(s) par la méthode de séparation des variables:

A) $u_{xx} + x u_{tt} = 0$;

B) $u_{xx} + (x + t) u_t = 0$;

C) $u_{xx} + u_{tt} - u_t = 0$.

7-37. On désire résoudre le problème

$$\begin{aligned} u_t - u_{xx} &= 0 && \text{pour } x \in (0, \pi) \text{ et } t > 0, \\ u(0, t) &= 0 && \text{pour } t \geq 0, \\ u_x(\pi, t) &= 0 && \text{pour } t \geq 0, \\ u(x, 0) &= f(x) && \text{pour } x \in (0, \pi] \end{aligned}$$

en posant que $u(x, t) = F(x)G(t)$. On obtient alors une équation différentielle de la forme

$$F''(x) = \lambda F(x)$$

pour la fonction F. On peut montrer qu'il n'y a pas de valeurs propres $\lambda \geq 0$. Quelles sont les valeurs propres $\lambda < 0$?

7-38. Trouver la fonction $u(x, t)$ qui satisfait à

$$\begin{aligned} u_t - u_{xx} &= 0 \quad \text{pour } x \in (0, \pi) \text{ et } t > 0, \\ u(0, t) &= 0 \quad \text{pour } t \geq 0, \\ u(\pi, t) &= 0 \quad \text{pour } t \geq 0, \\ u(x, 0) &= \begin{cases} x & \text{si } 0 < x \leq \pi/2, \\ \pi - x & \text{si } \pi/2 < x < \pi. \end{cases} \end{aligned}$$

7-39. Soit

$$\begin{aligned} u_t - u_{xx} &= 0 \quad \text{pour } x \in (0, L) \text{ et } t > 0, \\ u(0,t) &= 0 \quad \text{pour } t \geq 0, \\ u(L,t) &= f(t) \text{ pour } t \geq 0, \\ u(x,0) &= g(x) \text{ pour } x \in (0, L). \end{aligned}$$

Supposons que $f(0) = 0$. On pose

$$v(x,t) = u(x,t) - \frac{x}{L} f(t).$$

Pour quelles fonctions $f(t)$ et $g(x)$ le problème est-il transformé en un problème avec conditions limites homogènes et condition initiale $v(x,0) = 0$?

7-40. Résoudre l'équation d'onde unidimensionnelle $u_{tt} = u_{xx}$ si la position initiale de la corde est donnée par

$$u(x,0) = f(x) = \begin{cases} 2x & \text{si } 0 \leq x \leq 1, \\ 2(2-x) & \text{si } 1 < x \leq 2 \end{cases}$$

et sa vitesse initiale $u_t(x,0)$ est nulle pour tout $x \in [0,2]$.

7-41. On désire résoudre l'équation aux dérivées partielles

$$\frac{\partial^2 u}{\partial t^2} + \frac{\partial^4 u}{\partial x^4} = 0$$

par la méthode de séparation des variables. Soit $u(x,t) = F(x)G(t)$. On trouve que

$$F^{(4)}(x) - \lambda F(x) = 0.$$

Donner la solution générale de cette équation différentielle ordinaire si $\lambda > 0$.

7-42. Trouver la solution du problème aux valeurs limites

$$y''(x) + 4y(x) = 2 + 4x^2,$$

avec $y(0) = 0$ et $y(\pi) = \pi^2$, en définissant

$$z(x) = y(x) - x^2.$$

7-43. Résoudre le problème

$$\begin{aligned} u_t &= u_{xx} && \text{pour } x \in (0,\pi) \text{ et } t > 0, \\ u(0,t) &= 0 && \text{pour } t \geq 0, \\ u(\pi,t) &= 0 && \text{pour } t \geq 0, \\ u(x,0) &= \cos x && \text{pour } x \in (0,\pi). \end{aligned}$$

Indication. Si $c \neq \pm 1$, on a:

$$\int \cos x \sin(cx)\,dx = -\frac{1}{2}\left\{\frac{\cos[(c-1)x]}{c-1} + \frac{\cos[(c+1)x]}{c+1}\right\}.$$

7-44. On peut vérifier que la fonction

$$u(x,t) = \frac{1}{\sqrt{2\pi t}} \exp\left\{-\frac{x^2}{2t}\right\}$$

satisfait à l'équation de la chaleur

$$u_t = \frac{1}{2} u_{xx}$$

pour tout $x \in \mathbb{R}$ et pour $t > 0$. De plus, on trouve que

$$\int_{-\infty}^{\infty} \frac{1}{\sqrt{2\pi t}} \exp\left\{-\frac{x^2}{2t}\right\} dx = 1.$$

Donner les conditions limites $\lim_{x\to\pm\infty} u(x,t)$ et la condition initiale $\lim_{t\downarrow 0} u(x,t)$.

7-45. Trouver, sans utiliser les séries de Fourier, la solution du problème suivant:

$$\begin{aligned} u_{xx} + u_{yy} &= 0 \text{ pour } x \in (0,1) \text{ et } y \in (0,1), \\ u(x,0) &= 0 \text{ pour } x \in [0,1], \\ u(x,1) &= x \text{ pour } x \in [0,1], \\ u(0,y) &= 0 \text{ pour } y \in (0,1), \\ u(1,y) &= y \text{ pour } y \in (0,1). \end{aligned}$$

7-46. Résoudre l'équation d'onde dans le cas où $L = \pi$, $f(x) = x(\pi - x)$ et $g(x) = 1$ pour $x \in [0, \pi]$. C'est-à-dire que

$$\begin{aligned} u_{tt} - u_{xx} &= 0 && \text{pour } x \in (0, \pi) \text{ et } t > 0, \\ u(0, t) &= 0 && \text{pour } t \geq 0, \\ u(\pi, t) &= 0 && \text{pour } t \geq 0, \\ u(x, 0) &= x(\pi - x) && \text{pour } x \in (0, \pi), \\ u_t(x, 0) &= 1 && \text{pour } x \in [0, \pi]. \end{aligned}$$

Indication. Si $c \neq 0$, on a:

$$\int x \sin(cx)\, dx = \frac{\sin(cx) - cx\cos(cx)}{c^2}$$

et

$$\int x^2 \sin(cx)\, dx = \frac{2cx\sin(cx) - c^2x^2\cos(cx) + 2\cos(cx)}{c^3}.$$

7-47. Résoudre le problème aux valeurs limites

$$y''(x) + \lambda y'(x) = 0,$$

où $\lambda \neq 0$, sous les conditions $y(0) = 0$ et $y(1) = 1$.

7-48. On considère l'équation aux dérivées partielles

$$u_t = u_{xx} + 1.$$

Dériver cette équation par rapport à t et poser que $u(x, t) = F(x)G(t)$. Ensuite, donner les équations différentielles ordinaires auxquelles les fonctions F et G satisfont.

7-49. Pour résoudre l'équation aux dérivées partielles non linéaire

$$u_x^2 = u_y,$$

on suppose que $u(x, y) = F(x)G(y)$. Trouver la solution de l'équation différentielle ordinaire à laquelle la fonction G satisfait.

7-50. Résoudre le problème suivant:

$$\begin{aligned} u_t &= u_{xx} && \text{pour } x \in (0, \pi) \text{ et } t > 0, \\ u_x(0, t) &= 0 && \text{pour } t \geq 0, \\ u_x(\pi, t) &= 0 && \text{pour } t \geq 0, \\ u(x, 0) &= 1 && \text{pour } 0 \leq x < \pi/2, \\ u(x, 0) &= 0 && \text{pour } \pi/2 \leq x \leq \pi. \end{aligned}$$

7-51. On veut résoudre l'équation de la chaleur

$$u_t = c^2 u_{xx},$$

où $c > 0$, par la méthode de séparation des variables. On suppose donc que $u(x,t) = F(x)G(t)$. Trouver la solution qui satisfait aux conditions suivantes: $F''(x) = F(x)$ et $F(x)$ est une fonction croissante.

7-52. On cherche des solutions de l'équation de Laplace en deux dimensions

$$u_{xx} + u_{yy} = 0 \quad \text{pour } x \geq 0 \text{ et } y \geq 0,$$

pour lesquelles $u(x, y + \pi) = u(x, y)$ et $u(x, 0) = 0$. De plus, on veut que $\lim_{x \to \infty} u(x, y) = 0$. On considère des solutions de la forme

$$u(x, y) = F(x) \sin(2y).$$

Trouver la forme générale de la fonction F.

7-53. Résoudre l'équation d'onde dans le cas où $L = 2\pi$, la forme initiale de la corde est $f(x) \equiv 0$ pour $0 < x < 2\pi$, et sa vitesse initiale est $g(x) \equiv 1$ pour $0 \leq x \leq 2\pi$.

7-54. Trouver toutes les solutions de l'équation d'onde

$$u_{tt} = 2u_{xx}$$

qui sont de la forme $u(x,t) = \phi(z)$, où $z := e^{x+t}$.

7-55. Résoudre le problème aux valeurs limites

$$y''(x) = \lambda y(x) \quad \text{pour } 0 < x < \pi,$$

sous les conditions $y(0) = 0$ et $y'(\pi) = 0$.

Indication. On peut supposer que $\lambda \leq 0$.

7-56. Pour l'équation aux dérivées partielles

$$\frac{\partial u}{\partial t} = x^2 \frac{\partial u}{\partial x},$$

trouver toutes les solutions qui sont de la forme $u(x,t) = F(x)G(t)$.

7-57. La solution d'une certaine équation aux dérivées partielles est de la forme

$$u(x,t) = x + \sum_{n=1}^{\infty} c_n \sin\left(\frac{n\pi}{L}x\right) \exp\left\{-\left(\frac{n\pi}{L}\right)^2 t\right\},$$

où les c_n sont des constantes réelles. Sachant que

$$u_x(x,0) = 1 + \frac{\pi}{L}\cos\left(\frac{\pi}{L}x\right) - \frac{3\pi}{L}\cos\left(\frac{3\pi}{L}x\right) \quad \text{pour } 0 \leq x \leq L,$$

donner la valeur de c_n pour $n = 1, 2, \ldots$.

7-58. Trouver la solution du problème suivant:

$$\begin{aligned} u_{xx} + u_{yy} &= 0 && \text{pour } x \in (0,L) \text{ et } y \in (0,L), \\ u(x,0) &= 0 && \text{pour } x \in [0,L], \\ u(x,L) &= \cos(\pi x/L) && \text{pour } x \in [0,L], \\ u_x(0,y) &= 0 && \text{pour } y \in [0,L], \\ u_x(L,y) &= 0 && \text{pour } y \in [0,L]. \end{aligned}$$

Indication. Le problème aux valeurs limites

$$y''(x) = \lambda y(x) \quad \text{pour } 0 < x < L,$$

avec $y'(0) = y'(L) = 0$, possède les valeurs propres $\lambda_n = -(n\pi/L)^2$ pour $n = 0, 1, 2, \ldots$, et les fonctions propres correspondantes sont $y_n(x) = c_n \cos(n\pi x/L)$, où les c_n sont des constantes réelles.

7-59. (a) Supposons que la fonction $f(x,y)$ satisfait à l'équation aux dérivées partielles du deuxième ordre à coefficients constants

$$a\frac{\partial^2 f}{\partial x^2} + b\frac{\partial^2 f}{\partial x \partial y} + c\frac{\partial^2 f}{\partial y^2} = 0.$$

Soit m_1 et m_2 les racines de l'équation caractéristique

$$am^2 + bm + c = 0.$$

On peut montrer que, si $m_1 \neq m_2$, la solution générale de cette équation peut s'écrire sous la forme

$$f(x,y) = \phi_1(y + m_1 x) + \phi_2(y + m_2 x),$$

où ϕ_1 et ϕ_2 sont des fonctions arbitraires (au moins deux fois dérivables).

Donner la solution générale de l'équation de Laplace

$$\frac{\partial^2 f}{\partial x^2} + \frac{\partial^2 f}{\partial y^2} = 0$$

qui est telle que $f(0, y) = 0$ pour tout y.

(b) De même, si a, b, c et d sont des constantes réelles, alors la solution générale de l'équation aux dérivées partielles

$$a\frac{\partial^3 f}{\partial x^3} + b\frac{\partial^3 f}{\partial x^2 \partial y} + c\frac{\partial^3 f}{\partial x \partial y^2} + d\frac{\partial^3 f}{\partial y^3} = 0$$

peut s'écrire ainsi:

$$f(x, y) = \phi_1(y + m_1 x) + \phi_2(y + m_2 x) + \phi_3(y + m_3 x),$$

où m_1, m_2 et m_3 sont les racines (qui doivent être distinctes) de

$$am^3 + bm^2 + cm + d = 0.$$

Donner la solution générale de l'équation aux dérivées partielles

$$\frac{\partial^3 f}{\partial x^3} + \frac{\partial^3 f}{\partial x^2 \partial y} - 4\frac{\partial^3 f}{\partial x \partial y^2} - 4\frac{\partial^3 f}{\partial y^3} = 0.$$

7-60. Résoudre le problème

$$\begin{aligned} u_t - u_{xx} &= 0 && \text{pour } x \in (0, \pi) \text{ et } t > 0, \\ u(0, t) &= 1 && \text{pour } t \geq 0, \\ u(\pi, t) &= 1 && \text{pour } t \geq 0, \\ u(x, 0) &= \sin(2x) + 1 && \text{pour } x \in (0, \pi). \end{aligned}$$

Indication. On a:

$$\sin^2(nx) = \frac{1 - \cos(2nx)}{2}.$$

7-61. Trouver toutes les solutions de l'équation d'onde

$$u_{xx}(x, y) - u_{yy}(x, y) = 0 \quad \text{pour } x > y > 0$$

qui sont de la forme $u(x, y) = \phi(z)$, où $z := x/y$.

7-62. (a) Résoudre le problème

$$\begin{aligned} u_t - u_{xx} &= 0 && \text{pour } x \in (0,\pi) \text{ et } t > 0, \\ u_x(0,t) &= 1 && \text{pour } t \geq 0, \\ u_x(\pi,t) &= 1 && \text{pour } t \geq 0, \\ u(x,0) &= \cos(x) + x && \text{pour } x \in [0,\pi]. \end{aligned}$$

(b) Quelle est la valeur de $\lim_{t\to\infty} u(x,t)$? Justifier.

7-63. Supposons que c est une constante telle que $0 < c < 1$.

(a) Trouver les valeurs propres λ_n et les fonctions propres correspondantes $F_n(x)$ du problème aux valeurs limites suivant:

$$F''(x) + 2cF'(x) + \lambda F(x) = 0,$$

avec $F(0) = F(L) = 0$.

(b) Résoudre le problème

$$\begin{aligned} u_{xx} + 2cu_x &= u_t && \text{pour } x \in (0,L) \text{ et } t > 0, \\ u(0,t) &= 0 && \text{pour } t \geq 0, \\ u(L,t) &= 0 && \text{pour } t \geq 0, \\ u(x,0) &= f(x) && \text{pour } x \in (0,L) \end{aligned}$$

dans le cas où $f(x) = e^{-cx}$.

7-64. Trouver la solution du problème

$$\begin{aligned} u_{xx} + u_{yy} &= 0 && \text{pour } x \in (0,1) \text{ et } y \in (0,1), \\ u(x,0) &= 0 && \text{pour } x \in [0,1], \\ u(x,1) &= 0 && \text{pour } x \in [0,1], \\ u(0,y) &= 0 && \text{pour } y \in (0,1), \\ u(1,y) &= \sin(2\pi y) && \text{pour } y \in (0,1). \end{aligned}$$

7-65. On désire résoudre l'équation aux dérivées partielles

$$\frac{1}{2}p_{xx}(x,t) = p_t(x,t)$$

sous les conditions

$$p(x,0) = \delta(x-a) \quad \text{et} \quad \lim_{t\to\infty} p(x,t) = 0 \quad \text{pour tout } x < a.$$

Pour ce faire, on considère la transformée de Laplace $L(x,s)$ de la fonction $p(x,t)$; c'est-à-dire que

$$L(x,s) = \int_0^\infty e^{-st} p(x,t)\,dt.$$

(a) Montrer que la fonction $L(x,s)$ satisfait, si $s > 0$, à l'équation différentielle ordinaire

$$\frac{1}{2} L_{xx}(x,s) = s\,L(x,s) \quad \text{pour } x < a.$$

(b) Résoudre l'équation différentielle ordinaire en (a) sous les conditions

$$L(a,s) = 1 \quad \text{et} \quad \lim_{x \to -\infty} L(x,s) = 0.$$

7-66. On considère le problème suivant:

$$(*) \begin{cases} \dfrac{\partial^2 u}{\partial t^2} + 2\dfrac{\partial u}{\partial t} + u = 9\dfrac{\partial^2 u}{\partial x^2} & \text{pour } 0 < x < 3\pi \text{ et } t > 0, \\ u(0,t) = 0 \quad \text{et} \quad u(3\pi,t) = 0 & \text{pour } t > 0, \\ u(x,0) = f(x) = \begin{cases} 0 \text{ si } 0 \le x < \pi, \\ 1 \text{ si } \pi \le x < 2\pi, \\ 0 \text{ si } 2\pi \le x \le 3\pi, \end{cases} \\ \left.\dfrac{\partial u}{\partial t}\right|_{t=0} = 0 \quad \text{pour } 0 \le x \le 3\pi. \end{cases}$$

Ce problème décrit l'évolution de la tension $u(x,t)$ (en volts) dans un câble télégraphique de longueur 3π. L'équation aux dérivées partielles associée à ce problème est appelée *équation du télégraphe.*

(a) Soit $u(x,t) = F(x)G(t)$. En utilisant la méthode de séparation des variables, montrer que la fonction $F(x)$ satisfait au problème de valeurs et de fonctions propres

$$\begin{cases} F''(x) - \lambda F(x) = 0, \\ F(0) = F(3\pi) = 0 \end{cases}$$

et la fonction $G(t)$ satisfait à l'équation différentielle

$$G''(t) + 2G'(t) + (1 - 9\lambda)G(t) = 0,$$

où λ est une constante de séparation réelle.

(b) Résoudre le problème de valeurs et de fonctions propres en (a).

(c) À l'aide des résultats obtenus en (a) et (b), trouver la solution du problème $(*)$.

7-67. Le déplacement transversal $v(x,t)$ d'une corde de piano fixée à ses extrémités est donné par

$$v(x,t) = \sum_{n=1}^{\infty} [C_n \sin(n\pi t) + D_n \cos(n\pi t)] \sin(n\pi x).$$

La position initiale de la corde est nulle $[v(x,0) = 0]$ et sa vitesse initiale est donnée par

$$\left.\frac{\partial v}{\partial t}\right|_{t=0} = g(x) = u_{1/4}(x) - u_{3/4}(x) \quad \text{pour } x \in [0,1].$$

(a) Tracer le graphique de la fonction $g(x)$ sur l'intervalle $[0,1]$.

(b) Déterminer les constantes C_n et D_n pour $n \geq 1$.

7-68. On considère le problème de valeurs et de fonctions propres

$$\begin{cases} y''(x) + \lambda y(x) = 0 \quad \text{pour } 0 < x < \pi/2, \\ y'(0) = y'(\pi/2) = 0, \end{cases}$$

où λ est un paramètre réel. Trouver les valeurs et les fonctions propres associées à ce problème.

7-69. La distribution de la température $u(x,y)$ dans une plaque carrée d'un matériau composite est donnée par l'équation aux dérivées partielles

$$\frac{\partial^2 u}{\partial x^2} + \frac{\partial^2 u}{\partial y^2} + 2\frac{\partial u}{\partial y} = 0 \quad \text{pour } 0 < x < \pi \text{ et } 0 < y < \pi.$$

La distribution de la température satisfait aux conditions suivantes:

$$\begin{cases} u(x,0) = 0 \quad \text{et} \quad \left.\dfrac{\partial u}{\partial y}\right|_{y=\pi} = f(x) \quad \text{pour } 0 \leq x \leq \pi, \\ \\ u(0,y) = 0 \quad \text{et} \quad u(\pi,y) = 0 \quad \text{pour } 0 \leq y \leq \pi, \end{cases}$$

où $f(x)$ est une fonction donnée.

(a) Soit $u(x,y) = F(x)G(y)$. En utilisant la méthode de séparation des variables, montrer que la fonction $F(x)$ satisfait au problème de valeurs et de fonctions propres

$$\begin{cases} F''(x) - \lambda F(x) = 0, \\ \\ F(0) = F(\pi) = 0, \end{cases}$$

et que la fonction $G(y)$ satisfait à l'équation différentielle

$$G''(y) + 2G'(y) + \lambda G(y) = 0$$

et à la condition limite homogène $G(0) = 0$, où λ est une constante réelle.

(b) Vérifier que les solutions du problème de valeurs et de fonctions propres en (a) sont données par

$$F_n(x) = C_n \sin(nx) \quad \text{et} \quad \lambda_n = -n^2,$$

où les C_n sont des constantes réelles pour $n = 1, 2, \ldots$.

(c) À l'aide des résultats obtenus en (a) et (b), trouver la distribution de la température $u(x,y)$.

7-70. Résoudre le problème aux valeurs limites

$$y''(x) + y'(x) = x^2,$$

avec $y(0) = 0$ et $y'(1) = 1$.

7-71. On considère l'équation aux dérivées partielles non linéaire

$$F_{xx}(x,t) - [F_x(x,t)]^2 = F_t(x,t).$$

(a) On pose que $G(x,t) = e^{-F(x,t)/\alpha}$, où α est une constante non nulle. Pour quelle(s) valeur(s) de la constante α l'équation est-elle transformée en l'équation linéaire

$$G_{xx}(x,t) = G_t(x,t)? \qquad (*)$$

Justifier.

(b) Résoudre l'équation $(*)$ en (a) pour $t \geq 0$ et $x \in [0,1]$, sous les conditions suivantes: $G(0,t) = 0$ pour $t \geq 0$, $G(1,t) = 1$ pour $t \geq 0$ et $G(x,0) = u_{1/2}(x)$ pour $x \in (0,1)$.

7-72. Résoudre le problème de fonctions propres

$$\begin{cases} y''(x) + (1-\lambda)y(x) = 0, \\ y'(0) = 0 \quad \text{et} \quad y'(1) = 0, \end{cases}$$

où λ est un paramètre réel.

Remarque. On demande une solution complète où chaque étape est justifiée.

7-73. On considère le problème défini comme suit:

$$(*) \begin{cases} \dfrac{1}{2}\dfrac{\partial^2 p}{\partial x^2} - \dfrac{\partial p}{\partial x} = \dfrac{\partial p}{\partial t} \quad \text{pour } 0 < x < 1 \text{ et } t > 0, \\ p(0,t) = 0 \quad \text{et} \quad p(1,t) = 0 \quad \text{pour } t > 0, \\ p(x,0) = 1 \quad \text{pour } 0 < x < 1. \end{cases}$$

(a) Soit

$$p(x,t) = F(x)G(t).$$

En utilisant la méthode de séparation des variables, montrer que la fonction $F(x)$ satisfait au problème de fonctions propres

$$\begin{cases} F''(x) - 2F'(x) - 2\lambda F(x) = 0, \\ F(0) = 0 \quad \text{et} \quad F(1) = 0, \end{cases}$$

et la fonction $G(t)$ satisfait à l'équation différentielle

$$G'(t) - \lambda G(t) = 0,$$

où λ est une constante de séparation.

(b) Vérifier que les solutions du problème de fonctions propres en (a) sont données par

$$F_n(x) = c_n e^x \sin(n\pi x) \quad \text{et} \quad \lambda_n = -\left(\frac{n^2\pi^2 + 1}{2}\right),$$

où les c_n sont des constantes réelles pour tout $n \in \mathbb{N}$.

(c) En vous servant des résultats obtenus en (a) et (b), trouver la solution du problème $(*)$.

Indication. On a:

$$1 = \sum_{n=1}^{\infty} b_n e^x \sin(n\pi x),$$

où

$$b_n = \frac{2n\pi\left[(-1)^{n+1}e^{-1} + 1\right]}{n^2\pi^2 + 1}.$$

RÉPONSES AUX EXERCICES (N^os^ PAIRS)

Remarque. Les quantités c, c_0, c_1, etc., qui apparaissent dans les réponses sont des constantes arbitraires.

1-2. $y(x) = -x - 1$.

1-4. $y(x) = \exp\left\{(1-\sqrt{5})x/2\right\}$ ou $y(x) = \exp\left\{(1+\sqrt{5})x/2\right\}$.

1-6.

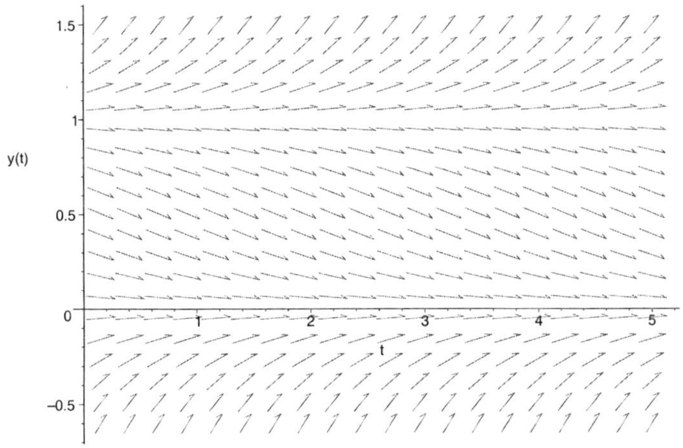

Fig. A-1. Exercice **1-6**.

1-8. $t_0 \simeq 2{,}44$.

1-10. (a) 1; (b) 2; (c) 1; (d) 3.

1-12. (a) linéaire; (b) non linéaire; (c) non linéaire; (d) linéaire.

1-14. $y(x) = ce^{x^2/2} - 1$.

1-16. (a) ordre un et non linéaire; (b) ordre deux et linéaire.

1-18. (a) $y(t) \equiv 0$ et $y(t) \equiv 1$; (b) $c = 1/2$.

1-20. (a) $x^2 + y^2(x) = c$, où c est une constante positive [ou bien $y(x) = \pm\sqrt{c - x^2}$]; (b) $y'(x) = -x/y(x)$.

2-2. (a) $y^2\,dy - \frac{(x+e^x)}{x^2}\,dx = 0$; (b) impossible;
(c) $\frac{y^2}{y+e^y}\,dy - \frac{1}{x^2}\,dx = 0$; (d) impossible.

2-4. (a) $\ln|x| = \frac{1}{2}\left(\frac{x}{y}\right)^2 - \ln\left|\frac{y}{x}\right| + c$;
(b) $\ln|x| = -\ln\left|\frac{y}{x}\right| - \frac{1}{2}\left(\frac{y}{x}\right)^2 + c$;
(c) $\ln|x| = -\frac{1}{3}\ln\left|\left(\frac{y}{x}\right) + 1\right| - \frac{2}{3}\ln\left|2\left(\frac{y}{x}\right) - 1\right| + c$.

2-6. (a) $y(x) = cx$;
(b) $y(x) = c/\ln x$;
(c) $x + y - \frac{x^2}{2y} = c$;
(d) $x(\ln x - 1) + xy + y(\ln y - 1) = c$.

2-8. (a) $\mu(x) = \frac{1}{x^2}e^{-1/x}$; (b) $\mu(y) = ye^{y^3/3}$.

2-10. (a) e^{-e^t}; (b) $e^{-t^2/2}$; (c) $\exp\left\{-\frac{1}{2}(\ln t)^2\right\}$.

2-12. (a) ∞; (b) 0.

2-14. (a) $u'(t) + tu(t) = e^t$; (b) $u'(t) + t^2u(t) = \ln t$.

2-16. $\exp\{-(x+1)e^{-x}\}$.

2-18. $y(t) = -4{,}9t - 2{,}45e^{-2t} + 22{,}45$.

2-20. $y(t) = \frac{2t}{t^2+c}$.

2-22. $e^x + xy + e^y = c$.

2-24. $y(t) = -1 + ce^{t^3/3}$.

2-26. $y(x) = \sqrt{\ln(2\sqrt{x^2+1})}$.

2-28. 1,25 %.

2-30. $e^x + e^y + \frac{x^2y}{2} = c$.

2-32. $t = -2\ln[(1 + \sqrt{17})/8]$ $(\simeq 0{,}8914)$.

2-34. $y(t) = -1 + 2t$.

2-36. (a) (i) homogène; (ii) pas exacte; (b) (i) pas homogène; (ii) exacte.

2-38. $y(t) = -19{,}6t - 37{,}2e^{-t/2} + 57{,}2$.

2-40. $y(t) = 2e^{-t/2}$.

2-42. (a) (i) homogène; (ii) pas exacte; (b) $y(x) = \pm\frac{x}{\sqrt{c_0\,x^2-1}}$, où la constante c_0 doit être telle que $c_0 x^2 > 1$ pour tout $x > 1$. On peut donc prendre n'importe quelle constante $c_0 \geq 1$.

2-44. $a = 1$.

2-46. $y(x) = \pm\sqrt{c(x+2)^4(x+1)^{-6} - 1}$, où c est une constante positive, et où on doit supposer que $x \neq -1$ et que l'expression dans la racine carrée est non négative.

2-48. $y - 2\ln|y+2| + x - \ln(x+1) = c$.

2-50. (a) $u'(t) - e^{2t}u(t) = -e^t$; (b) $\exp\left\{-e^{2t}/2\right\}$.

2-52 (a) non; (b) oui; (c) non; (d) oui.

2-54 (a) $y(t) = \dfrac{2t}{1+t^2}$; (b) $t^2 z'(t) - e^{z(t)} + t = 0$.

2-56 (a) $x^3\,dx - y\,dy = 0$; (b) $y(x) = -\sqrt{\frac{x^4}{2} + 1}$.

2-58 Il s'agit d'une équation linéaire. De plus, l'équation est à variables séparables; alors elle devient aussi exacte.

3-2. (a) $y(t) = -\frac{1}{2}\ln(c_1 t + c_2)$, avec $c_1 \neq 0$, et $y(t) \equiv c$;
(b) $y(t) = \frac{2}{3}(t + c_1)(-2t - 2c_1)^{1/2} + c_2$
et $y(t) = -\frac{2}{3}(t + c_1)(-2t - 2c_1)^{1/2} + c_2$.

3-4. (a) $y(t) = \frac{\sqrt{2}}{2}\left[\exp\left\{\frac{1}{2}(2+\sqrt{2})t\right\} - \exp\left\{\frac{1}{2}(2-\sqrt{2})t\right\}\right]$;
(b) $y(t) = \frac{2}{7}e^{-5t} + \frac{5}{7}e^{2t}$.

3-6. (a) $W(y_1, y_2) = e^{2t}$ ($\neq 0\ \forall t$); (b) $W(y_1, y_2) = -e^t$;
(c) $W(y_1, y_2) = -2$.

3-8. (a) $y(t) = e^{-t}\left[\cos(t/2) + \sin(t/2)\right]$; oscillations dont l'amplitude décroît vers 0;
(b) $y(t) = e^{t/4}\left[\cos(t/2) + \sin(t/2)\right]$; oscillations dont l'amplitude augmente.

3-10. $z''(s) + z'(s) + z(s) = 0$ pour $s > 0$.

3-12. $y(t) = c_1 t + c_2\frac{1}{t}$.

3-14. (a) point singulier régulier; (b) point singulier régulier;
(c) point singulier irrégulier; (d) point ordinaire.

3-16. (a) $x^2 y''(x) + y(x) = 0$;
(b) $z(u) = u^{1/4}\left[c_1 \sin\left(\frac{\sqrt{3}}{4}\ln u\right) + c_2 \cos\left(\frac{\sqrt{3}}{4}\ln u\right)\right]$;

$y(x) = x^{1/2}\left[c_1 \sin\left(\frac{\sqrt{3}}{2}\ln x\right) + c_2 \cos\left(\frac{\sqrt{3}}{2}\ln x\right)\right].$

3-18. $y(t) = c_0 + c_1 \exp\left\{\frac{(\sqrt{5}-1)}{2}t\right\} + c_2 \exp\left\{\frac{-(\sqrt{5}+1)}{2}t\right\} + e^{-t}.$

3-20. (a) $-t(6+t^2)$; (b) t.

3-22. $y_g(t) = \frac{1}{6t} + c_1 t + c_2 t^2.$

3-24. $m = 1$ et $m = 2$; autres racines: $-\frac{1}{4} \pm i\frac{\sqrt{7}}{4}$.

3-26. $r_1 = (1+i)\sqrt{2}$; $r_2 = (-1+i)\sqrt{2}$; $r_3 = (-1-i)\sqrt{2}$; $r_4 = (1-i)\sqrt{2}$.

3-28. $y_g(t) = \frac{1}{3}te^t + c_1 e^t + e^{-t/2}\left[c_2 \sin\left(\sqrt{3}t/2\right) + c_3 \cos\left(\sqrt{3}t/2\right)\right].$

3-30. Vitesse $= y'(t) = e^{-t/6}\left\{\cos(\eta t) - \frac{26}{9\eta}\sin(\eta t)\right\}$ pour $t \geq 0$.

3-32. (a) $I(t) = E(t)/R$, où $E(t) \equiv E_0$;
(b) $E(t) = c_1 \cos\left(\frac{1}{\sqrt{CL}}t\right) + c_2 \sin\left(\frac{1}{\sqrt{CL}}t\right)$ pour $t \geq 0$.

3-34. (a) $R_n = f^{(n+1)}(\xi)\frac{x^{n+1}}{(n+1)!}$, où $\xi \in (0, x)$ et

$$f^{(n+1)}(\xi) = \begin{cases} (-1)^{(n+1)/2}\sin\xi & \text{si } n = 1, 3, 5, \ldots, \\ (-1)^{n/2}\cos\xi & \text{si } n = 0, 2, 4, \ldots; \end{cases}$$

$f(x) = \sin x = x - \frac{x^3}{3!} + \frac{x^5}{5!} - \ldots$;
(b) $R_n = e^{\xi}\frac{x^{n+1}}{(n+1)!}$, où $\xi \in (0, x)$; $f(x) = e^x = \sum_{n=0}^{\infty}\frac{x^n}{n!}$.

3-36. $y(x) = a_0(1-x^2) + a_1\left(x - \frac{1}{6}x^3 - \frac{1}{120}x^5 - \frac{1}{1680}x^7 - \ldots\right)$,
où a_0 et a_1 sont des constantes arbitraires.

3-38. (a) $y(x) = a_0 + (1-a_0)\sum_{n=1}^{\infty}(-1)^{n-1}\frac{x^n}{n!}$;
(b) $y(x) = 1 + (a_0 - 1)e^{-x}$.

3-40. (a) $y_1(x) = a_0\left(1 - \frac{x^2}{3!} + \frac{x^4}{5!} - \ldots\right) = a_0\frac{\sin x}{x}$;
(b) $y_1(x) = a_0\left(x^{1/2} - \frac{2}{3}x^{3/2} + \frac{2}{15}x^{5/2} - \ldots\right) = \frac{a_0}{2}\sin\left(2\sqrt{x}\right)$;
(c) $y_1(x) = a_0 x^{3+2\sqrt{2}}$.

3-42. On peut écrire que $y_1(x) = \frac{\sin x}{\sqrt{x}}$. De là, on trouve que $y_2(x) = \frac{\cos x}{\sqrt{x}}$, de sorte que

$$y(x) = c_1\frac{\sin x}{\sqrt{x}} + c_2\frac{\cos x}{\sqrt{x}}.$$

3-44. (a) $k > 1$ ou $l > 2$;

(b) si $k = 1$ et $l \leq 2$, alors l'origine est un point singulier régulier pour l'équation. Lorsque $k = l = 1$, $r_1 = 1/2$ et $r_2 = 0$. Avec $k = 1$ et $l = 2$, on trouve que $r_1 = \frac{1}{4} + \frac{\sqrt{5}}{4}$ et $r_2 = \frac{1}{4} - \frac{\sqrt{5}}{4}$. Dans les deux cas, $r_1 - r_2 \notin \{0, 1, \ldots\}$, de sorte que l'équation possède effectivement deux solutions linéairement indépendantes sous la forme de séries entières généralisées.

3-46. $y(t) = e^t + e^{-t} - 1$.

3-48. $y(x) = (c_1 + c_2 x)e^{-x/2} \to 0$ lorsque $x \to \infty$.

3-50. $y_p(x) = -\frac{1}{3}e^x + \frac{1}{4}x e^{2x}$.

3-52. $y_g(x) = -\frac{1}{2}x + c_0 x^2 + c_1 \frac{1}{x}$.

3-54. $x''(t) + \frac{k}{m}x(t) = 0$; $x(0) = d$, $x'(0) = 0$.

3-56. $y(x) = \frac{1}{8}x^4 + c_1 x^2 + c_0$.

3-58. $z(x) = e^{-x/2}\left[c_1 \cos\left(\frac{\sqrt{7}}{2}x\right) + c_2 \sin\left(\frac{\sqrt{7}}{2}x\right)\right]$;

alors $\lim_{x\to\infty} z(x) = 0$ et $\lim_{x\to\infty} y(x) = 1$.

3-60. $y(t) = c_1 \cos t + c_2 \sin t - t\cos t + (\sin t)[\ln(\sin t)]$.

3-62. $x(t) = -\frac{gm}{k}t + \left[g + v(0)\frac{k}{m}\right]\left(1 - e^{-kt/m}\right)$.

3-64. $W(y_1, y_2) \equiv -2$.

3-66. $y(t) = te^{-t}$.

3-68. $y_p(t) = 2t^2 e^t$.

3-70. $y(t) = (c_1 + c_2 t + c_3 t^2)e^t$.

3-72. $v_1 = -\frac{9}{4}\pi$; $a_1 = 0$.

3-74. $y(t) = -2e^t + 2te^t + t + 2$.

3-76. (a) $a_2 = 0$; $a_{n+2} = \frac{1}{(n+1)(n+2)}a_{n-1}$ pour $n = 1, 2, \ldots$;

(b) $1 + \frac{1}{6}x^3 + \frac{1}{180}x^6$.

3-78. $y(t) = \frac{1}{3}(2e^t + e^{-2t})$.

3-80. $y(x) = -\frac{5}{4}e^{-2x} - \frac{3}{2}xe^{-2x} + c$.

3-82. $y_p(x) = -x^3 - 3x^2 - 9x - 7$.

3-84. (a) $-\frac{2}{63}$; (b) 1.

3-86. $y(t) = t\ln t - t + c_0$.

3-88. $\lim_{t\to\infty} y(t) = \text{sgn}(c_1)\cdot\infty$.

3-90. $y(x) = x$.

3-92. $y(t) = c_1 + c_2 t + e^t\left(c_3 + c_4 t + c_5 t^2 + c_6 t^3\right)$.

3-94. $y(t) = a_0+2a_2t+a_2t^2$, où a_0 et a_2 sont des constantes arbitraires.

3-96. $y(x) = \frac{1}{4}x^3 + c_1\frac{1}{x} + c_2x^2$.

3-98. $y(t) = \pm\sqrt{2t}$.

3-100. $y(t) = (c_1 + c_2t)e^{-t/a}$.

3-102. (a) $y_p(t) = k_0t^2e^t + k_1\cos t + k_2\sin t$;
(b) $y_p(t) = e^{-t}\left(k_0t + k_1t^2\right)$.

3-104. $y(x) = c_1x^3 + c_2\ln x + c_3 - \frac{x^2}{4}$.

3-106. (a) (i) $u'(t) + u(t) = [u'(t)]^2$; (ii) l'équation est à variables séparables, et donc ensuite aussi exacte; il s'agit également d'une équation de Bernoulli; (b) $u\frac{du}{dy} + u = u^2$.

3-108. $y(t) = c_1 + c_2e^{-t} + c_3te^{-t} + c_4t^2e^{-t}$.

3-110. Oui, car $y_1(x)$ et $y_2(x)$ sont deux solutions linéairement indépendantes de cette équation linéaire et homogène.

3-112. $y(t) = (c_1 + c_2t)e^t\cos(2t) + (c_3 + c_4t)e^t\sin(2t)$.

3-114. (a) $u\frac{du}{dy} = uy - y$; (b) $y(t) = t + c_0$.

3-116. $y(x) = c_1x^2 + c_2x - x\ln x$.

3-118. $y(t) = c_0 + c_1t + e^{-t}\left(1 - c_0 + c_3t + c_4t^2 + c_5t^3\right)$.

3-120. $y(t) = c_1 + c_2e^t + e^{-t/2}\left[c_3\cos(\sqrt{3}t/2) + c_4\sin(\sqrt{3}t/2)\right]$.

3-122. Si $a = 0$, $y(t) = c_1 + c_2t$. Si $a \neq 0$, on considère trois cas: $y(t) =$

$$\begin{cases} e^{-at}\left\{c_1\cos\left[(a-a^2)^{1/2}t\right] + c_2\sin\left[(a-a^2)^{1/2}t\right]\right\} & \text{si } 0 < a < 1, \\ e^{-t}(c_1 + c_2t) & \text{si } a = 1, \\ e^{-at}\left[c_1\exp\left\{(a^2-a)^{1/2}t\right\} + c_2\exp\left\{-(a^2-a)^{1/2}t\right\}\right] & \text{si } a > 1. \end{cases}$$

3-124. $y(x) = -\frac{x^2}{4} + c_1\frac{1}{x^2} + c_2x^3$.

3-126. (a) $\frac{d}{dt}T(t) = -k[T(t) - T_m]$, où k est une constante positive; (b) $t^* = -\frac{\ln 2}{\ln 4 - \ln 5}$.

3-128. $y_1(x) = \frac{2}{3x} + \frac{x^2}{3}$ et $y_2(x) = -\frac{1}{3x} + \frac{x^2}{3}$.

3-130. $y(t) = c_1e^t + c_2te^t + c_3\sin t + c_4\cos t$.

3-132. (a) $a_{n+2} = \frac{a_{n+1}+a_n}{n+2}$ pour $n = 0, 1, 2, \ldots$;
(b)

$$y_1(x) = 1 + \frac{(x-1)^2}{2} + \frac{(x-1)^3}{6} + \ldots,$$

$$y_2(x) = (x-1) + \frac{(x-1)^2}{2} + \frac{(x-1)^3}{2} + \dots.$$

3-134. (a) Singulier régulier; (b) $y(x) = x e^x \left[-c_0 \operatorname{Ei}(1,x) + c_1\right]$.

3-136. (a) —; (b) $y(x) = x/(1-x)$.

3-138. (a) (i) $x(t) = -k + (x_0 + k)e^t$; (ii) $k = -x_0$; (b) (i) $x(t) = c_1 + c_2 e^t - 2t - t^2$; (ii) $x(t) = -3 + 103e^t - 2t - t^2$.

3-140. $y(t) = 3\ln(t) - \frac{3}{2}\ln(1+t^2) - 5\operatorname{arctg}(t) + 2 + \frac{3}{2}\ln(2) + \frac{5\pi}{4}$.

3-142. $\alpha \in (0, 1/4)$.

3-144. $y(t) = c_1 e^{-2t} + e^t(c_2 + c_3 t)$.

3-146. $y(x) = -1 + 5x - \frac{11}{18}x^3 + \dots$.

4-2. $y'''(t) + 2y'(t)y''(t) + y'(t) = 0$;

$$\begin{aligned} x_1'(t) &= x_2(t), \\ x_2'(t) &= x_3(t), \\ x_3'(t) &= -x_2(t)\left[2x_3(t) + 1\right]. \end{aligned}$$

4-4. $|\mathbf{x}_1(t) \quad \mathbf{x}_2(t) \quad \mathbf{x}_3(t)| = 3e^{2t} \neq 0 \ \forall t \geq 0$. Alors les vecteurs sont linéairement indépendants.

4-6. (a) $W[\mathbf{x}_1, \mathbf{x}_2](t) = -5e^{-t/2}$; (b) l'équation (4.31) implique que $W[\mathbf{x}_1, \mathbf{x}_2](t) = ce^{-t/2}$. Donc, le wronskien calculé en (a) est bien de la forme donnée par l'équation (4.31).

4-8. On a:

$$\mathbf{x}_1(t) := \begin{bmatrix} e^t \\ e^t \end{bmatrix} \quad \text{et} \quad \mathbf{x}_2(t) := \begin{bmatrix} e^{-3t/2} \\ -4e^{-3t/2} \end{bmatrix}.$$

Dans le premier (respectivement deuxième) cas, la trajectoire se trouve sur la droite $x_2 = x_1$ (resp. $x_2 = -4x_1$) dans le plan x_1x_2.

4-10. $(0,0)$.

4-12. (a) Stable, mais pas asymptotiquement stable; (b) asymptotiquement stable; (c) instable.

4-14. $m_1 = 0$, $m_2 = 1$ et $m_3 = -1$. On peut prendre

$$\mathbf{K} = \begin{bmatrix} 1 & 1 & 1 \\ 1 & 1 & 0 \\ 1 & 0 & 1 \end{bmatrix}.$$

4-16. (a) $(0,1)$ et $(1,0)$; (b) $\left(\pm(k\pi)^{1/2}, \pm(k\pi)^{1/2}\right)$, où $k \in \{0, 1, \dots\}$.

4-18. (a) Instable; (b) stable, mais pas asymptotiquement stable.

4-20. En $t = 1$ et $t = -1/2$.

4-22.

$$\begin{aligned} x_1(t) &= e^{-t}\cos(2t), \\ x_2(t) &= -2e^{-t}\sin(2t). \end{aligned}$$

4-24. $(x_0, y_0) = \left((2k+1)\frac{\pi}{2}, l\pi\right)$, où k, $l \in \mathbb{Z}$.

4-26.

$$\begin{aligned} y_1'(t) &= -3y_1(t) + \frac{1}{3}(1+2t), \\ y_2'(t) &= 3y_2(t) + \frac{2}{3}(1-t). \end{aligned}$$

4-28.

$$\begin{aligned} x_1(t) &= c_1 e^t + c_2 e^{3t}, \\ x_2(t) &= c_1 e^t - c_2 e^{3t}. \end{aligned}$$

4-30.

$$\mathbf{x}(t) = \begin{bmatrix} c_1 e^{-t} + c_2 e^{3t} \\ -\frac{1}{3} - c_1 e^{-t} + \frac{1}{3} c_2 e^{3t} \end{bmatrix}.$$

4-32. $W[\mathbf{x}_1, \mathbf{x}_2, \mathbf{x}_3](t) = -12e^{2t}$.

4-34. Point de selle; instable.

4-36.

$$\begin{aligned} y_1'(t) &= 5y_1(t) + \frac{t}{2}(1-t), \\ y_2'(t) &= -3y_2(t) + \frac{t}{2}(1+t). \end{aligned}$$

4-38.

$$\begin{aligned} x_1(t) &= \frac{1}{8} + c_2 + \frac{1}{4}t + \frac{1}{4}t^2 - c_1 e^{2t}, \\ x_2(t) &= -\frac{1}{8} + c_2 + \frac{3}{4}t + \frac{1}{4}t^2 + c_1 e^{2t}. \end{aligned}$$

4-40. (a) $e^{2t}\left(c^3 - c^2 - c - 2\right)$; (b) $c = 2$.

4-42. (a) $x_1''(t) - x_1'(t) + x_1(t) = -t$;
(b) $x_1(t) = e^{t/2}\left[c_1 \cos\left(\sqrt{3}t/2\right) + c_2 \sin\left(\sqrt{3}t/2\right)\right] - t - 1$.

4-44.

$$\begin{aligned} x_1(t) &= \frac{3}{4}e^{-3t} - \frac{3}{4}e^{-t} + \frac{t}{2}e^{-t}, \\ x_2(t) &= -\frac{3}{4}e^{-3t} + \frac{3}{4}e^{-t} + \frac{t}{2}e^{-t}. \end{aligned}$$

4-46.

$$\begin{aligned} x_1(t) &= e^{2t} - e^{t}, \\ x_2(t) &= e^{2t}. \end{aligned}$$

4-48.

$$\begin{aligned} x_1(t) &= -\frac{1}{6}e^{t} + \frac{3}{10}e^{3t} - \frac{2}{15}e^{-2t}, \\ x_2(t) &= -e^{-t} + \frac{1}{6}e^{t} + \frac{3}{10}e^{3t} + \frac{8}{15}e^{-2t}. \end{aligned}$$

4-50. Il n'y a qu'un seul point critique: $(0, 1)$. Il est instable.

4-52.

$$\begin{bmatrix} 2e^{2t} - 1 \\ 2e^{2t} \end{bmatrix}.$$

4-54.

$$e^{5t}\begin{bmatrix} \cos(2t) + \sin(2t) \\ -\cos(2t) + 3\sin(2t) \end{bmatrix}.$$

4-56.

$$\begin{bmatrix} c_1 e^{-2t} + c_2 e^{-4t} + (1/4)e^{2t} \\ c_1 e^{-2t} - c_2 e^{-4t} + (1/4)e^{2t} \end{bmatrix}.$$

4-58.

$$e^{t}\begin{bmatrix} 2\sin t + \cos t \\ 2\cos t - \sin t \end{bmatrix}.$$

4-60.

$$\begin{bmatrix} -1 - (1/2)e^{-t} + (1/2)e^{t} \\ (1/2)e^{-t} + (1/2)e^{t} \\ -1 - t + (1/2)t^2 + e^{t} \end{bmatrix}.$$

4-62. (a) $(-1,0)$ et $(1,0)$; (b)

$$\xi_1'(t) = 2\xi_2(t),$$
$$\xi_2'(t) = -\xi_1(t) + 2\xi_2(t).$$

4-64.

$$v_1'(t) = v_1(t)\,v_2(t),$$
$$v_2'(t) = -v_1(t)\,[v_2(t)+1].$$

5-2. (a) Converge absolument; (b) ne converge pas; (c) converge absolument.

5-4. $\pi^{1/2}/(2s^{3/2})$.

5-6. (a) $-\frac{1}{2}\frac{1}{s+1} + \frac{1}{2}\frac{s+1}{s^2+1}$; (b) $\frac{3s+2}{s^2} - \frac{3s+1}{s^2+1}$; (c) $\frac{-s+1}{s^2} + \frac{2}{s+1}$.

5-8. $y(t) = -\frac{1}{2} + \frac{1}{2}t^2 + \frac{1}{2}\cos(\sqrt{2}t) - \frac{1}{\sqrt{2}}\sin(\sqrt{2}t)$.

5-10. $e^{\alpha(\alpha-s)}F(s-\alpha)$.

5-12. $y(1) = \text{ch}(1) - 1$; $y'(1) = \text{sh}(1) - 1$.

5-14. (a) $e^2 + e^{-1}$; (b) $\frac{1}{3}(e^2 + e^{-1})$.

5-16. $\mathcal{L}\{f(t)\} = 1$ si $s = 0$ et $\mathcal{L}\{f(t)\} = \frac{1}{s^2}\left(e^{-s} - 1\right)^2$ si $s \neq 0$.

5-18. $f(t) = u_1(t)\,(t-1)\,(t-2)$.

5-20. $y(t) = u_1(t)\left(1 - e^{-(t-1)}\right) + 1 - e^{-t}$.

5-22. $y(1) = \frac{5}{16}\left(e^2 - e^{-2}\right) - \frac{1}{4}$ et $y'(1) = \frac{5}{8}\left(e^2 + e^{-2}\right) - \frac{1}{4}$.

5-24. $3\sqrt{\pi}/(4s^{5/2})$.

5-26. $f(x) = u_0(x) + (x-2)\,u_1(x) + u_2(x)$ pour tout $x \in \mathbb{R}$.

5-28. $y(t) = u_1(t)\,(t-1) + 2t + 1$.

5-30. (a) $e^{-s}\sqrt{\pi}e^{-2\sqrt{s}}$; (b) $\sqrt{\frac{\pi}{s}}e^{-2\sqrt{s}}$.

5-32. (a) $\frac{2}{s(s^2+4)}$; (b) $7/15$.

5-34. $\frac{s\,e^{1-s}}{(s-1)^2}$ pour $s > 1$.

5-36. $y(t) = u_1(t)\left[-1 + \text{ch}(t-1)\right] + 3u_3(t)\text{sh}(t-3)$.

5-38. $y(t) = 1 - e^t + 2u_1(t)\left(-1 + e^{t-1}\right)$.

5-40. (a) $y(t) = -\frac{1}{2}\sin(2t)$;
(b) $y(t) = \frac{1}{2}\sin(2t) + \frac{1}{6}u_{1/3}(t)\sin\left[2\left(t - \frac{1}{3}\right)\right]$.

5-42. (a) $\frac{s^2+5}{(s+1)(s^2+4)}$; (b) $-\frac{4}{5}e^t - \frac{1}{5}\cos(2t) - \frac{1}{10}\sin(2t)$.

5-44. (a) Pas continue par morceaux dans $[0,1]$; (b) d'ordre exponentiel sur $[1,\infty)$.
5-46. $-t + \mathrm{sh}(t)$.
5-48. $y(t) = 1 - e^{-t} + u_2(t)\left(1 - e^{-(t-2)}\right)$.
5-50. $\delta(t) - 2\sin(2t)$.
5-52. $e^{-(s-2)}F(s-2)$.
5-54. $\frac{2}{s^3}e^{-s} + \frac{1}{s}e^{-s}$.
5-56. $\frac{1}{(s-2)^2+1}e^{-(s-2)\pi/4}$.
5-58. $x_1(t) = e^t + 2u_1(t)\mathrm{sh}(t-1)$, $x_2(t) = e^t + u_1(t)\left[2\mathrm{ch}(t-1) - 1\right]$.
5-60. (a) Oui; (b) non.
5-62. (a) $\frac{1}{s-3}e^{-2(s-3)}$ pour $s > 3$; (b) on peut utiliser l'avant-dernière formule du tableau 5.1 pour retrouver ce résultat; (c) on peut également utiliser la dernière formule du tableau 5.1.

6-2. Non, car $\int_a^b x \cdot x^2\,dx = 0$ ssi $a = -b$; alors $\int_a^b x \cdot x^3\,dx = 2b^5/5 > 0$.
6-4. (a) Périodique de période fondamentale 2π; (b) périodique de période fondamentale 2π; (c) périodique de période fondamentale π; (d) non périodique; (e) non périodique.
6-6. (a) $S_f(x) = \sum_{n=1}^{\infty}(-1)^{n+1}\frac{2}{n}\sin(nx)$;
(b) $S_f(x) = 1 + \frac{\pi^2}{3} + \sum_{n=1}^{\infty}(-1)^n\frac{4}{n^2}\cos(nx)$;
(c) $S_f(x) = \frac{\pi^2}{3} + 2\sum_{n=1}^{\infty}\frac{(-1)^n}{n}\left[\frac{2}{n}\cos(nx) - \sin(nx)\right]$.
6-8. (a) Oui; (b) oui; (c) non, car $f(-L^+)$ n'existe pas; (d) oui.
6-10. (a) Ni paire ni impaire; (b) impaire; (c) paire; (d) impaire; (e) ni paire ni impaire.
6-12. (a)

$$\frac{e^L - 1}{L} + \sum_{n=1}^{\infty}\frac{L\left[-1 + (-1)^n e^L\right]}{2(L^2 + n^2\pi^2)}\cos\left(\frac{n\pi x}{L}\right);$$

$$-2\pi\sum_{n=1}^{\infty}\frac{n\left[-1 + (-1)^n e^L\right]}{L^2 + n^2\pi^2}\sin\left(\frac{n\pi x}{L}\right);$$

(b)

$$\frac{2}{\pi}\left\{1 + 2\sum_{k=1}^{\infty}\frac{1}{1 - 4k^2}\cos(2kx)\right\} \quad \text{et} \quad \sin x.$$

6-14. Vers $(e-1)/2$ dans les trois cas.

6-16. $a = 0$ et $b = -3$.

6-18. $\frac{1}{2}\left[1 + \cos(2x)\right]$.

6-20. $\psi(-2) = 0$ et $\psi(1{,}5) = -\left(1 + e^{-1/2}\right)$.

6-22. $S_4(x) = \frac{3}{4} + \frac{1}{\pi}\left\{\cos x - \sin x + \sin(2x) - \frac{1}{3}\cos(3x) - \frac{1}{3}\sin(3x)\right\}$.

6-24. $f(x) = \frac{\pi}{2} + \sum_{n=1}^{\infty}\left[a_n \cos\left(\frac{nx}{2}\right) + b_n \sin\left(\frac{nx}{2}\right)\right]$, où

$$a_n = \frac{1}{n}\sin\left(\frac{n\pi}{2}\right) + \frac{2}{n^2\pi}\left[\cos\left(\frac{n\pi}{2}\right) - 1\right]$$

et

$$b_n = -\frac{3}{n}\cos\left(\frac{n\pi}{2}\right) + \frac{6}{n^2\pi}\sin\left(\frac{n\pi}{2}\right).$$

6-26. Il faut que $b = -3$, mais $a \in \mathbb{R} \setminus \{0\}$.

6-28. (a) Prolongement périodique impair $\psi(x)$ de la fonction $f(x)$ [avec $\psi(x) = 0$ pour $x = -1, 0, 1, 2, 3$]: voir la figure A-2;

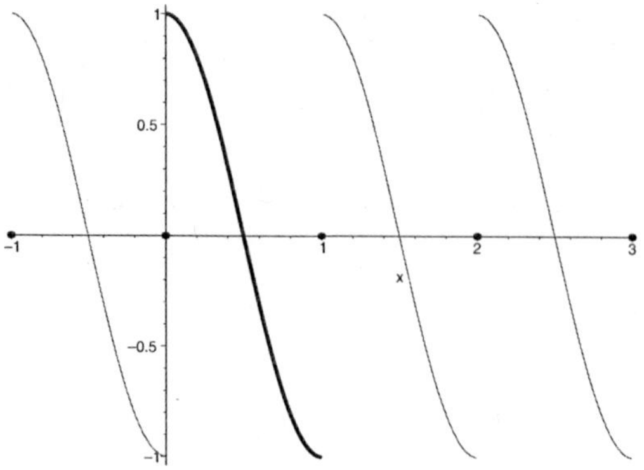

Fig. A-2. Figure pour la partie (a) de la question 6-28.

(b) vers 0 dans les deux cas;

(c)

$$f(x) = \frac{2}{\pi}\sum_{n=1}^{\infty}\left(\frac{1}{2n+1} + \frac{1}{2n-1}\right)\sin(2n\pi x).$$

6-30. 1.

6-32.

$$\psi(x) = \begin{cases} -1 \text{ si } -2 < x \leq -1, \\ 0 \text{ si } -1 < x < 0, \\ 0 \text{ si } x = 0 \text{ ou } x = 2, \\ 0 \text{ si } 0 < x < 1, \\ 1 \text{ si } 1 \leq x < 2 \end{cases}$$

et $\psi(x+4) = \psi(x)$ pour tout $x \in \mathbb{R}$.

6-34. (a)

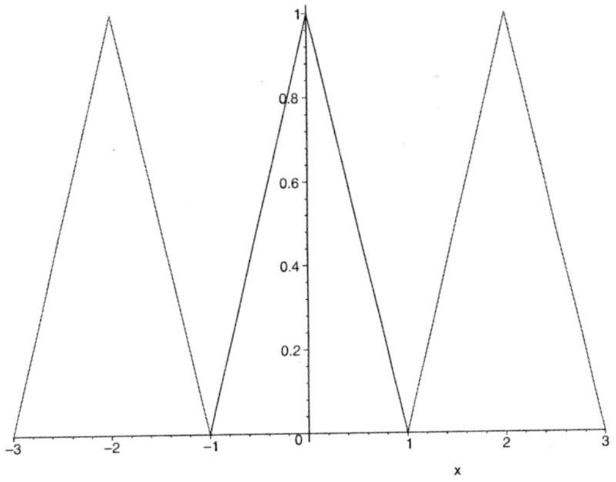

Fig. A-3. Figure pour la partie (a) de la question 6-34.

(b)

$$\begin{aligned} f(x) &= \frac{1}{2} + \frac{2}{\pi^2} \sum_{n=1}^{\infty} \frac{[1-(-1)^n]}{n^2} \cos(n\pi x) \\ &= \frac{1}{2} + \frac{4}{\pi^2} \sum_{k=0}^{\infty} \frac{1}{(2k+1)^2} \cos[(2k+1)\pi x]. \end{aligned}$$

7-2. Équations homogènes: (b), (c), (d) et (e).

7-4. (a) Hyperbolique; (b) elliptique; (c) hyperbolique si $y > 0$, et elliptique si $y < 0$; (d) parabolique.

7-6. $\lambda_n = n^2\pi^2$ pour $n = 1, 2, \ldots$; $y_n(x) = \sin(n\pi \ln x)$.

7-8. (a) Aucune solution;
(b) $y(x) = \frac{1}{e-e^{-1}} \left\{ \left(3 - 2e^{-1}\right) e^{x} + (2e-3)\, e^{-x} \right\} - x^2 - 2$;
(c) $y(x) = 2\cos x + c_2 \sin x + x^2 - 2$.
7-10. $x F'(x) - \lambda F(x) = 0$; $F(x) = c_1 x^{\lambda}$;
$y^2 G'(y) - G(y) + \lambda G(y) = 0$; $G(y) = c_2 e^{(\lambda-1)/y}$.
7-12. $u(x,y) = (x^2+y^2)/r^2$ pour $0 \leq x^2+y^2 \leq r^2$.
7-14. (a) $u(x,t) =$

$$\frac{4}{\pi} \sum_{k=0}^{\infty} \frac{(-1)^k \sin\left[(2k+1)x\right]}{(2k+1)^2} e^{-(2k+1)^2 t};$$

(b) $u(x,t) =$

$$\frac{\pi}{4} - \frac{8}{\pi} \sum_{k=0}^{\infty} \frac{1}{\left[2(2k+1)\right]^2} \cos\left[2(2k+1)x\right] e^{-[2(2k+1)]^2 t}.$$

7-16. Le problème devient

$$\begin{aligned} v_t &= v_{xx} && \text{pour } x \in (0,\pi) \text{ et } t > 0, \\ v(0,t) &= 0 && \text{pour } t \geq 0, \\ v(\pi,t) &= 0 && \text{pour } t \geq 0, \\ v(x,0) &= f(x) + \tfrac{k}{2} x(x-\pi) && \text{pour } x \in (0,\pi). \end{aligned}$$

7-18. $u_t = c^2 \left(u_{rr} + \frac{1}{r} u_r + \frac{1}{r^2} u_{\theta\theta}\right)$; $H'(t) = \lambda H(t)$, $G''(\theta) = \mu G(\theta)$, et $r^2 F''(r) + r F'(r) + \left[\mu + (\lambda/c^2) r^2\right] F(r) = 0$, où λ et μ sont deux constantes réelles.
7-20. $u(x,t) = xt$.
7-22. $E(s,t) = e_0 e^{s^2 kt - s x_0}$.
7-24. $P(\omega,t) = \dfrac{1}{\sqrt{2\pi}} \exp\left\{ -i\omega(x_0 + \mu t) - \dfrac{\omega^2}{2} t \right\}$.
7-26. $f(x,y) = x(1 - e^{-y})$.
7-28. (a)

$$u(x,y) = \sum_{k=1}^{\infty} \frac{2}{\operatorname{sh}(2k\pi)} \frac{4k}{\pi(4k^2-1)} \operatorname{sh}(2k\pi x) \sin(2k\pi y);$$

(b) $u(x,y) = \dfrac{1}{2\,\mathrm{sh}\,\pi}$

$$-\sum_{k=1}^{\infty} \frac{1}{\mathrm{sh}(2k\pi)} \frac{16k}{\pi^2\left[(2k)^4 - 2(2k)^2 + 1\right]} \mathrm{sh}(2k\pi x)\sin(2k\pi y).$$

7-30. $u(r,\theta) = c_1(\ln r + \theta) + c_0$.

7-32. —

7-34. $u(x,t) = \left(x - \dfrac{\sin x}{\sin 1}\right)\sin t$.

7-36. A et C seulement.

7-38. $u(x,t) =$

$$\frac{4}{\pi}\left\{\sin(x)e^{-t} - \frac{1}{9}\sin(3x)e^{-9t} + \frac{1}{25}\sin(5x)e^{-25t} - \dots\right\}.$$

7-40. $u(x,t) =$

$$\sum_{n=1}^{\infty} \frac{16}{[(2n-1)\pi]^2}(-1)^{n-1}\cos\left[\frac{(2n-1)\pi}{2}t\right]\sin\left[\frac{(2n-1)\pi}{2}x\right].$$

7-42. $y(x) = c_1\sin(2x) + x^2$.

7-44. $\lim\limits_{x\to\pm\infty} u(x,t) = 0$; $\lim\limits_{t\downarrow 0} u(x,t) = \delta(x)$.

7-46. $u(x,t) =$

$$\sum_{n=1,3,\dots} \frac{4}{\pi n^2}\left[\frac{2}{n}\cos(nt) + \sin(nt)\right]\sin(nx).$$

7-48. $F''(x) - \lambda F(x) = 0$ et $G''(t) - \lambda G'(t) = 0$.

7-50. $u(x,t) =$

$$\frac{1}{2} + \frac{2}{\pi}\left[\cos(x)e^{-t} - \frac{1}{3}\cos(3x)e^{-9t} + \frac{1}{5}\cos(5x)e^{-25t} - \dots\right].$$

7-52. $F(x) = c_2 e^{-2x}$.

7-54. $\phi(z) = c_0\ln z + c_1$.

7-56. $u(x,t) = c\exp\left\{\lambda\left(t - \frac{1}{x}\right)\right\}$.

7-58. $u(x,y) = \cos(\pi x/L)\,\mathrm{sh}(\pi y/L)/\mathrm{sh}\,\pi$.

7-60. $u(x,t) = 1 + \sin(2x)e^{-4t}$.

7-62. (a) $u(x,t) = x + \cos(x)e^{-t}$; (b) $\lim\limits_{t\to\infty} u(x,t) = x$ pour $x \in [0,\pi]$.

7-64. $u(x,y) = \dfrac{\mathrm{sh}(2\pi x)}{\mathrm{sh}(2\pi)}\sin(2\pi y)$.

7-66. (a) —; (b) $\lambda_n = -n^2/9$ et $F_n(x) = \sin(nx/3)$ pour $n = 1, 2, \dots$;
(c) $u(x,t) =$

$$\sum_{n=1}^{\infty} c_n \left[\cos(nt) + \frac{1}{n}\sin(nt)\right] e^{-t}\sin(nx/3),$$

où

$$c_n = \frac{2}{n\pi}\left[\cos(n\pi/3) - \cos(2n\pi/3)\right]$$

pour $n \in \mathbb{N}$.

7-68. $y_n(x) = \cos(2nx)$ et $\lambda_n = 4n^2$, pour $n = 0, 1, 2 \dots$.

7-70. $y(x) = (x^3/3) - x^2 + 2x$.

7-72. $y_n(x) = \cos(n\pi x)$ et $\lambda_n = 1 - n^2\pi^2$, pour $n = 0, 1, 2, \dots$.

BIBLIOGRAPHIE

1. Ayres, Frank Jr., *Théorie et applications des équations différentielles*, Série Schaum, McGraw-Hill, New York, 1972.
2. Boyce, William E. et DiPrima, Richard C., *Équations différentielles*, Adaptation française de Richard Labonté, Chenelière McGraw-Hill, Montréal, 2002.
3. Brown, James Ward et Churchill, Ruel V., *Fourier series and boundary value problems*, 5e édition, McGraw-Hill, New York, 1993.
4. Butkov, Eugene, *Mathematical physics*, Addison-Wesley, Reading, Massachusetts, 1968.
5. Kreyszig, Erwin, *Advanced engineering mathematics*, 7e édition, John Wiley & Sons, New York, 1993.
6. Saucier, Antoine et Laforest, Marc, *Équations différentielles – Notes de cours complémentaires*, Presses internationales Polytechnique, 2007.
7. Simmons, George F., *Differential equations with applications and historical notes*, McGraw-Hill, New York, 1972.

INDEX

TABLE DES MATIÈRES